山西省"十四五" 　　　　　　材
技工教育和职业　

U0610207

DIANZI JISHU JI YINGYONG

电子技术及应用

主　编　陈慧琴
　　　　　王治平
副主编　白利慧
　　　　　牛　茜
　　　　　崔瑾娟

新形态
教材

中国教育出版传媒集团
高等教育出版社·北京

内容提要

本书是山西省"十四五"职业教育立项建设规划教材,也是技工教育和职业培训"十四五"规划教材,是为适应电子技术的发展形势,根据高等职业教育的生源特点,参照最新国家标准和职业技能考核等级标准编写而成的。

本书采用适合任务驱动、项目化教学的编写方式,融合电子技术、电子电路仿真和电子设备装调等相关知识,突出"教学做"一体化特色,既注重基本理论,又注重工程实践能力和职业素养培养。

全书分 8 个项目,分别是直流稳压电源的制作、简易助听器的制作、音频放大器的制作、音频功率放大器的制作、三变量多数表决器的制作、4 位十进制数循环显示电路的制作、多路抢答器的制作、定时报警电路的制作。

本书可作为高等职业院校机电类、电类、通信、计算机等相关专业的电子技术课程教材,也可供电子工程技术人员参考。

图书在版编目(CIP)数据

电子技术及应用 / 陈慧琴,王治平主编. -- 北京:
高等教育出版社,2023.2(2024.7重印)
 ISBN 978 - 7 - 04 - 059550 - 5

Ⅰ.①电… Ⅱ.①陈… ②王… Ⅲ.①电子技术—高
等职业教育—教材 Ⅳ.①TN

中国版本图书馆 CIP 数据核字(2022)第 230236 号

策划编辑 谢永铭	**责任编辑** 张尕琳 谢永铭		**封面设计** 张文豪	**责任印制** 高忠富	

出版发行	高等教育出版社	**网 址**	http://www.hep.edu.cn	
社 址	北京市西城区德外大街 4 号		http://www.hep.com.cn	
邮政编码	100120	**网上订购**	http://www.hepmall.com.cn	
印 刷	上海当纳利印刷有限公司		http://www.hepmall.com	
开 本	787mm×1092mm 1/16		http://www.hepmall.cn	
印 张	17.5	**版 次**	2023 年 2 月第 1 版	
字 数	404 千字	**印 次**	2024 年 7 月第 2 次印刷	
购书热线	010-58581118	**定 价**	39.00 元	
咨询电话	400-810-0598			

本书如有缺页、倒页、脱页等质量问题,请到所购图书销售部门联系调换

版权所有 侵权必究
物 料 号 59550-A0

配套学习资源及教学服务指南

🎯 二维码链接资源

本书配套微课、电路仿真等学习资源，在书中以二维码链接形式呈现。手机扫描书中的二维码进行查看，随时随地获取学习内容，享受学习新体验。

打开书中附有二维码的页面　　　　**扫描二维码**　　　　**查看相应资源**

🎯 在线自测

本书提供在线交互自测，在书中以二维码链接形式呈现。手机扫描书中对应的二维码即可进行自测，根据提示选填答案，完成自测确认提交后即可获得参考答案。自测可以重复进行。

打开书中附有二维码的页面　　　　**扫描二维码开始答题**　　　　**提交后查看自测结果**

🎯 教师教学资源下载

本书配有课程相关的教学资源，例如，教学课件、习题及参考答案、电路仿真等。选用教材的教师，可扫描下方二维码，关注微信公众号"高职智能制造教学研究"，点击"教学服务"中的"资源下载"，或电脑端访问网址（101.35.126.6），注册认证后下载相关资源。

★ 如您有任何问题，可加入工科类教学研究中心QQ群：240616551。

本书二维码资源列表

前　言

本书是山西省"十四五"职业教育立项建设规划教材，也是技工教育和职业培训"十四五"规划教材。本书全面贯彻党的二十大精神，落实立德树人根本任务，是为适应电子技术的发展形势，根据高等职业教育的生源特点，参照最新国家标准和职业技能考核等级标准编写而成的。

"电子技术及应用"课程包括模拟电子技术和数字电子技术的相关知识。本书依据"行动导向教学法"的理念，以电子技术专业技术人员所对应的典型工作岗位和工作任务为依据，以项目为载体，以理实一体化为主旨，构建课程内容，旨在使学生掌握电子电路分析、设计、组装、调试所需的理论知识和实践技能，具备良好的职业素养。

本书选取了8个典型的项目载体，分别是直流稳压电源的制作、简易助听器的制作、音频放大器的制作、音频功率放大器的制作、三变量多数表决器的制作、4位十进制数循环显示电路的制作、多路抢答器的制作和定时报警电路的制作。

本书的主要特点如下：

1. 依据"行动导向"理论，突出"教学做"一体化的特色，以项目为单元，以应用为主线，将理论知识融入实际项目中，注重培养学生工程实践能力、创新能力和良好的职业素养。

2. 在原有电子技术知识体系的基础上，融入电子电路仿真和电子设备装调等相关内容，项目选取循序渐进，由浅入深，为"教学做"一体化提供支撑。

3. 为适应不同专业、不同学时和不同生源水平的教学需求，除主项目外，还包括"项目拓展"和"知识拓展"等内容，以满足不同学习对象的需求。

4. 采用新形态一体化设计，加入了微课讲解、互动自测和电路仿真等类型的二维码链接资源，以帮助学生提高学习效率。同时本书配套在线课程，提供更全面的教学服务。

本书由山西机电职业技术学院陈慧琴、王治平担任主编，白利慧、牛茜、崔瑾娟担任副主编，张晋宁参与编写。项目一由王治平负责编写，项目二由白利慧负责编写，项目三、七、八由陈慧琴负责编写，项目四由张晋宁负责编写，项目五由牛茜负责编写，项目六由崔瑾娟负责编写。长治市长钢工程建设有限公司牛旭红工程师参与项目实施部分工作流程的设计和编写。本书由陈慧琴和张晋宁负责统稿，山西机电职业技术学院张广红教授担任主审。

在本书编写过程中，亚龙智能装备集团股份有限公司丁翔工程师、淮海工业集团有限公司马丽君工程师，以及山西机电职业技术学院电子技术课程组其他老师提供了大力支持，在此编者向他们表示感谢。

因编者水平有限，书中不足之处在所难免，恳请读者批评指正。

编　者

目 录

项目一
直流稳压电源的制作

项目目标 ⫷⫷⫷

1. 知识目标

（1）掌握直流稳压电源的组成及各单元电路的作用。

（2）掌握二极管的结构、导电特性及主要参数。

（3）掌握整流电路和滤波电路的组成、工作原理，以及主要参数的计算及元器件的选择方法。

（4）熟悉稳压电路的作用及三端集成稳压器的类型、参数和典型应用电路。

2. 能力目标

（1）能识别和检测电阻、二极管、整流全桥、电容、三端集成稳压器、电源变压器等元器件。

（2）能完整画出固定输出直流稳压电源的电路原理图，并画出各测试点的波形图。

（3）能利用仿真软件设计单元和整体的仿真电路，并测试波形和典型参数。

（4）能根据工艺流程和工艺文件正确装配电路，并能利用电子实训工作台、示波器、万用表等测试电路，查找故障点，排除故障。

项目描述 ⫷⫷⫷

直流稳压电源是将交流电转换为直流电的电路，在生产、生活等中的许多场合中，如电解、电镀、直流电机、电子设备等都需要直流电供电，特别是一些电子仪器和电子产品需要输出电压非常稳定的直流电供电。直流稳压电源可分为线性和开关型两大类，图 1-1 所示为几种常见的直流稳压电源。本项目中直流稳压电源均指线性直流稳压电源。

直流稳压电源由电源变压器、整流电路、滤波电路和稳压电路四部分组成，如图 1-2 所示。

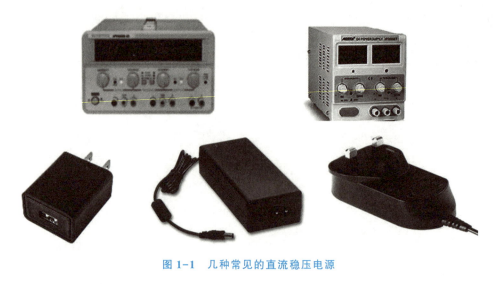

图 1-1　几种常见的直流稳压电源

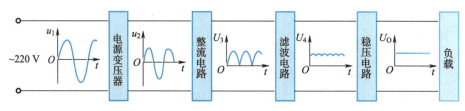

图 1-2　直流稳压电源的基本组成

电源变压器:将交流电网电压 u_1 变为合适的交流电压 u_2。

整流电路:将交流电压 u_2 变为脉动直流电压 U_3。

滤波电路:将脉动直流电压 U_3 变为平滑直流电压 U_4。

稳压电路:消除电网波动及负载变化的影响,保持输出电压 U_0 的稳定。

　　本项目完成固定输出直流稳压电源的制作,整流滤波电路采用桥式整流电容滤波电路,稳压电路采用三端稳压器稳压电路,电路简单,电源输出特性好。固定输出直流稳压电源电路原理图如图 1-3 所示。

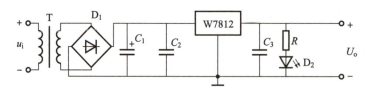

图 1-3　固定输出直流稳压电源电路原理图

电路性能要求如下:

(1) 输出直流电压为 12 V;

(2) 最大输出电流为 1 A;

(3) 输出纹波(峰峰值)小于 4 mV(I_{omax} =1 A 时)。

1.1 半导体二极管

一、半导体与 PN 结

微课
半导体二极管

半导体是导电能力介于导体和绝缘体之间的物质,具有热敏、光敏和掺杂特性。常用的半导体有硅(Si)和锗(Ge)。不含有任何杂质的半导体材料称为本征半导体。本征半导体属于理想晶体,在热激发的作用下,其内部会产生自由电子-空穴对,自由电子带负电,空穴带正电,这两种带电粒子均参与导电,所以在半导体内部存在自由电子和空穴两种载流子。在硅或锗等本征半导体中掺入适量的磷、砷等五价元素,就变成了以自由电子为多数载流子的半导体,称为 N 型(电子型)半导体;掺入适量的硼、镓、铟等三价元素,就变成了以空穴为多数载流子的半导体,称为 P 型(空穴型)半导体。如果通过特殊的扩散制作工艺,使一块本征半导体的一侧形成 P 型半导体,另一侧形成 N 型半导体,在它们的交界处就形成了一个具有特殊性能的薄层,称为 PN 结。

PN 结具有单向导电性,如图 1-4(a)所示,电源正极与 P 型半导体一侧连接,电源负极与 N 型半导体一侧连接,这种接法称为 PN 结上加正向电压(也称正向偏置,简称正偏),此时小电珠点亮,说明通过 PN 结的电流较大,PN 结处于正向导通状态。如果调换电源极性,如图 1-4(b)所示,电源正极与 N 型半导体一侧连接,电源负极与 P 型半导体一侧连接,这种接法称为 PN 结上加反向电压(也称反向偏置,简称反偏),此时小电珠不亮,说明通过 PN 结的电流很小或没有电流通过 PN 结,PN 结处于反向截止状态。综上所述,PN 结的单向导电性即为正向导通,反向截止。

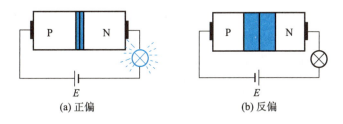

(a) 正偏 (b) 反偏

图 1-4 PN 结的单向导电性测试

二、二极管的结构和类型

一个 PN 结加上相应的外引脚和管壳封装,即构成二极管。

二极管 P 区的引出线为二极管的阳极,N 区的引出线为二极管的阴极,如图 1-5(a)所示。二极管的电气图形符号如图 1-5(b)所示,其中三角箭头表示正向电流方向。

二极管有许多类型:按工艺分有点接触型[图 1-5(c)]和面接触型[图 1-5(d)];按用途分有整流管、检波二极管、稳压二极管、光电二极管和开关二极管等;按所用材料不同分有锗管和硅管。

（1）点接触型二极管

如图1-5（c）所示,点接触型二极管是用一根含杂质元素的金属触丝压在半导体晶片上,经特殊工艺、方法,使金属触丝上的杂质掺入晶体中,从而形成导电类型与原晶体相反的区域而构成PN结。因为结面积小,所以点接触二极管允许通过的电流小,但其结电容小,工作频率高,适合用作高频检波器件。

（2）面接触型二极管

如图1-5（d）所示,因为面接触型二极管的PN结接触面积较大,所以允许通过较大的电流,其结电容也较大,一般适合于在较低的频率下工作,主要用作整流器件。

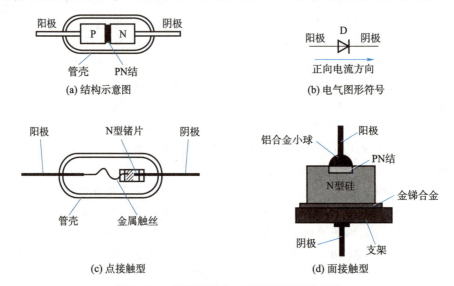

图1-5　二极管的结构、电气图形符号和类型

三、二极管的伏安特性曲线

二极管的核心是一个PN结,因此它具有PN结的特性。为了能全面了解二极管的单向导电性,将加在二极管两端的电压和流过二极管的电流之间的关系以坐标曲线的方式表现出来,称为二极管的伏安特性曲线,如图1-6所示。

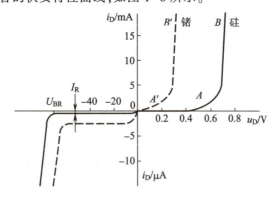

图1-6　二极管的伏安特性曲线

（1）正向特性

二极管两端加正向电压较小时，二极管不导通，PN结呈现高阻状态，这段区域称为死区（硅管 OA 段，锗管 OA' 段）：一般硅管的死区电压约为0.5 V，锗管的死区电压约为0.2 V。正偏电压超过死区电压后，二极管中电流开始增大导通，硅管导通电压约为0.7 V，锗管约为0.3 V。此时二极管在电路中相当于开关的导通状态。

（2）反向特性

二极管两端加反向电压小于某一数值时，它会有很小的反向电流，且反向电流在一定范围内基本不随反向电压变化而变化，称为二极管的反向饱和电流。一般硅管的反向饱和电流在几十微安以下，锗管的反向饱和电流则达几百微安。此时二极管在电路中相当于开关的断开状态。

（3）击穿特性

当反向电压继续增加，并超过某一数值（击穿电压 U_{BR}）时，反向电流急剧增大，这种现象称为反向击穿。如果击穿后反向电流不加以限制，二极管将会烧坏。

四、二极管的主要参数

二极管的参数是反映二极管性能质量的指标，必须根据二极管的参数合理选用二极管。

（1）最大整流电流 I_F

最大整流电流 I_F 是指二极管在室温下长期工作，允许通过的最大正向平均电流，若电流超过这一数值，二极管将因过热而烧坏。

（2）最高反向工作电压 U_{RM}

最高反向工作电压 U_{RM} 是指二极管允许承受的最大反向电压，超过此电压值，将导致二极管反向击穿。

（3）反向电流 I_R

反向电流 I_R 是指二极管两端加反向电压未被击穿时的反向电流，其值越小越好。

（4）最高工作频率 f_M

最高工作频率 f_M 是指保持二极管单向导通性能时外加电压的最高频率，二极管工作频率与PN结的极间电容大小有关，容量越小，工作频率越高。

二极管的参数有很多，除上述参数外还有结电容、正向压降等，在实际应用时，可查阅半导体器件手册。

五、其他类型的二极管

（1）稳压二极管

稳压二极管是一种特殊的面接触型半导体硅二极管，专为在电路中稳定电压而设计，故称稳压二极管。稳压二极管的电气图形符号如图1-7（a）所示，伏安特性曲线如图1-7（b）所示。其正向特性曲线与普通二极管的基本相同，反向特性曲线有两个特别的地方：一是稳压二极管工作的反向击穿电压一般比较低，它的反向击穿电压就是稳压值，且它的反向特性曲线比较陡；二是稳压二极管的反向击穿是可逆的，当外加电压去掉后，稳压二极管又恢复常态，故它可长期工作在反向击穿区而不致损坏。从反向特性曲线可以看出，反向电压在一定范围内变化时，反向电流很小。反向电压增大到击穿电压（即稳压二极管的稳压值）后，电流虽然在很大范围内变化，但稳压二极管两端的电压却几乎稳定不变,稳压二极管就是利用这一特性在电路中起稳压作用的。因此,在使用时,稳压二极管必须反向偏置(利用正向稳压除外),且需要在外电路串联一限流电阻,使稳压二极管不致因过热而损坏。另外,稳压二极管可以串联使用,一般不能并联使用,因为并联有时会因电流分配不匀而引起稳压二极管过载损坏。

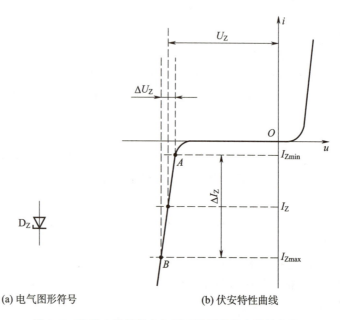

(a) 电气图形符号 (b) 伏安特性曲线

图1-7 稳压二极管的电气图形符号和伏安特性曲线

稳压二极管的主要参数有:

① 稳压电压 U_Z

稳压电压 U_Z 是指稳压二极管在正常工作时两端的电压。手册中所列的都是在一定条件(工作电流、温度等)下的数值,对于同一型号的稳压二极管来说,其稳压电压也有一定的离散性,例如,稳压二极管 2CW19 的稳定电压为 $11.5 \sim 14$ V,如果把一只 2CW19 稳压二极管接到电路中,它可能稳压在 12 V;如再换一只相同型号的稳压二极管,则可能稳压在 13 V。

② 稳定电流 I_Z

稳定电流 I_Z 是指稳压二极管在正常工作时的电流。

③ 最大稳定电流 I_{Zmax}

最大稳定电流 I_{Zmax} 是指稳压二极管允许通过的最大反向电流。稳压二极管工作时的电流应小于这个电流,若超过这个数值,稳压二极管会因电流过大造成热击穿而损坏。正常工作时,$I_{Zmin} < I < I_{Zmax}$。

④ 动态电阻 r_Z

动态电阻 r_Z 是指稳压二极管在正常工作时,其电压的变化量与相应电流变化量的比值,即

$$r_Z = \frac{\Delta U_Z}{\Delta I_Z}$$

稳压二极管的反向特性曲线越陡,则动态电阻 r_Z 就越小,稳压性能也就越好。

⑤ 最大允许耗散功率 P_{ZM}

最大允许耗散功率 P_{ZM} 是指稳压二极管不致发生热击穿而损坏的最大功率损耗,它等于最大稳压电流与相应稳压电压的乘积。

（2）发光二极管

发光二极管与普通二极管一样,也具有单向导电性,只是在正向偏置时,会发出一定波长的光。发光二极管的电气图形符号和外形图如图 1-8 所示。

图片
发光二极管

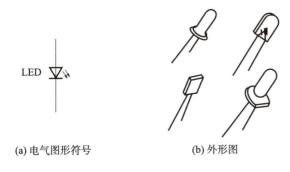

(a) 电气图形符号　　　　　(b) 外形图

自测
半导体二极管

图 1-8　发光二极管的电气图形符号和外形图

1.2　整 流 电 路

整流就是把大小、方向都随时间变化的交流电变为直流电,完成这一任务的电路称为整流电路。常见的整流电路有半波、全波、桥式和倍压整流电路。这里主要介绍单相半波整流电路和单相桥式整流电路。

微课
整流电路

一、单相半波整流电路

单相半波整流电路原理图如图 1-9(a) 所示,电路由变压器 T、整流二极管 D 及负载电阻 R_L 组成。

1. 工作原理

变压器 T 把交流电网电压 u_1 变为所需要的交流电压 u_2,设 $u_2 = \sqrt{2}\, U_2 \sin \omega t$ (U_2 为变压器二次电压有效值)。

（1）u_2 正半周时,二极管 D 正偏导通,导电路径为:A→D→R_L→B,电流 i_0 自上而下流过 R_L,产生的电压 u_0 为半个正弦波。

（2）u_2 负半周时,二极管 D 反偏截止,电路中无电流通过,R_L 两端电压 u_0 为零。

可见,在交流电压 u_2 的整个周期内,负载电阻 R_L 上得到一个单方向的脉动直流电压。由于流过负载电阻 R_L 的电流和加在其两端的电压只有半个周期的正弦波,故这种整流电路称为半波整流电路,电路输出电压的波形图如图1-9(b)所示。

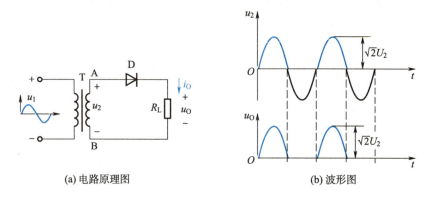

(a) 电路原理图   (b) 波形图

图 1-9   单相半波整流电路原理图及波形图

2. 参数计算

不考虑二极管的正向压降,负载两端的平均电压为

$$U_{O(AV)} = \frac{1}{T} \int_0^T \sqrt{2} U_2 \sin \omega t \, dt = 0.45 U_2$$

负载和二极管上的平均电流为

$$I_{O(AV)} = I_D = \frac{U_{O(AV)}}{R_L} = \frac{0.45 U_2}{R_L}$$

二极管在截止时两端承受的最高反向电压为

$$U_{RM} = U_{2m} = \sqrt{2} U_2$$

单相半波整流电路简单易行,所用二极管数量较少。但是,由于它只利用了交流电压的半个周期,所以输出电压低,交流分量大(即脉动大),效率低。因此,这种电路仅适用于负载电流小,对脉动要求不高的场合,如设备的指示灯供电等。

二、单相桥式整流电路

单相桥式整流电路原理图如图1-10(a)所示,电路由变压器T、整流二极管 $D_1 \sim D_4$ 及负载电阻 R_L 组成。

1. 工作原理

(1) 在 u_2 正半周时,二极管 D_1,D_3 同时正偏导通(此时二极管 D_2,D_4 反偏截止),导电路径为:A→D_1→R_L→D_3→B,电流 i_{13} 自上而下流过 R_L,如图1-11(a)所示,产生的电压 u_O 为半个正弦波。

(2) 在 u_2 负半周时,二极管 D_2,D_4 同时正偏导通(此时二极管 D_1,D_3 反偏截止),导电路径为:B→D_2→R_L→D_4→A,电流 i_{24} 仍然自上而下流过 R_L,如图1-11(b)所示,产生的电压 u_O 也为半个正弦波。

可见,四只二极管两两轮流导通,负载电阻 R_L 上得到单一方向的脉动直流电压,电路输出电压的波形图如图1-10(b)所示。

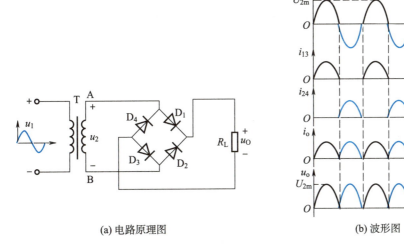

(a) 电路原理图   (b) 波形图

图 1-10　单相桥式整流电路原理图及波形图

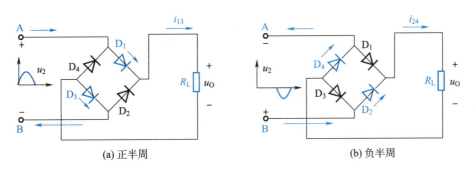

(a) 正半周   (b) 负半周

图 1-11　桥式全波整流原理

2. 参数计算

在单相桥式整流电路中,负载电阻 R_L 上的平均电压、平均电流为

$$U_{O(AV)} = \frac{2\sqrt{2}}{\pi}U_2 = 0.9U_2$$

$$I_{O(AV)} = \frac{U_{O(AV)}}{R_L} = \frac{0.9U_2}{R_L}$$

在桥式整流电路中,二极管 D_1,D_3 和 D_2,D_4 是两两轮流导通半个周期的,所以流经每只二极管的平均电流为

$$I_{D(AV)} = \frac{1}{2}I_{O(AV)} = 0.45\frac{U_2}{R_L}$$

二极管在截止时两端承受的最高反向电压为

$$U_{RM} = U_{2m} = \sqrt{2}U_2$$

例

一单相桥式整流电路中，$U_2 = 40$ V，负载电阻 $R_L = 300$ Ω。

（1）计算 $U_{O(AV)}$ 和 $I_{O(AV)}$。

（2）根据电路要求选择整流二极管。

解：（1）负载电阻 R_L 上的平均电压（直流分量）为

$$U_{O(AV)} = 0.9U_2 = 0.9 \times 40 \text{ V} = 36 \text{ V}$$

流经负载电阻 R_L 的平均电流（直流分量）为

$$I_{O(AV)} = \frac{U_{O(AV)}}{R_L} = \frac{36}{300} \text{ A} = 120 \text{ mA}$$

（2）选择二极管：

流经二极管的平均电流为

$$I_{D(AV)} = \frac{I_{O(AV)}}{2} = \frac{120}{2} \text{ mA} = 60 \text{ mA}$$

每只二极管截止时两端承受的最高反向电压为

$$U_{DRM} = \sqrt{2}\,U_2 = \sqrt{2} \times 40 \text{ V} \approx 56.57 \text{ V}$$

为使整流电路工作安全，在选择二极管时，二极管的最大整流电流 I_F 应大于流经二极管的平均电流 $I_{D(AV)}$，二极管的最高反向工作电压 U_{RM} 应比二极管在电路中承受的最高反向电压 U_{DRM} 大一倍左右。因此，可选用 2CZ82C 二极管，其最大整流电流为 100 mA，最高反向工作电压为 100 V。

三、桥式全波整流器

为了使用方便，通常采用桥式整流的组合器件——桥式全波整流器，又称整流桥、桥堆，它是将桥式整流电路的四只二极管集中制作成一个整体，图 1-12 所示为几种常见的桥式全波整流器，其中，标示"～"符号的两个引脚为交流电源输入端，由于交流信号没有正负之分，这两个引脚可以混用，另外两个引脚为直流输出端，"+"引脚为输出正极，"－"引脚为输出负极，这两个引脚不能混用，否则将烧毁负载。桥式全波整流器电气图形符号如图 1-13 所示。

图 1-12　几种常见的桥式全波整流器

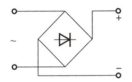

图 1-13　桥式全波整流器电气图形符号

自测
整流电路

1.3　滤 波 电 路

整流输出的脉动直流电中含有较多交流分量,为了得到平滑直流电,可采用滤波电路将脉动直流电中的交流分量滤除。常用的滤波电路有电容滤波电路、电感滤波电路、LC 滤波电路和 π 形滤波电路。本项目采用电容滤波电路。

仿真
桥式整流电容
滤波电路

将电容器与整流电路的负载并联就构成电容滤波电路,如图 1-14(a)所示。

1. 工作原理

设电容 C 两端初始电压为零,并假定 $t=0$ 时接通电路,u_2 为正半周,当 u_2 由零上升时,D_1,D_3 导通,电容 C 被充电,同时电流经 D_1,D_3 向负载电阻 R_L 供电。忽略二极管正向压降和变压器内阻,电容 C 充电时间常数近似为零,因此 $u_0 = u_C \approx u_2$,在 u_2 达到最大值时,u_C 也达到最大值,然后 u_2 下降,此时,$u_C > u_2$,D_1,D_3 截止,电容 C 向负载电阻 R_L 放电,由于放电时间常数 $\tau = R_L C$ 一般较大,电容电压 u_C 按指数规律缓慢下降,当下降到 $|u_2| > u_C$ 时,D_2,D_4 导通,电容 C 再次被充电,输出电压增大,又重复上述充放电过程。周而复始,负载电阻 R_L 上就得到较为平滑的电压,如图 1-14(b)所示。

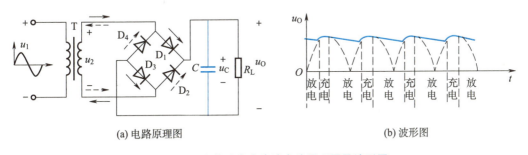

(a) 电路原理图　　　　　　　　　　　　　(b) 波形图

图 1-14　桥式整流电容滤波电路原理图及波形图

通过上述工作过程,可以看出:滤波电路的实质是电源电压升高时,电容把能量储存起来,电源电压降低时,又将能量释放出来,从而使电压波动减小。

2. 参数计算

(1) 输出电压

空载时,输出电压为

$$U_0 = \sqrt{2}\,U_2$$

有载时,输出电压为

$$U_{O(AV)} = 1.2U_2$$

（2）滤波电容

通过对电容滤波电路的分析,可以看出:滤波电容容量越大,滤波的效果越好,但从电工知识的学习中可以了解到,容量越大,电路接通电源瞬间产生的冲击电流（浪涌）越大,过大的冲击电流将可能给电路中的元器件带来损害,因此实际应用中,滤波电容容量不能太大。

理论与实践表明,桥式整流电容滤波电路中电容选取应遵循

$$R_L C \geq (3 \sim 5)\frac{T}{2}$$

式中,T 为交流电源的周期。

3. 电路特点

电容滤波电路元器件少、成本低、输出电压高、脉动小,但带负载能力较差。在负载变化较大或对电源要求较高的场合,可采用电感滤波电路或复式滤波电路。

1.4 稳 压 电 路

整流滤波电路的输出电压极易受到电网电压波动、负载变动的影响,导致输出电压不稳定,因此,针对这一情况,通常在整流、滤波电路后加入稳压电路。其作用就是当电网电压波动和负载变化时,保证输出电压基本上稳定在一个固定的数值上。常见的稳压电路有稳压二极管稳压电路、串联型稳压电路、集成稳压电路和开关型稳压电路等。

一、稳压二极管稳压电路

稳压二极管稳压电路如图 1-15 所示,由稳压二极管 D_Z 和限流电阻 R 组成,稳压二极管在电路中应为反向偏置,它与负载电阻 R_L 并联后,再与限流电阻串联。稳压二极管稳压电路属于并联型稳压电路。

下面分析电路的工作原理。

1. 负载电阻 R_L 不变,电网电压波动

当负载电阻 R_L 不变,电网电压上升时,将使 U_I 增加,U_O 随之增加,则 U_Z 增加,由稳压二极管的伏安特性可知,当 U_Z 稍有增加时,稳压二极管的电流 I_Z 就会显著增加,结果使流经限流电阻 R 的电流 I_R 增大,I_R 的增大使得 R 上的压降 U_R 增加,从而使增大了的负载电压 U_O 的数值有所减小,即:$U_O = U_I - U_R$。如果电阻 R 的阻值选择恰当,最终可使 U_O 基本保持不变。上述稳

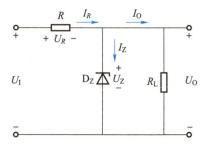

图 1-15　稳压二极管稳压电路

压过程可表示如下:

$$U_\text{I}\uparrow \rightarrow U_\text{O}\uparrow \rightarrow U_\text{Z}\uparrow \rightarrow I_\text{Z}\uparrow\uparrow \rightarrow I_R\uparrow\uparrow \rightarrow U_R\uparrow\uparrow \rightarrow U_\text{O}\downarrow$$

同理,当电网电压下降使 U_I 减小时,负载电压 U_O 也减小,因此,稳压二极管的电流 I_Z 显著减小,结果使流经限流电阻 R 的电流 I_R 减小,I_R 的减小使 R 上的压降也减小,结果使负载电压 U_O 的数值有所增加而近似不变。

2. 电网电压不变,负载电阻 R_L 变化

当电网电压不变,负载电阻 R_L 变小时,负载电阻 R_L 上的端电压 U_O 因而下降,则 U_Z 下降,只要 U_O 下降一点,稳压二极管的电流 I_Z 就会显著减小,流经限流电阻 R 的电流 I_R 和电阻上的压降 U_R 就减小,使已经降低的负载电压 U_O 回升,从而使 U_O 基本保持不变。上述稳压过程可表示如下:

$$R_\text{L}\downarrow \rightarrow U_\text{O}\downarrow \rightarrow U_\text{Z}\downarrow \rightarrow I_\text{Z}\downarrow\downarrow \rightarrow I_R\downarrow\downarrow \rightarrow U_R\downarrow\downarrow \rightarrow U_\text{O}\uparrow$$

当负载电阻 R_L 减小时有如上关系,反之,当负载电阻 R_L 增大时,稳压过程相反,读者可自行分析。

由以上分析可知,稳压二极管稳压电路是由稳压二极管 D_Z 的电流调节作用和限流电阻 R 的电压调节作用互相配合实现稳压的。但是由于稳压二极管的电流调节范围不大(几十毫安),在电网电压不变时,负载电流的变化范围也就是稳压二极管的电流调节范围,故这种稳压电路只适用于负载电流不大的小功率负载,且要求负载电流的变化范围严格地控制在 $I_\text{Zmin}\sim I_\text{Zmax}$ 之间,否则 U_Z 就无法保持稳定。

二、三端集成稳压器

三端集成稳压器是目前常使用的一种集成稳压元器件。三端集成稳压器是将串联型稳压电路中的调整电路、取样电路、基准电路、放大电路、启动及保护电路集成在一块芯片上,有三端固定式集成稳压器和三端可调式集成稳压器。

1. 三端固定式集成稳压器

(1)特点:输出电压不可调节。

(2)分类:W78×× 系列和 W79×× 系列。

W78×× 系列输出电压为正电压,W79×× 系列输出电压为负电压,"××"表示输出电压数值的大小,例如,W7806 输出电压为 +6 V,W7906 输出电压为 −6 V;额定输出电流以"78"或"79"后面所加字母来区分,"L"表示 0.1 A,"M"表示 0.5 A,无字母表示 1.5 A;外形、引脚排列和电气图形符号如图 1−16 所示,U_I 为输入端,U_O 为输出端,GND 为公共端,使用时应该注意的是,W78×× 系列和 W79×× 系列产品三个引出端的引脚位置不相同,不可接错。

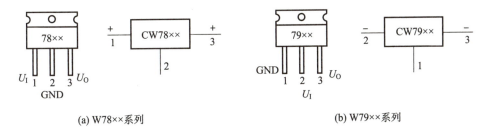

(a) W78×× 系列　　　　　　　　　　　(b) W79×× 系列

图 1−16　三端固定式集成稳压器外形、引脚排列和电气图形符号

（3）典型应用电路：图 1-17 所示为三端固定式集成稳压器基本应用电路。

经过整流、滤波，未经过稳压的直流电压 U_I 加至稳压器的输入端和公共端之间，在输出端和公共端之间取得稳定的直流电压 U_O。输入端接入的电容 C_I 的作用是防止自激振荡，一般取 0.33 μF。输出端接入的电容 C_O 的作用是改善输出特性，一般取 0.1 μF。为了使稳压器正常工作，其最小输入、输出电压差为 2~3 V，最高输入电压为 35 V。

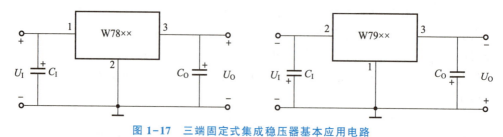

图 1-17　三端固定式集成稳压器基本应用电路

2. 三端可调式集成稳压器

三端可调式集成稳压器外形、引脚排列与三端固定式集成稳压器相同，但引脚功能有所区别，如图 1-18 所示。其中，ADJ 为调整端。

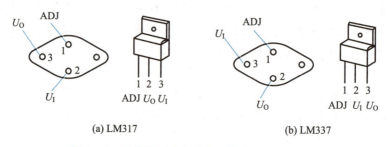

(a) LM317　　　　　　　　　(b) LM337

图 1-18　三端可调式集成稳压器外形、引脚排列

（1）特点：输出电压可以调节。

（2）分类：三端可调式正集成稳压器，如 CW117/217/317；三端可调式负集成稳压器，如 CW137/237/337。

（3）性能指标：输出电压可调范围为 1.2~37 V，最大输出电流为 1.5 A，输出端与调整端之间基准电压为 U_{REF} = 1.25 V，调整端输出电流为 I_A = 50 μA。

（4）典型应用电路：图 1-19 所示为三端可调式集成稳压器基本应用电路。

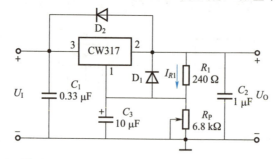

图 1-19　三端可调式集成稳压器基本应用电路

其输出电压为

$$U_0 = \left(1 + \frac{R_P}{R_1}\right) \times 1.25 \text{ V}$$

改变 R_P 的电阻值，就可以得到所需要的输出电压。

三、直流稳压电源的主要技术指标

直流稳压电源的主要技术指标有两类：一类为表示该电源适用范围的特性指标，如允许输入电压、输出电压（或输出电压调节范围）以及输出电流；还有一类为衡量该电源性能优劣的质量指标，主要有以下几个：

（1）稳压系数 S_r：指在负载固定时，输出电压相对变化量与输入电压相对变化量之比，即

$$S_r = \left. \frac{\Delta U_0 / U_0}{\Delta U_I / U_I} \right|_{R_L = 常量}$$

（2）输出电阻 r_o：指当直流稳压电路输入电压不变时，输出电压变化量与输出电流变化量之比，即

$$r_o = \frac{\Delta U_0}{\Delta I_0}$$

（3）电压调整率 K_U：指负载恒定时，输出电压的相对变化量和输入电压变化量之比，即

$$K_U = \frac{\Delta U_0 / U_0}{\Delta U_I}$$

（4）电流调整率 K_I：指电网电压不变时，输出电流 I_0 从零变到最大额定输出值时，输出电压的相对变化量，即

$$K_I = \frac{\Delta U_0}{U_0}$$

（5）纹波抑制比 S_R：指输入纹波电压 U_{IP} 与输出纹波电压 U_{OP} 峰值之比，反映输入电压中 100 Hz（全波整流）的交流分量峰值或纹波电压有效值经稳压后的减小程度，即

自测
稳压电路

$$S_R = 20 \text{ lg} \frac{U_{IP}}{U_{OP}}$$

项目实施 <<<

任务一　原　理　分　析

直流稳压电源电路如图 1-20 所示，220 V 的交流电压通过变压器降压，再经过二极管 $D_1 \sim D_4$（或桥堆）整流，电容 C_1 滤波，最后经集成稳压器稳压后，得到 12 V 的电源电

压。其中,C_2 为抗干扰电容,用于旁路输入导线过长时串入的高频干扰脉冲,C_3 为稳压后的滤波电容,使输出电压更为稳定。

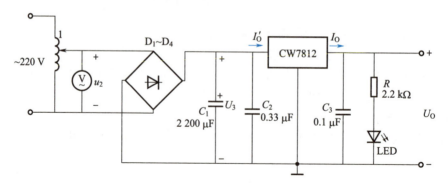

图 1-20 直流稳压电源电路

电路元器件选择及参数计算如下:

1. 三端集成稳压器

选用 CW7812,其 $U_0 = 12$ V,$I_{Omax} = 1.5$ A。

2. 变压器二次电压

稳压器压差为 2 V $\leqslant U_3 - U_0 \leqslant$ 35 V,现取 6 V,故输入电压为

$$U_3 = (12 + 6) \text{ V} = 18 \text{ V}$$

因桥式整流滤波电路后的电压为 $1.2U_2$,即为 U_3,故

$$U_2 = \frac{U_3}{1.2} = \frac{18}{1.2} \text{ V} = 15 \text{ V}$$

取 $U_2 = 15$ V。

3. 二极管

最大整流电流 $I_F \geqslant I_D = \frac{1}{2} I'_0 = \frac{1}{2} \times 1 \text{ A} = 0.5$ A。

最高反向工作电压 $U_{RM} \geqslant \sqrt{2} U_2 = \sqrt{2} \times 15 \text{ V} \approx 21$ V。

4. 电容器

整流滤波电路的等效负载为

$$R'_L = \frac{U_3}{I'_0} = \frac{18 \text{ V}}{1 \text{ A}} = 18 \text{ } \Omega$$

交流电源的周期为

$$T = \frac{1}{f} = \frac{1}{50} \text{ s} = 0.02 \text{ s}$$

整流滤波电路的电容为

$$C \geqslant \frac{(3 \sim 5) \dfrac{T}{2}}{R'_L} = \frac{(3 \sim 5) \times \dfrac{1}{2} \times 0.02}{18} \text{ F} \approx 0.001\ 7 \sim 0.002\ 8 \text{ F} = 1\ 700 \sim 2\ 800 \text{ } \mu\text{F}$$

取 $C = 2\ 200$ μF。

电容器耐压 $U_{CM} \geqslant \sqrt{2} U_I \approx 21$ V，取 $U_{CM} \geqslant 25$ V。

故电容器 C_1 的参数为 2 200 μF/25 V。

电容 $C_2 = 0.33$ μF，$C_3 = 0.1$ μF 的参数值均为经验值。

任务二 电路的装配与调试

一、装配前准备

1. 元器件、器材的准备

按照表 1-1 元器件清单和表 1-2 器材清单进行准备。

表 1-1 元器件清单

序号	名称	规格型号	数量
1	万能板	100 mm×80 mm	1
2	电源变压器	220 V/15 V	1
3	发光二极管	红色	1
4	整流桥	2W10	1
5	三端集成稳压器	CW7812	1
6	纸介电容器	0.33 μF	1
		0.1 μF	1
7	电解电容器	2 200 μF/25 V	1
8	碳膜电阻器	2.2 kΩ	1

表 1-2 器材清单

序号	类别	名　　称
1	工具	电烙铁(20~35 W)、烙铁架、拆焊枪、静电手环、剥线钳、尖嘴钳、一字螺丝刀、十字螺丝刀、镊子
2	设备	电钻、切板机
3	耗材	焊锡丝、松香、导线
4	仪器仪表	万用表、示波器

2. 元器件的识别与检测

目测各元器件应无裂纹，无缺角；引脚完好无损；规格型号标识应清楚完整；尺寸与要求一致，将检测结果填入表 1-3。按元器件检验方法对表中元器件进行功能检测，将结果填入表 1-3。

表 1-3　元器件检测表

序号	名称	规格型号	外观检测结果	功能检测		备注
				数值	结果	
1	万能板	100 mm×80 mm				
2	电源变压器	220 V/15 V				
3	发光二极管	红色				
4	整流桥	2W10				
5	三端集成稳压器	CW7812				
6	纸介电容器	0.33 μF				
		0.1 μF				
7	电解电容器	2 200 μF/25 V				
8	碳膜电阻器	2.2 kΩ				

（1）电源变压器的识别与检测

电源变压器是常见的一类变压器，它在电路中实现电压的变换，一次线圈和二次线圈的电压之比等于线圈的匝数之比，其公式为

$$\frac{U_1}{U_2} = \frac{N_1}{N_2}$$

在选择变压器时，除了要考虑一次电压和二次电压，还有一个重要的参数——变压器功率。在设计电源时，可以大致估计电路的最大工作电流，乘以变压器的输出电压就是电源功率，变压器功率必须比这个功率大，否则电路无法正常工作。

电源变压器按绕组形式可分为双绕组变压器、三绕组变压器和自耦变压器等，如图1-21所示，无论是哪一种变压器，在使用前一定要注意区分一次侧和二次侧引脚，一旦反接，轻

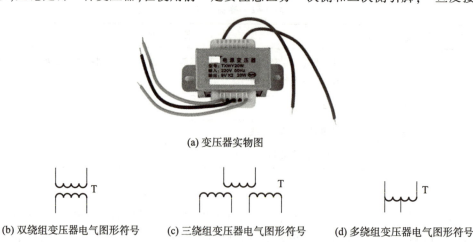

(a) 变压器实物图

(b) 双绕组变压器电气图形符号　　(c) 三绕组变压器电气图形符号　　(d) 多绕组变压器电气图形符号

图 1-21　电源变压器实物图和电气图形符号

则烧断电源熔断器熔体,重则会使变压器线圈烧毁而彻底损坏。一般电源变压器一次侧都会标注有"220 V"字样,如果没有标注可以按照下面的方法进行分辨:首先用万用表电阻挡判断变压器一次、二次侧有无短路和开路;然后用万用表电感挡,分别测量变压器的一次、二次线圈,电感大的为一次侧,应当接入220 V,电感小的为二次侧,是输出端(相对降压变压器而言)。另外,一般变压器的一次侧引脚的导线为红色且较粗,二次侧引脚的导线为黄色、蓝色等且较细。总之,对一次侧和二次侧引脚没有十足的把握时,不应该将其接入电路中。

(2)整流二极管、发光二极管的识别与检测

整流二极管和发光二极管可根据标注或外形判断极性:整流二极管标有银色圆环的一端为负极,另一端为正极,如图1-22(a)所示;发光二极管长脚为正极,短脚为负极(新的器件),如图1-22(b)所示。

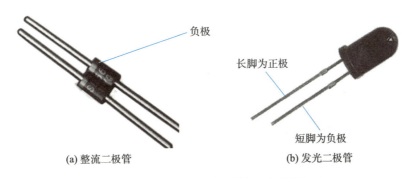

(a)整流二极管　　　　　　　(b)发光二极管

图1-22　根据标注或外形判断二极管的极性

也可以用数字万用表判断二极管的极性,如图1-23所示。

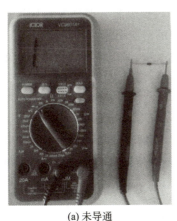

(a)未导通　　　　　　　　　(b)导通

图1-23　用数字万用表判断二极管的极性

测二极管时,使用数字万用表的二极管挡。用红、黑两表笔分别接触二极管的两个引脚,若万用表有一定数值显示,此数值为二极管的正向导通电压,说明二极管处于正偏,红表笔接的是二极管的正极,黑表笔接的是二极管的负极,调换两表笔,万用表显示为"1",

说明二极管处于反偏截止状态。

二极管的性能检测方法如下：

a. 若用万用表测试二极管正向导通电压很小，反向截止时显示为"1"，说明二极管是好的。

b. 若在测量时，两次的数值均很小，则二极管内部短路。

c. 若两次测得的数值均很大或均为"1"，则二极管内部开路。

d. 若测得正、反向电阻差距小（即正向电阻偏大，反向电阻偏小），说明二极管性能不良。

（3）整流桥的识别与检测

测试条件设定：将万用表挡位开关置于二极管挡，红表笔接万用表正极，黑表笔接万用表负极。

测试方法与步骤：红表笔接整流桥负极，黑表笔接整流桥正极，此时测试结果为整个整流桥的压降参考值；如需分别测试每只二极管的压降值，则方法为黑表笔接整流桥正极，红表笔分别探测两个交流引脚，红表笔接整流桥负极，黑表笔分别探测两个交流引脚，此时所测结果为内部独立二极管芯片的压降参考值。

性能判断：上述测试结果为该整流桥内部独立二极管芯片压降的参考值，有示数说明该芯片正常，可以辅助判断整流桥通断与好坏情况；如有非一致的情况出现，如数值为"1"（无穷大）则说明整流桥中该二极管已经损坏。

（4）三端集成稳压器的识别与检测

① 三端固定式集成稳压器的识别与检测

三端固定式集成稳压器引脚判断：根据图 1-16 判断相应稳压器的引脚，也可查阅元器件手册或网络资源，确定稳压器引脚及其参数。

下面介绍用万用表电阻挡（一般为 $R \times 1$ k 挡）测量电阻值的方法检测引脚功能。对于 78 系列的稳压器，红表笔接散热片（带小圆孔），黑表笔分别与 3 个引脚相接，测出 3 个阻值。阻值最大的对应引脚为输入端，阻值较小的对应引脚为输出端，阻值为 0 的对应引脚为公共端。例如，测量 7806 稳压器时，对应输入端、输出端和公共端测得的 3 个阻值分别为 8.2 kΩ，3.7 kΩ 和 0。对于 79 系列的稳压器，判断方法与 78 系列类似，只是在测量时将红、黑表笔对换。

② 三端可调式集成稳压器的识别与检测

以 LM317 为例，将万用表挡位开关置于 $R \times 1$ k 挡，红表笔接散热片（带小圆孔），黑表笔分别与 3 个引脚相接，测出 3 个阻值，检测的正确结果见表 1-4。如果所测的数据与表中测量阻值不同，说明 LM317 存在质量问题。

表 1-4 测量数据表

测量阻值	说明（红表笔接散热片）	不正常电阻值
约 24 kΩ	测出该阻值时，黑表笔所接为调整端引脚	0 或 ∞
约 4 kΩ	测出该阻值时，黑表笔所接为输入端引脚	0 或 ∞
阻值相对最低	测出该阻值时，黑表笔所接为输出端引脚	0 或 ∞

由于集成稳压器品牌及型号众多,其参数具有一定的离散性,通过测量各引脚间的电阻值,也只能估测出集成稳压器是否损坏。一般来说:

a. 若引脚间正向电阻为一固定值,而反向电阻无穷大,则集成稳压器正常。

b. 若两引脚间的正、反向电阻值均很小或接近0,则该稳压器内部已击穿损坏;若正、反向电阻值均为无穷大,则该稳压器已开路损坏。

c. 若测得引脚间阻值不稳定,随温度变化而变化,则该稳压器热稳定性不良。

（5）电容器的识别与检测

电容器标识方法有直标法、数字加字母的混合标注法、数字表示法等形式。

图1-24(a)所示为直标法,是指在电容器的表面直接用数字或字母标注出标称容量、额定电压等参数的标注方法。

图1-24(b)所示为数字加字母的混合标注法,数字表示电容器的容量大小,字母表示单位,字母有时也表示小数点位。

图1-24(c)所示为数字表示法,3位数字的前两位数字为标称容量的有效数字,第三位数字表示有效数字后面零的个数,它们的单位都是pF。其中,"224"表示标称容量为$22×10^4$ pF,"104"表示标称容量为$10×10^4$ pF,"103"表示标称容量为$10×10^3$ pF。

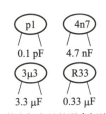

p1   4n7
0.1 pF   4.7 nF
3μ3   R33
3.3 μF   0.33 μF

(a) 直标法   (b) 数字加字母的混合标注法   (c) 数字表示法

图1-24 电容器标识方法

在这种表示法中有一个特殊情况,就是当第三位数字用"9"表示时,是用有效数字乘上10^{-1}来表示容量大小的,如"229"表示标称容量为$22×10^{-1}$ pF = 2.2 pF。

固定电容器可分为无极性电容器和极性电容器。无极性电容器,如瓷介、云母、玻璃釉、玻璃膜、聚苯乙烯、纸介电容等,其电气图形符号如图1-25(a)所示;极性电容器又称电解电容器,引脚有正、负之分,其电气图形符号如图1-25(b)所示。

(a) 无极性电容器   (b) 极性电容器

图1-25 电容器电气图形符号

由于极性电容器引脚有正、负之分,所以在使用极性电容器前需要判断出其正、负极。

判断方法1:对未使用过的新电容器,可以根据引脚长短来判别,引脚长的为正极,引脚短的为负极。

判断方法2:根据电容器上标注的极性判别,电容器上标"−"为负极,如图1-26所示。

电容器容量的大小可以利用数字万用表电容挡进行测试,使用时先将挡位开关置于测试电容器所需挡位,将电容器插入电容器测试接口,即可在显示屏上读出电容器的容量值。

对于不具备测量电容器功能的普通数字万用表来说，虽然不能检测出电容器容量的大小，但可以检测判断出 0.1 μF 以上容量大小电容器的好坏。具体方法是：

① 将挡位开关置于 20 MΩ 挡。

② 将红、黑表笔分别插入"VΩ"和"COM"孔内。

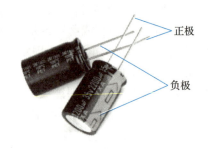

正极

负极

图 1-26　电解电容器的正、负极判别

③ 用表笔分别连接待测电容器的 2 个引脚，此时，数字万用表屏幕上有一个从 0 快速变大的数字显示，并很快显示稳定的"1"，上述变化的数字说明电容器有充电的过程，而随后稳定的"1"说明电容器漏电较小。

④ 将数字万用表的表笔调换一下，将表笔与电容器引脚相连，此时，数字万用表屏幕上有一个带负号的数字在快速减小，并很快过 0 后向正数值的方向增加，最终显示为"1"，说明此电容器是好的。

（6）电阻器的识别与检测

① 阻值和误差

碳膜电阻器和金属膜电阻器一般由四色环和五色环表示电阻的阻值和误差，具体方法是：

a. 先判断误差环。电阻器的最后一环为误差环，一般误差环与前一环的间隔相对较宽，四环电阻的误差环一般为金色或银色，五环电阻的误差环颜色有金、银、棕、红、绿、蓝和紫色。

b. 识读色环。四环电阻的第一、二环为有效数环，第三环为被乘数环，第四环为误差数环；五环电阻的第一、二、三环为有效数环，第四环为被乘数环，第五环为误差数环。根据各色环代表的数字（图 1-27）即可读出色环电阻器的阻值和误差。例如，图 1-27 中的四环电阻的色环是红红黑金，对应的阻值就是 220 Ω，又如，五环电阻的色环是黄紫黑黄棕，对应的阻值就是 4 700 kΩ，也就是 4.7 MΩ，误差是 ±1%。

② 额定功率

电阻器的额定功率是指在一定的条件下电阻器长期使用允许承受的最大功率。电阻器额定功率越大，允许流过的电流越大。

固定电阻器的额定功率也要按国家标准进行标注，其标称系列有 $\frac{1}{8}$ W，$\frac{1}{4}$ W，$\frac{1}{2}$ W，1 W，2 W，5 W 和 10 W 等。小电流电路一般采用功率为 $\frac{1}{8} \sim \frac{1}{2}$ W 的电阻器，而大电流电路中常采用 1 W 以上的电阻器。色环电阻器可根据长度和直径来判别其功率大小，长度和直径越大，功率越大。

③ 电阻器的检测

使用数字万用表能够较为精确地检测出电阻器的阻值，具体方法是：先将挡位开关置于电阻挡，然后选择合适的量程进行测量。数字万用表电阻挡的测量范围是 200 Ω ~ 200 MΩ。

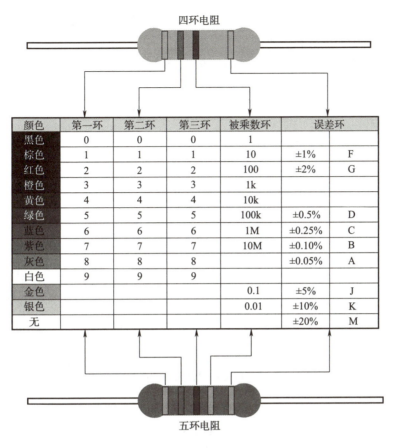

四环电阻

颜色	第一环	第二环	第三环	被乘数环	误差环	
黑色	0	0	0	1		
棕色	1	1	1	10	±1%	F
红色	2	2	2	100	±2%	G
橙色	3	3	3	1k		
黄色	4	4	4	10k		
绿色	5	5	5	100k	±0.5%	D
蓝色	6	6	6	1M	±0.25%	C
紫色	7	7	7	10M	±0.10%	B
灰色	8	8	8		±0.05%	A
白色	9	9	9			
金色				0.1	±5%	J
银色				0.01	±10%	K
无					±20%	M

五环电阻

图 1-27 色环电阻器阻值与误差的识读

例如,测量一只未知阻值的电阻器,第一步,将红、黑表笔分别插入"VΩ"和"COM"孔内;第二步,将挡位开关置于 2 MΩ 挡;第三步,将测量表笔分别与电阻器的 2 个引脚相连,此时数字万用表的屏幕上应有数值显示,如图 1-28(a)所示。

由于该测量数值为 0.026 MΩ,明显读数的精度不够,可将挡位开关向低一挡位拨动,置于 200 kΩ 挡,如图 1-28(b)所示,此时的屏幕显示数值为"26.7",表示所测得的阻值为 26.7 kΩ,显然这样的测量结果精度更高。

(a) 置于2 MΩ挡

(b) 置于200 kΩ挡

图 1-28 电阻的测量

二、电路装配

1. 元器件引脚的成形和插装

元器件在插装前需根据印制板上的插孔位置和本身的封装外形弯曲成形。图 1-29 所示为印制板上的部分元器件成形插装实例。

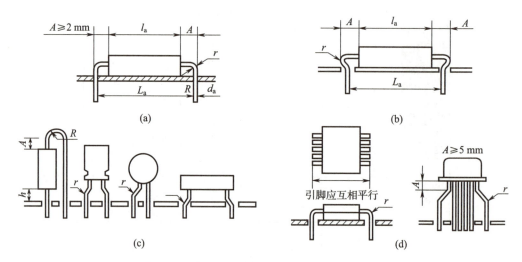

图 1-29　印制板上的部分元器件成形插装实例

元器件引脚成形应注意:所有元器件引脚不得从根部打弯,一般应留出 1 mm 以上的距离;成形过程中任何弯曲处都不允许出现直角,即要有一定的弧度,圆弧半径应大于引脚直径的 1~2 倍;有字符的元器件面要尽量置于容易观察的位置。

元器件的插装方式有两种,分别是贴片插装和悬空插装,如图 1-30 所示。贴片插装稳定性好、插装简单,但不利于散热;悬空插装使用范围广,有利于散热,在插装时要注意高度保持一致。

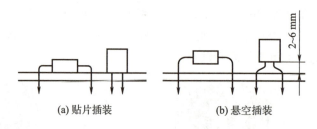

图 1-30　一般被焊件的插装方式

2. 手工焊接

掌握正确的焊接操作姿势,有利于操作者的健康和安全。

正确的焊接操作姿势是:挺胸端坐,鼻子至烙铁头至少应保持约 30 cm 的距离,电烙铁握法有三种,如图 1-31 所示,握笔法由于操作灵活方便,被广泛采用。焊锡丝握法有两种,分别适用于连续锡焊和断续锡焊,如图 1-32 所示。

(a) 反握法　　　(b) 正握法　　　(c) 握笔法

图 1-31　电烙铁握法

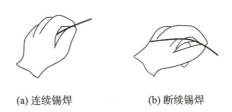

(a) 连续锡焊　　　　　(b) 断续锡焊

图 1-32　焊锡丝握法

（1）焊接的基本操作步骤

手工焊接操作同样满足锡焊工艺过程。一般根据实践的积累,在工厂中,常把手工锡焊过程归纳成:"一刮、二镀、三测、四焊"。

①"刮"是指处理焊接对象的表面。焊接前,应先进行被焊件表面的清洁工作,有氧化层的要刮去,有油污的要擦去。

②"镀"是指对被焊部位搪锡。

③"测"是指对搪过锡的元器件进行检查,检查元器件在电烙铁高温下是否变质。

④"焊"是指把测试合格的、已完成上述三个步骤的元器件焊到电路中去。焊接完毕要进行清洁和涂保护层,并根据对被焊件的不同要求进行焊接质量的检查。

（2）手工锡焊五步法

手工锡焊作为一种操作技术,必须要通过实际训练才能掌握,对于初学者来说进行手工焊锡五步法训练是非常有成效的。手工锡焊五步法是掌握手工焊接的基本方法,如图 1-33 所示。

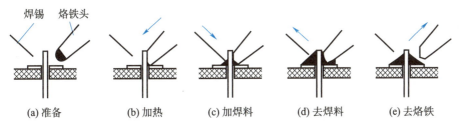

(a) 准备　　　(b) 加热　　　(c) 加焊料　　　(d) 去焊料　　　(e) 去烙铁

图 1-33　手工锡焊五步法

① 准备

准备好被焊件,电烙铁加温到工作温度,烙铁头保持干净,一手握好电烙铁,一手抓好焊料(通常是焊锡),电烙铁与焊料分居于被焊工件两侧。

② 加热

烙铁头接触被焊件,包括工件端子和焊盘在内的整个被焊件全体要均匀受热,时间约2 s。一般让烙铁头扁平部分(较大部分)接触热容量较大的被焊件,烙铁头侧面或边缘部分接触热容量较小的被焊件,以保持被焊件均匀受热。

③ 加焊料

当工件被焊部位升温到焊接温度时,将焊料从电烙铁对面接触被焊件。送料要适量,一般以有均匀、薄薄的一层焊料,能全面润湿整个焊点为佳。

④ 去焊料

当焊料熔化一定量后立即向斜上 45°方向移去焊料。

⑤ 去烙铁

移去焊料后,在助焊剂(市售焊锡内一般含有助焊剂)还未挥发完之前,迅速向斜上45°移去电烙铁,这样可使焊点光滑美观。对于热容量较小的焊点,可将②和③合为一步,④和⑤合为一步,简化为三步法操作。

焊接印制电路板时,除了遵循锡焊的工艺要求、手工锡焊要领和相应的操作技巧外,还应注意电烙铁的选择和焊接时间的把控。

焊接印制电路板时,一般应选内热式(20~40 W)或调温式,温度不超过 300 ℃的电烙铁为宜。加热时应尽量使烙铁头同时接触印制电路板上铜箔和元器件引脚,要避免电烙铁在铜箔一个地方停留加热时间过长,导致局部过热,使铜箔脱落和形成局部烧伤,被焊接加热时间一般以 2~3 s 为宜。焊接点上的焊料与助焊剂要适量,焊料以包着引脚灌满焊盘为宜。

3. 焊接工序

一般进行印制电路板焊接时应先焊较低的元器件,后焊较高的元器件和要求比较高的元器件。印制电路板上的元器件都要排列整齐,同类元器件要保持高度一致,保证焊好的印制电路板整齐、美观。

本项目的焊接工序见表 1-5。

表 1-5　电路板焊接工序

顺序	元器件	工艺	注意
第一步	碳膜电阻器	卧式安装	元器件尽可能插到底
第二步	纸介电容器	立式安装	
第三步	电解电容器	立式安装	注意引脚的极性
第四步	整流桥	立式安装	注意区分引脚,焊接时间不宜过长
第五步	三端集成稳压器	立式安装	注意区分引脚,焊接时间不宜过长
第六步	连线焊接		对照电路图检查连线的正确性

焊接结束后,要检查印制电路板上所有元器件引线的焊点和连接线,看是否有漏焊、虚焊现象需进行修补,最后剪去多余引线。

4. 拆焊

在装配、调试和维修过程中,常需将已经焊接的连线或元器件拆除或更换,这个过程就是拆焊。如果拆焊方法不得当,就会使印制电路板受到破坏,也会使更换下来而能利用的元器件无法重新使用。

常用的拆焊方法有分点拆焊法、集中拆焊法。对于印制电路板的电阻器、电容器、晶体管、普通电感器、连接导线等一般只有两个焊点,可用分点拆焊法,先拆除一端焊接点的引线,再拆除另一端焊接点的引线并将元器件(或导线)取出。诸如三极管、集成放大器这类多引脚元器件,可采用集中拆焊法。用电烙铁对邻近的焊点同时加热,待焊点熔化后随即拔出元器件。对于多焊点元器件,如集成电路器件,可用吸锡器吸除引脚上的各个焊点,从而使元器件引脚脱离印制电路板。

三、电路调试

1. 直观检查

(1) 检查电源线、地线、信号线是否连好,有无短路;

(2) 检查各元器件、组件安装位置、引脚连接是否正确;

(3) 检查引线是否有错线、漏线;

(4) 检查焊点有无虚焊。

2. 通电测试

(1) 电压波形和电压值测试

用万用表先测试变压器输出电压 u_2,再测试整流、滤波后电压 U_3,最后测试稳压后输出电压 U_0,将数据填入表 1-6。

用示波器观测 u_2,U_3 和 U_0 的波形,并将观测的波形填入表 1-6。

表 1-6　电压波形和电压值测试记录表

参数	波形	周期(频率)	幅度
变压器二次电压 u_2		示波器测量 TIME/div = T = f =	示波器测量 VOLTS/div = U_{P-P} = 万用表测量值(交流挡) U_2 =

参数	波形	周期(频率)	幅度
整流、滤波后电压 U_3		示波器测量 TIME/div = $T=$ $f=$	示波器测量 VOLTS/div = $U_{P-P}=$ 万用表测量值(直流挡) $U_3=$
稳压后输出电压 U_o		示波器测量 TIME/div = $T=$ $f=$	示波器测量 VOLTS/div = $U=$ 万用表测量值(直流挡) $U_o=$

（2）稳压性能测试

改变输入电压,保持负载阻值不变;改变负载阻值,保持输入电压不变,分别测输出电压值,将测试数据填入表1-7。

表1-7　稳压性能测试记录表

R_L/Ω	U_2/V	U_o/V	$\Delta U_o/V$	性能指标
200	22			$S_r=$ $K_U=$
	20			
	15			
∞	15			$K_I=$
120				
510				

3. 故障检测与分析

根据实际情况正确描述故障现象,正确选择仪器仪表,准确分析故障原因,排除故障。将故障检测情况填入表1-8。

表1-8 故障检测与分析记录表

内容	检测记录		
故障描述			
仪器使用			
原因分析			
重现电路功能			

故障分析要点:

(1) 电路关键点正常电压数据

① 变压器二次交流电压: $U_2 \approx 15$ V(或按变压器二次标称电压 U_2)。

② 整流、滤波后直流电压: $U_3 \approx 18$ V[或按公式 $U_3 = (1.1 \sim 1.2)U_2$ 计算]。

③ 稳压后的输出直流电压: $U_0 = 12$ V。

(2) 故障现象及排查

① U_2 数据不正常。检查变压器输入端电压是否正常,如正常,检查变压器是否损坏,接线端子焊接是否可靠;变压器输入端无输入电压,则检查 220 V 电源是否正常和电源线是否有断路等。

② U_3 数据不正常。各类整流滤波电路的输出电压平均值 U_3 与 U_2 的关系见表1-9。

表1-9 各类整流滤波电路的输出电压平均值 U_3 与 U_2 的关系

电路类型	U_3 与 U_2 的关系	电路类型	U_3 与 U_2 的关系
半波整流	$U_3 = 0.45U_2$	半波整流电容滤波	$U_3 = U_2$
桥式整流	$U_3 = 0.9U_2$	桥式整流电容滤波	$U_3 = 1.2U_2$

a. 若测得 U_3 约为 7 V,这一电压符合半波整流电路的输入、输出关系,说明桥式整流电容滤波电路变成半波整流电路。估计:其中一个桥式整流二极管开路,可能其中一个桥式整流二极管虚焊或断开,同时滤波电容开路。

b. 若测得 U_3 约为 13 V,说明电路变成桥式整流电路,滤波电容断开。

c. 若测得 U_3 为 15 V,说明电路变成半波整流电容滤波电路,整流电路中有一只二极管开路。

d. 若测得 $U_3 = 21$ V $\approx 1.4U_2$,说明稳压电路断开。

项目评价

根据项目实施情况将评分结果填入表1-10。

表 1-10 项目实施过程考核评价表

序号	主要内容	考核要求	考核标准	配分	扣分	得分
1	工作准备	认真完成项目实施前的准备工作	（1）劳防用品穿戴不合规范，仪容仪表不整洁，扣5分； （2）仪器仪表未调节，放置不当，扣2分； （3）电子实验实训装置未检查就通电，扣5分； （4）材料、工具、元器件未检查或未充分准备，每项扣2分	10		
2	元器件的识别与检测	能正确识别和检测变压器、电阻器、电容器、三端集成稳压器、发光二极管等元器件	（1）不能正确识别电源变压器，每错一个扣5分； （2）不能正确根据色环法识读各类电阻器阻值，每错一个扣5分； （3）不能运用万能表正确、规范测量各电阻器阻值，每错一项扣5分； （4）不能正确识别各电容器的型号类型，每错一个扣5分； （5）不能正确识别三端集成稳压器的型号，每错一个扣5分； （6）不能运用万能表正确、规范测量二极管的正负极，每错一项扣5分	30		
3	电路装配与焊接	（1）焊接安装无错漏，焊点光滑、圆润、干净、无毛刺，焊点基本一致； （2）装配正确，布局合理； （3）元器件极性正确； （4）电路板安装对位； （5）焊接板清洁无污物	（1）不能按照安装要求正确安装各元器件，每错一个扣1分； （2）电路装配出现错误，每处扣3分； （3）不能按照焊接要求正确完成焊接，每漏焊或虚焊一处扣1分； （4）元器件布局不合理，电路整体不美观、不整洁，扣3分	20		

序号	主要内容	考核要求	考核标准	配分	扣分	得分
4	电路调试与检测	（1）能正确调试电路功能；（2）能正确描述故障现象，分析故障原因；（3）能正确使用仪器设备对电路进行检查，排除故障	（1）调试过程中，测试操作不规范，每处扣5分；（2）调试过程中，没有按要求正确记录观察现象和测试数据，每处扣5分；（3）调试过程中，电路部分功能不能实现，每缺少一项扣5分；（4）调试过程中，不能根据实际情况正确分析故障原因并正确排故，每处扣5分	30		
5	职业素养	遵守安全操作规范，能规范、安全地使用仪器仪表，具有安全意识，严格遵守实训场所管理制度，认真实行6S管理	（1）违反安全操作规程，每次视情节酌情扣5~10分；（2）违反工作场所管理制度，每次视情节酌情扣5~10分；（3）工作结束，未执行6S管理，不能做到人走场清，每次视情节酌情扣5~10分	10		
备注			成绩			

项目拓展 〈〈

1.25~12 V 可调直流稳压电源的制作

根据图1-34所示的电路和参数制作1.25~12 V可调直流稳压电源。

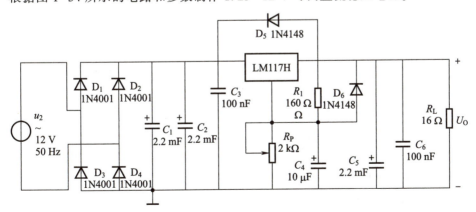

图1-34　1.25~12 V可调直流稳压电源原理图

1.25~12 V 可调直流稳压电源元器件清单见表 1-11。

表 1-11　1.25~12 V 可调直流稳压电源元器件清单

序号	名称	规格型号	数量
1	万能板	100 mm×80 mm	1
2	二极管	1N4001	4
		1N4148	2
3	三端集成稳压器	LM117H	1
4	无极性电容器	100 nF	2
5	电解电容器	2.2 mF	3
		10 μF	1
6	碳膜电阻器	160 Ω	1
7	可调电阻器	2 kΩ	1

知识拓展

开关型稳压电源

开关型稳压电源,简称开关电源,一般指输入为交流电压、输出为直流电压的 AC/DC 变换器。开关型稳压电源内部的功率开关管工作在高频开关状态,本身消耗的能量很低,电源效率可达 75%~90%,比普通线性稳压电源提高近一倍。

1. 开关型稳压电源分类

(1) 按驱动方式分有:自励式和他励式。

(2) 按 AC/DC 变换器的工作方式分有:① 单端正励式、单端反励式、推挽式、半桥式、全桥式等;② 降压型、升压型和升降压型等。

(3) 按电路组成分有:谐振型和非谐振型。

(4) 按控制方式分有:脉冲宽度调制(PWM)式、脉冲频率调制(PFM)式、PWM 与 PFM 混合式。

(5) 按电源是否隔离和反馈控制信号耦合方式分有:隔离式、非隔离式和变压器耦合式、光电耦合式等。

以上这些方式的组合可构成多种方式的开关型稳压电源。因此设计者需根据各种方式的特征进行有效组合,制作出满足需要的高质量开关型稳压电源。

2. 开关型稳压电源优点

开关型稳压电源与串联调整型稳压电源相比,具有如下优点:

(1) 功耗小,效率高;

(2) 适应市电变化能力强;

（3）输出电压可调范围宽；

（4）一只开关管可方便地获得多组电压等级不同的电源；

（5）滤波的效率大为提高，使滤波电容的容量和体积大为减少；

（6）电路形式灵活多样。

3. 开关型稳压电源缺点

开关型稳压电源的缺点是存在较为严重的开关干扰。开关型稳压电源中，功率开关管工作在高频开关状态，它产生的交流电压和电流通过电路中的其他元器件产生尖峰干扰和谐振干扰，这些干扰如果不采取一定的措施进行抑制、消除和屏蔽，就会严重地影响整机的正常工作。此外由于开关型稳压电源振荡器没有工频变压器的隔离，这些干扰就会串入工频电网，使附近的其他电子仪器、设备和家用电器受到严重的干扰。

练习与提高

1.1 二极管的基本结构是什么？什么是二极管的单向导电性？

1.2 直流稳压电源包括哪几部分？各部分的作用是什么？

1.3 在桥式整流电路中（未加滤波电路），如果有一只二极管断开了，画出此时输出电压 U_0 的波形，说明输出电压的平均值 $U_{0(AV)}$ 如何变化。如果有一只二极管的极性接反了，会产生什么后果？

1.4 桥式整流电容滤波电路如图 1-35 所示。请在图中标出电容器和输出电压 U_0 的极性。如果变压器二次电压 u_2 的有效值 $U_2 = 12$ V，输出电压的平均值等于多少伏？

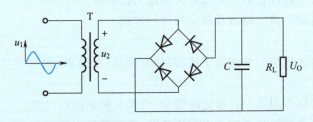

图 1-35 题 1.4 图

1.5 已知一桥式整流电容滤波电路的交流电源电压有效值 $U_1 = 220$ V，频率 $f = 50$ Hz，负载电阻 $R_L = 40$ Ω，要求输出直流电压为 24 V，纹波较小。

（1）求二极管的参数要求；

（2）选择滤波电容（容量和耐压）；

（3）确定电源变压器二次绕组的电压和电流。

1.6 设计一直流稳压电源，要求输出直流电压为 5 V，最大输出电流为 1 A，并确定三端集成稳压器、整流二极管、变压器和滤波电容的参数。

项目二
简易助听器的制作

项目目标 《《《

1. 知识目标

（1）了解三极管的结构、电流放大作用、伏安特性及主要参数。

（2）理解放大电路工作原理。

（3）掌握放大电路的组成、静态工作点及动态性能参数的计算。

（4）了解多级放大电路的分析方法。

（5）掌握反馈的类型及判别方法。

（6）了解场效应晶体管的结构及放大电路工作原理。

（7）了解简易助听器的组成及各元器件的作用。

2. 能力目标

（1）能正确熟练地使用常用电子仪器，如万用表、示波器、信号发生器和晶体管特性测试仪等。

（2）能正确使用万用表对三极管的管型、引脚及质量进行检测。

（3）能利用仿真软件仿真放大电路原理图，并测量其主要参数。

（4）能正确组装和调试放大电路，并能对电路的简单故障进行排除。

项目描述 《《《

根据图 2-1 所示的电路和参数制作一简易助听器。该电路采用三级放大电路，输入部分利用驻极体传声器将声音信号转化为音频电信号，输出负载为耳塞机。

电路性能要求如下：

（1）驻极体传声器具有较高的灵敏度；

（2）整机具有较高的放大倍数，收到的语音信号清晰响亮。

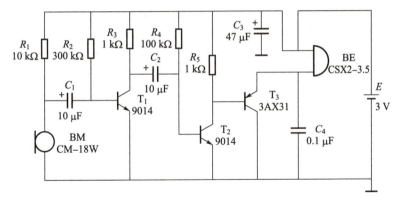

图 2-1　简易助听器电路原理图

2.1　半导体三极管

一、三极管的结构和类型

三极管是组成各种电子电路的核心,其结构示意图和电气图形符号如图 2-2 所示,图 2-2(a)是 NPN 型,图 2-2(b)是 PNP 型,它们是用不同的掺杂方式制成的。无论是 NPN 型或 PNP 型的三极管,内部均包含三个区:发射区、基区和集电区,并相应地引出三个电极:发射极 E、基极 B 和集电极 C。发射区和基区之间的 PN 结称为发射结,集电区和基区之间的 PN 结称为集电结。三极管的电气图形符号上箭头方向表示发射结正偏时发射极电流的实际方向。

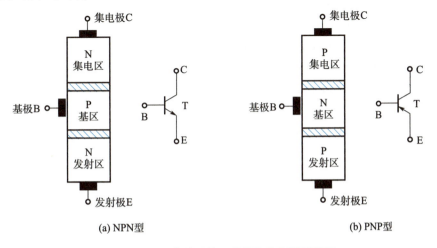

(a) NPN型　　　　　　　　　　　　　　　(b) PNP型

图 2-2　三极管的结构示意图和电气图形符号

三极管制造工艺的特点是发射区掺杂浓度要远高于集电区,而尺寸要小于集电区。因此,虽然集电区和发射区为同一类型半导体,但不能互换。基区很薄且掺杂浓度低,一般只有几微米。这些是保证三极管具有电流放大作用的内部条件。

自测
三极管的结构和类型

三极管的种类繁多,按制造材料可分为硅管和锗管;按功率大小可分为小功率管和大功率管;按工作频率可分为高频管和低频管等。

常见三极管的外形图如图 2-3 所示。

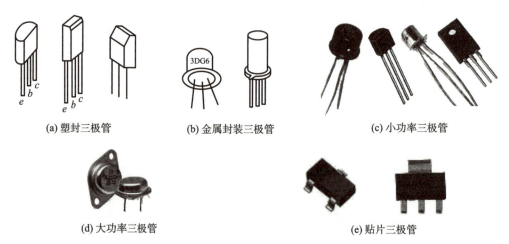

(a) 塑封三极管　　(b) 金属封装三极管　　(c) 小功率三极管

(d) 大功率三极管　　(e) 贴片三极管

图 2-3　常见三极管的外形图

二、三极管的电流放大作用

1. 三极管具有放大作用的条件

要使三极管具有电流放大作用,必须给三极管的发射结加正向电压(正向偏置),集电结加反向电压(反向偏置)。三极管放大电路不管采用哪种管型的三极管,都要满足这个条件。

2. 电流分配及放大作用

图 2-4 所示为 NPN 型三极管电流测试电路。图中发射极 E 是输入、输出回路的公共端,因此称这种接法为共发射极放大电路。通过改变 R_P,可测量基极电流 I_B、发射极电流 I_E 和集电极电流 I_C 的大小。

表 2-1 给出了五组三极管电流测量数据。

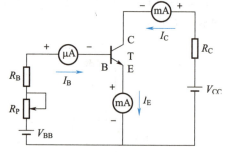

图 2-4　NPN 型三极管电流测试电路

表 2-1　三极管电流测量数据

序号	I_B/mA	I_C/mA	I_E/mA
1	0	0.01	0.01
2	0.01	0.56	0.57

序号	I_B/mA	I_C/mA	I_E/mA
3	0.02	1.14	1.16
4	0.03	1.74	1.77
5	0.04	2.33	2.37

分析表中数据可得出以下结论：

（1）电流分配关系：$I_E = I_B + I_C$，三个电极的电流符合基尔霍夫电流定律。

（2）电流放大作用：由于 $I_B \ll I_C$，故 $I_E \approx I_C$，由表看出，基极电流 I_B 有很小变化量 ΔI_B 时，集电极电流 I_C 有较大的变化量 ΔI_C，则

$$\beta = \frac{\Delta I_C}{\Delta I_B}$$

β 称为三极管共发射极交流电流放大系数，反映基极电流对集电极电流的控制作用，即电流放大作用。

例如，基极电流 I_B 由 0.01 mA 变为 0.02 mA 时，集电极电流 I_C 由 0.56 mA 变为 1.14 mA，则三极管共发射极交流电流放大系数

$$\beta = \frac{\Delta I_C}{\Delta I_B} = \frac{1.14 - 0.56}{0.02 - 0.01} = 58$$

此外，I_C 与 I_B 的比值也表明三极管的电流放大能力，这个比值称为三极管共发射极直流电流放大系数，即

$$\bar{\beta} = \frac{I_C}{I_B}$$

例如，当 $I_B = 0.02$ mA 时，$I_C = 1.14$ mA，则

$$\bar{\beta} = \frac{I_C}{I_B} = \frac{1.14}{0.02} = 57$$

比较以上两例可知，$\beta \approx \bar{\beta}$，故在工程上一般对 β 和 $\bar{\beta}$ 不作严格区分，估算时可通用。

由以上分析可知：三极管基极电流 I_B 的微小变化（ΔI_B）能够引起集电极电流 I_C 的显著变化（ΔI_C），即小电流可以控制大电流，这就是三极管电流放大的实质。

三、三极管的伏安特性

三极管的伏安特性，即三极管各个电极间电压和电流之间的相互关系，可用三极管的伏安特性曲线表示，它反映出三极管的性能，是分析放大电路的重要依据。特性曲线可由实验测得，也可在晶体管图示仪上直观地显示出来。

微课
三极管的伏安特性

1. 输入特性曲线

三极管的输入特性曲线是指 u_{CE} 为常量时，i_B 和 u_{BE} 之间的关系，即

$$i_B = f(u_{BE})\big|_{u_{CE}=常量}$$

图 2-5 所示为三极管的输入特性曲线,由于基极与发射极之间的发射结相当于一只二极管,所以输入特性曲线与二极管的正向特性曲线相似。从图中可以看出,当 $u_{CE} \geqslant 1\ \text{V}$ 时,u_{CE} 对 i_B 的影响不大。因此,三极管输入特性曲线通常用 $u_{CE}=1\ \text{V}$ 时的特性曲线来表示。

2. 输出特性曲线

三极管的输出特性曲线是指 i_B 为常量时,i_C 和 u_{CE} 之间的关系,即

$$i_C = f(u_{CE})\big|_{i_B=常量}$$

图 2-6 所示为三极管的输出特性曲线。当 i_B 改变时,可得一簇曲线。

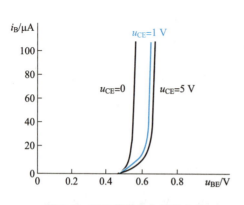

图 2-5 三极管的输入特性曲线

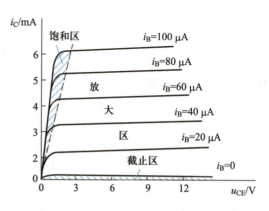

图 2-6 三极管的输出特性曲线

三极管的输出特性曲线可分为 3 个区:

(1)截止区

$i_B=0$ 的特性曲线以下区域称为截止区,条件是发射结和集电结均处于反偏。三极管工作在截止状态时,$i_C \approx 0$,$u_{CE} \approx V_{CC}$,三极管集电极、发射极之间在电路中犹如一个断开的开关。

(2)饱和区

当 u_{CE} 较小时,发射结和集电结均处于正偏。对于 NPN 型,$V_B > V_C$,$V_B > V_E$;对于 PNP 型,$V_B < V_C$,$V_B < V_E$。此时三极管失去电流放大作用,$u_{CE} \approx 0$,三极管集电极、发射极之间在电路中犹如一个闭合的开关。

(3)放大区

特性曲线近似平行于横轴的区域为放大区。处于放大区的条件是发射结正偏,集电结反偏。对于 NPN 型,$V_C > V_B > V_E$;对于 PNP 型,$V_E > V_B > V_C$。在放大区各条曲线近似平行等距,表明三层意思:一是说明 i_B 固定时,i_C 基本不变,i_C 不受 u_{CE} 影响,三极管可看作是受基极电流控制的受控恒流源;二是 i_B 增加,曲线上移,说明 i_C 只受 i_B 控制,$\Delta i_C = \beta \Delta i_B$,三极管具有电流放大作用;三是曲线等距,说明在放大区时电流放大倍数不变。

例2.1

在放大电路中,一个工作于放大状态的三极管,用直流电压表测得 X,Y,Z 三个电极对地电位分别为 10 V,0 V,0.7 V,试判断:这只三极管是 NPN 型还是 PNP 型? 是硅管还是锗管? 三个电极各是什么电极?

解:根据三极管的工作特点,电位差为导通电压的两个电极应是基极和发射极,由此可确定剩下的电极为集电极。当电位差约为 0.6 V 时是硅管,而电位差约为 0.2 V 时是锗管。该三极管基极和发射极之间的电位差为 (0.7-0) V = 0.7 V,所以是硅管。三极管工作在放大区时,NPN 型三极管应满足 $V_C > V_B > V_E$,PNP 型三极管应满足 $V_E > V_B > V_C$,所以 Z 电极为基极,Y 电极为发射极,X 电极为集电极。而集电极电位最高,发射极电位最低,所以该管为 NPN 型。

自测
三极管的伏安特性

四、三极管的主要参数

(1) 电流放大系数 β,$\bar{\beta}$

一般情况下,三极管共发射极交流电流放大系数 β 和直流电流放大系数 $\bar{\beta}$ 近似相等,即 $\beta \approx \bar{\beta}$,因此,二者不再严格区分。$\bar{\beta}$ 值通常在 15~400 之间,$\bar{\beta}$ 值太小则放大能力差,$\bar{\beta}$ 值太大则工作性能不稳定。

常用的三极管外壳上标有不同的色点,用以表示不同的放大倍数,见表 2-2。

表 2-2　不同色点对应的放大倍数

色点	放大倍数	色点	放大倍数
红	15~25	蓝	80~120
橙	25~40	紫	120~180
黄	40~55	灰	180~270
绿	55~80	白	270~400

(2) 集电结反向饱和电流 I_{CBO}

集电结反向饱和电流 I_{CBO} 是指发射极开路、集电结反偏时,流过集电结的反向电流,如图 2-7(a) 所示。小功率的硅管一般在 0.1 μA 以下,锗管在几微安至十几微安。I_{CBO} 越小,表明三极管的性能越好。

(3) 穿透电流 I_{CEO}

穿透电流 I_{CEO} 是指基极开路、集电结反偏、发射结正偏时,集电极、发射极之间的反向电流,如图 2-7(b) 所示。I_{CEO} 随温度升高而增大。I_{CEO} 越小,表明三极管的性能越稳定,噪声越小。硅管 I_{CEO} 比锗管小,因此,硅管的稳定性能较好。

(4) 集电极最大允许电流 I_{CM}

集电极最大允许电流 I_{CM} 是指三极管正常工作时集电极允许的最大电流。I_{CM} 超过一定值时放大倍数就会下降。

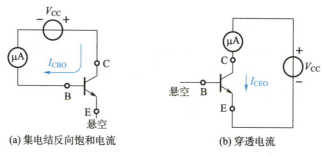

(a) 集电结反向饱和电流   (b) 穿透电流

图 2-7　三极管集电结反向饱和电流和穿透电流测量

（5）反向击穿电压 $U_{(BR)CEO}$

反向击穿电压 $U_{(BR)CEO}$ 是指基极开路时,加在集电极与发射极之间最大允许电压。如果 $U_{CE} > U_{(BR)CEO}$,三极管则被击穿。

（6）集电极最大允许耗散功率 P_{CM}

集电极最大允许耗散功率 P_{CM} 是指三极管正常工作时,集电极所允许的最大功耗。$P_{CM} \leqslant 1$ W 称小功率管;1 W $< P_{CM} < 10$ W 称中功率管;$P_{CM} \geqslant 10$ W 称大功率管。工作时,三极管的实际功率应小于 P_{CM}。

五、三极管的命名和种类

我国半导体分立器件的型号一般由五部分组成,见表 2-3。

表 2-3　我国半导体分立器件型号组成部分的符号及其意义

第一部分		第二部分		第三部分		第四部分	第五部分
用阿拉伯数字表示器件的电极数目		用汉语拼音字母表示器件的材料和极性		用汉语拼音字母表示器件的类别		用阿拉伯数字表示登记顺序号	用汉语拼音字母表示规格号
符号	意义	符号	意义	符号	意义		
2	二极管	A	N 型,锗材料	P	小信号管		
		B	P 型,锗材料	H	混频管		
		C	N 型,硅材料	V	检波管		
		D	P 型,硅材料	W	电压调整管和电压基准管		
		E	化合物或合金材料	C	变容管		
3	三极管	A	PNP 型,锗材料	Z	整流管		
		B	NPN 型,锗材料	L	整流堆		
		C	PNP 型,硅材料	S	隧道管		
		D	NPN 型,硅材料	K	开关管		
		E	化合物或合金材料	N	噪声管		

符号	意义	符号	意义	符号	意义		
				F	限幅管		
				X	低频小功率晶体管		
				G	高频小功率晶体管		
				D	低频大功率晶体管		
				A	高频大功率晶体管		
				T	闸流管		
				Y	体效应管		
				B	雪崩管		
				J	阶跃恢复管		
				CS	场效应晶体管		
				BT	特殊晶体管		
				FH	复合管		
				JL	晶体管阵列		
				PIN	PIN 二极管		
				ZL	二极管阵列		
				QL	硅桥式整流器		
				SX	双向三极管		
				XT	肖特基二极管		
				CF	触发二极管		
				DH	电流调整二极管		
				SY	瞬态抑制二极管		
				GS	光电子显示器		
				GF	发光二极管		
				GR	红外发射二极管		
				GJ	激光二极管		
				GD	光电二极管		
				GT	光电晶体管		
				GH	光电耦合器		
				GK	光电开关管		
				GL	成像线阵器件		
				GM	成像面阵器件		

常用三极管的种类见表2-4。

表 2-4　常用三极管的种类

种类	型号举例	用途
低频小功率管	3AX 系列 3DX 系列	低频小功率放大
高频小功率管	3AG 系列 3DG 系列	高频小功率放大
低频大功率管	3AD 系列 3DD 系列	低频大功率放大
高频大功率管	3AA 系列 3DA 系列	高频大功率放大
开关管	3AK 系列 3DK 系列	开关电路

例如,3AD50C 为 PNP 型锗材料低频大功率三极管。

2.2　共发射极放大电路

一、放大电路的组成

三极管构成的放大电路有三种基本组态,分别是共发射极放大电路、共集电极放大电路和共基极放大电路,如图2-8所示。低频状态下共发射极放大电路应用较多,这里先以此为例说明放大电路各元器件的作用。

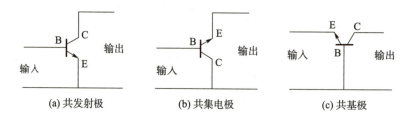

(a) 共发射极　　　　(b) 共集电极　　　　(c) 共基极

图 2-8　三极管放大电路的三种基本组态

图 2-9 所示为单管共发射极放大电路原理图。输入回路与输出回路的公共端是三极管的发射极,所以称为单管共发射极放大电路。在电路中,NPN 型三极管起放大作用,是放大电路的核心。V_{CC} 是集电极直流电源(一般为几伏至几十伏),一是为放大电路提供能量,二是为三极管提供偏置电压。R_C 是集电极负载电阻(一般为几千欧至几十千欧),将集电极电流 i_C 的变化转换为集电极电压 u_{CE} 的变化,然后传送到放大电路的输出

端。同时，R_C 和 V_{CC} 保证了集电极反向偏置。R_B 称为基极偏置电阻（一般为几十千欧至几百千欧），为三极管提供了合适的基极偏置电流。电容 C_1 和 C_2 称为隔直耦合电容（一般为十几微法至几十微法），在电路中的作用是"传送交流，隔离直流"。

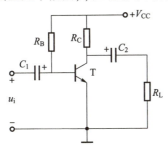

自测
放大电路的
组成

图 2-9　单管共发射极放大电路原理图

二、放大电路的静态分析

放大电路的输入信号 $u_i = 0$ 时的状态称静态。静态分析就是确定放大电路的静态工作点 Q。直流通路中，I_{BQ}，U_{BEQ}，I_{CQ}，U_{CEQ} 这组数据称为放大电路的静态工作点。

首先画出图 2-9 所示共发射极放大电路的直流通路。直流通路中电容相当于开路，负载和信号源被电容隔断，所以电路中只需将耦合电容 C_1，C_2 视为开路去掉，剩下的部分就是直流通路，如图 2-10 所示。

可得：

$$\begin{cases} I_{BQ} = \dfrac{V_{CC} - U_{BEQ}}{R_B} \approx \dfrac{V_{CC}}{R_B} \\[2mm] I_{CQ} = \beta I_{BQ} \\[2mm] U_{CEQ} = V_{CC} - I_{CQ}R_C \end{cases} \quad (2-1)$$

用式（2-1）可以近似估算放大电路的静态工作点。三极管导通后，硅管 U_{BE} 约为 $0.6 \sim 0.8\ V$，估算时取 $0.7\ V$，锗管 U_{BE} 约为 $0.2 \sim 0.3\ V$，估算时取 $0.3\ V$。而当 V_{CC} 较大时，U_{BE} 可以忽略不计。

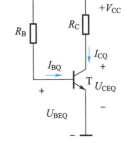

图 2-10　共发射极放大
电路的直流通路

例 2.2

试用估算法求图 2-11（a）所示放大电路的静态工作点，已知图中三极管的 $\beta = 50$。

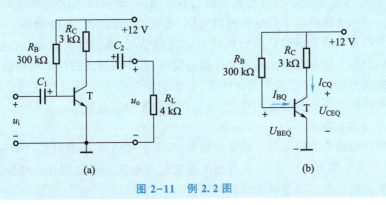

(a)　　　　　　　　　　　　(b)

图 2-11　例 2.2 图

解： 先画出图 2-11（a）所示电路的直流通路，如图 2-11（b）所示。

由图可知：

$$I_{BQ} = \frac{V_{CC} - U_{BEQ}}{R_B} = \frac{12\ \text{V} - 0.7\ \text{V}}{300\ \text{k}\Omega} \approx 37.7\ \mu\text{A} \approx 40\ \mu\text{A}$$

$$I_{CQ} = \beta I_{BQ} = 50 \times 40\ \mu\text{A} = 2\ \text{mA}$$

$$U_{CEQ} = V_{CC} - I_{CQ} R_C = 12\ \text{V} - 2\ \text{mA} \times 3\ \text{k}\Omega = 6\ \text{V}$$

三、放大电路的动态分析

1. 放大电路的动态工作情况

动态是指交流信号加入后放大电路的工作状态。动态分析的目的是：确定三极管在静态工作点 Q 处各极电流和极间电压的变化，进而求出放大电路的电压放大倍数、输入电阻、输出电阻，以便了解放大器对输入信号的放大能力及信号源与负载的匹配情况。

放大电路的动态情况，是在静态的基础上，在输入端加交流电压信号 $u_i = U_m \sin \omega t$。由于电容 C_1、C_2 容量很大，其容抗很小，所以对交流信号可视为短路。u_i 相当于直接加到三极管的发射结上，因此，发射结实际电压为静态值 U_{BE} 叠加上交流电压 u_i，即

$$u_{BE} = U_{BE} + u_i$$

其中，u_{BE} 为发射结电压瞬时值，U_{BE} 为发射结电压静态值，u_i 为交流输入电压瞬时值。

为了区分这几种情况，在以后的分析中用小写字母和大写下标表示含有直流分量的总瞬时值；用小写字母和小写下标表示交流分量瞬时值。

u_{BE} 的变化引起基极电流相应变化，即

$$i_B = I_B + i_b$$

i_B 的变化引起集电极电流相应变化，即

$$i_C = I_C + i_c$$

i_C 的变化引起集电极电压的变化，即

$$u_{CE} = V_{CC} - i_C R_C$$

当 i_C 增大时，u_{CE} 减小，即 u_{CE} 的变化与 i_C 相反，所以经过耦合电容 C_2 传送到输出端的输出电压 u_o 与 u_i 反相。只要电路参数选取适当，u_o 的幅值将比 u_i 幅值大得多，即达到放大目的。放大电路动态工作时各极的电流、电压波形图如图 2-12 所示。

动态分析是在静态值确定后分析信号的传输情况，考虑的只是电压、电流的交流分量。常用的分析方法有图解法和微变等效电路法，其中图解法便于了解电路各部分电流、电压波形的变化规律，分析波形失真情况，但不便于对放大电路进行定量分析和计算，而微变等效电路法具有普遍的适用性，下面仅介绍微变等效电路法。

2. 微变等效电路法

如果放大电路中的输入信号幅度足够小，那么工作点在 Q 点附近一个很小的范围内变化，特性曲线近似为线性区，三极管的电压变量与电流变量之间存在线性正比关系，这样非线性放大电路就可以等效为线性电路了。

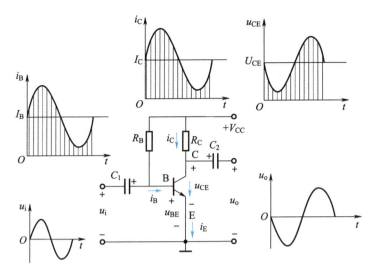

图 2-12　放大电路动态工作时各极电流、电压波形图

（1）三极管的微变等效电路

当输入信号很小时，三极管的输入特性曲线在 Q 点附近的工作段可近似认为是直线，如图 2-13（a）所示。

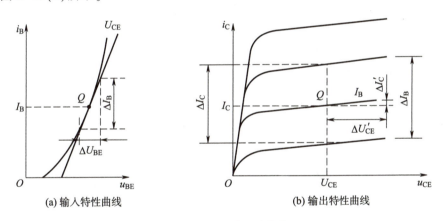

（a）输入特性曲线　　　　　　　　　（b）输出特性曲线

图 2-13　三极管特性曲线

ΔU_{BE} 与 ΔI_B 成正比，其比值用线性电阻 r_{be} 表示，即

$$r_{be} = \frac{\Delta U_{BE}}{\Delta I_B} = \frac{u_{be}}{i_b}$$

r_{be} 称为基极、发射极之间的等效电阻。在小信号条件下，ΔU_{BE} 近似等于 u_{be}，而 ΔI_B 近似等于 i_b。在实际工程计算中，低频小功率三极管输入电阻可以用下面公式近似计算：

$$r_{be} = 300\ \Omega + (1+\beta)\frac{26\ \text{mV}}{I_{EQ}}$$

三极管工作在输出特性曲线的放大区，由图 2-13（b）可知，输出特性曲线是一簇近似与横轴平行的等距的直线。当 U_{CE} 为常数时，ΔI_C 的大小主要与 ΔI_B 的大小有关。在小信

号条件下，ΔI_C 与 ΔI_B 基本成线性关系，其比例系数 β 是一个常数，即

$$\beta = \frac{\Delta I_C}{\Delta I_B} = C\,(C\ \text{为常数})$$

β 为三极管的电流放大系数，由它确定 i_c 受 i_b 控制的关系。因此，三极管的输出端可用一个 $i_c = \beta i_b$ 的受控电流源来等效代替，该受控电流源的大小与方向都受 i_b 控制。三极管微变等效电路如图 2–14 所示。

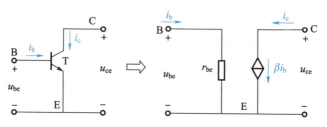

图 2–14　三极管微变等效电路

（2）放大电路的微变等效电路

微变等效电路是对交流信号而言的，只考虑交流电源（信号源）作用的放大电路称为交流通路。如图 2–12 所示，对交流信号而言，电容 C_1，C_2 可视为短路，直流电源 V_{CC} 内阻很小，也可视为短路，据此可画出放大电路的交流通路，如图 2–15（a）所示。

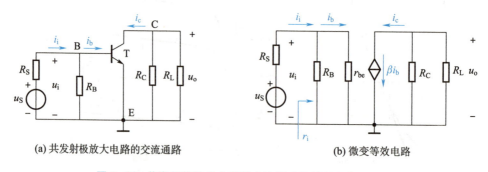

(a) 共发射极放大电路的交流通路　　　　　　　　(b) 微变等效电路

图 2–15　共发射极放大电路的交流通路及其微变等效电路

把交流通路中的三极管用其微变等效电路代替，即可画出放大电路的微变等效电路，如图 2–15（b）所示，然后计算其动态性能指标。

① 电压放大倍数 A_u

设输入为正弦信号，将图 2–15（b）中的电压和电流都用相量表示，可得出

$$\begin{cases} \dot{U}_o = -\beta \dot{I}_b (R_C /\!/ R_L) \\[2mm] \dot{U}_i = \dot{I}_b r_{be} \\[2mm] \dot{A}_u = \dfrac{\dot{U}_o}{\dot{U}_i} = \dfrac{-\beta \dot{I}_b (R_C /\!/ R_L)}{\dot{I}_b r_{be}} = -\dfrac{\beta R'_L}{r_{be}} \end{cases}$$

式中，$R'_L = R_C /\!/ R_L$；负号表示共发射极放大电路的输出电压与输入电压相位反相。

当放大电路输出端开路时($R_L \to \infty$),可得空载时的电压放大倍数为

$$\dot{A}_{u0} = -\frac{\beta R_C}{r_{be}}$$

可见,放大电路接有负载电阻 R_L 后的电压放大倍数比空载时降低了。R_L 越小,电压放大倍数越低。一般为提高共发射极放大电路电压放大倍数,总希望负载电阻 R_L 大一些。

② 输入电阻 r_i

放大电路的输入电阻 r_i 定义为输入电压与输入电流之比,由图 2-15(b)所示微变等效电路得

$$r_i = \frac{\dot{U}_i}{\dot{I}_i} = R_B \mathbin{/\mkern-5mu/} r_{be} \approx r_{be} \tag{2-2}$$

电路在放大交流电压信号时,输入电阻越大越好,原因有两个:其一是较大的 r_i 从信号源取用较小的电流,从而减轻信号源的负担;其二是 r_i 越大,相同的 $\dot{U}_S$ 使放大电路的有效输入 $\dot{U}_i$ 增大。

③ 输出电阻 r_o

采用"加压求流法"计算输出电阻,其等效电路如图 2-16 所示。

在信号源短路和负载开路的条件下,在放大电路的输出端加电压 $\dot{U}_o$,测出流入放大电路的电流 $\dot{I}_o$,则

$$r_o = \left.\frac{\dot{U}_o}{\dot{I}_o}\right|_{\substack{u_S=0 \\ R_L \to \infty}} \tag{2-3}$$

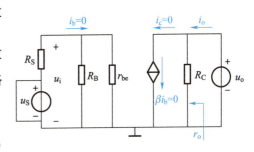

图 2-16　"加压求流法"等效电路

当 $\dot{I}_b = 0$ 时,$\beta \dot{I}_b = 0$,可得

$$\dot{I}_o = \frac{\dot{U}_o}{R_C}$$

代入式(2-3)得

$$r_o = R_C \tag{2-4}$$

放大交流电压信号时,输出电阻越小越好。原因是前级放大电路的输出电阻 r_o 对后级相当于信号源的内阻,r_o 越小,放大电路带负载能力越强。

④ 源电压放大倍数 A_{uS}

输出电压 $\dot{U}_o$ 与输入信号源电压 $\dot{U}_S$ 之比,称为源电压放大倍数 $\dot{A}_{uS}$,即

$$\dot{A}_{uS} = \frac{\dot{U}_o}{\dot{U}_S} = \frac{\dot{U}_o}{\dot{U}_i} \cdot \frac{\dot{U}_i}{\dot{U}_S} = \dot{A}_u \cdot \frac{r_i}{R_S + r_i} \approx \frac{-\beta R_L'}{R_S + r_{be}}$$

R_S 越大,源电压放大倍数越低,所以要提高源电压放大倍数,信号源内阻 R_S 必须要小一些。

例 2.3

图 2-11（a）所示的共发射极放大电路中，已知 $V_{CC} = 12$ V，$R_B = 300$ kΩ，$R_C = 3$ kΩ，$R_L = 4$ kΩ，三极管的 $\beta = 40$。

（1）估算静态工作点。

（2）计算电压放大倍数。

（3）计算输入电阻和输出电阻。

解：（1）估算静态工作点。由图 2-11（b）所示直流通路得

$$I_{BQ} \approx \frac{V_{CC}}{R_B} = \frac{12 \text{ V}}{300 \text{ k}\Omega} = 40 \text{ μA}$$

$$I_{CQ} = \beta I_{BQ} = 40 \times 40 \text{ μA} = 1.6 \text{ mA}$$

$$U_{CEQ} = V_{CC} - I_{CQ}R_C = 12 \text{ V} - 1.6 \text{ mA} \times 3 \text{ k}\Omega = 7.2 \text{ V}$$

（2）计算电压放大倍数。先画出图 2-15（a）所示的交流通路，然后画出如图 2-15（b）所示的微变等效电路，可得

$$r_{be} = 300 \ \Omega + (1+\beta)\frac{26 \text{ mV}}{I_{EQ}} = 300 \ \Omega + 41 \times \frac{26}{1.6} \ \Omega \approx 0.966 \text{ k}\Omega \approx 1 \text{ k}\Omega$$

$$\dot{A}_u = \frac{\dot{U}_o}{\dot{U}_i} = \frac{-\beta \dot{I}_b(R_C /\!/ R_L)}{\dot{I}_b r_{be}} \approx -40 \times \frac{1.7}{1} = -68$$

（3）计算输入电阻和输出电阻。根据式（2-2）和式（2-4），可得

自测

放大电路的分析

$$r_i = \frac{\dot{U}_i}{\dot{I}_i} = R_B /\!/ r_{be} \approx r_{be} = 1 \text{ k}\Omega$$

$$r_o = R_C = 3 \text{ k}\Omega$$

2.3 稳定静态工作点的放大电路

微课

稳定静态工作点的放大电路

一、放大电路的非线性失真

所谓失真是指输出信号波形与输入信号波形不相符。产生失真的最基本的原因是 Q 点设置不当，使三极管在工作时进入了饱和区或截止区，这样输出信号就会产生失真，这种由于三极管特性的非线性造成的失真称为非线性失真。下面分析截止失真和饱和失真这两种非线性失真。

1. 截止失真

静态工作点 Q 位置偏低，且输入电压 u_i 的幅度又相对较大时，就会在 u_i 的负半周时间内出现 u_{BE} 小于发射结导通电压的情况。此时，$i_B = 0$，三极管工作在截止区，使 i_B 的负

半周出现了平顶,如图2-17(a)所示。从输出特性分析,则是u_{CE}的正半周被削平,如图2-17(b)所示。这种由于三极管的截止而引起的失真称为截止失真。

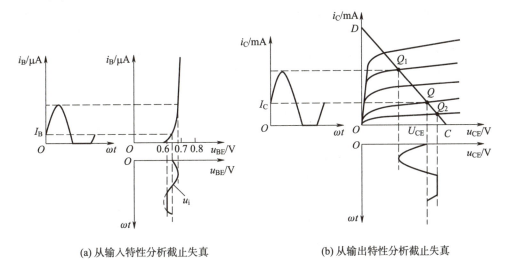

(a) 从输入特性分析截止失真　　　　(b) 从输出特性分析截止失真

图 2-17　图解法分析截止失真

2. 饱和失真

静态工作点Q的位置偏高,且输入信号u_i幅值又相对比较大时,则在u_i正半周时间内,三极管进入饱和区。此时,i_B虽然不失真,但$i_C=\beta i_B$的关系已不存在,i_B增加时,i_C却不随之增加,i_C正半周出现了平顶,相应地,u_{CE}的负半周出现了平顶,如图2-18所示。这种由于三极管的饱和而引起的失真称为饱和失真。

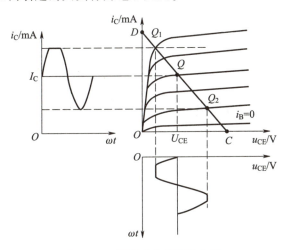

图 2-18　图解法分析饱和失真

由以上分析可知,为了减小和避免非线性失真,应合理选择Q点,并适当限制输入信号的幅度。通常Q点应大致选在交流负载线的中点。放大电路若出现截止失真,可以通过增大基极电流,提高Q点的办法来消除它;若出现饱和失真,

自测

放大电路的非线性失真

则应使基极电流减小,使 Q 点离开饱和区。

二、温度对静态工作点的影响

由前面讨论可知,合适的静态工作点是三极管处于正常放大状态的前提。在实际工作中,温度的变化、三极管的更换、元器件的老化和电源电压的波动等,都可能导致 Q 点不稳定。其中,温度的变化对 Q 点的影响极大,主要表现在以下三个方面:

(1)温度升高,集电极和基极间的反向饱和电流 I_{CBO} 增加,而穿透电流 I_{CEO} 增加更显著。故温度上升表现为输出特性曲线簇上移,如图 2-19 所示。

(2)温度升高,三极管的电流放大系数 β 增大。β 的增大表现为输出特性各条曲线间隔增大。

(3)温度升高,发射结导通电压 U_{BE} 将减小,基极电流 I_B 将增大。

以上三个方面均使 I_C 随温度的升高而增加,由于 R_B,R_C,V_{CC} 基本不随温度变化,即直流负载线基本不随温度变化,所以在温度升高时,Q 点将上移,这种 Q 点随温度而变的现象,称为 Q 点的温度漂移。

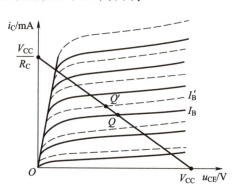

图 2-19　温度对 Q 点的影响

仿真
分压式偏置
放大电路

三、分压式偏置放大电路

分压式偏置放大电路如图 2-20(a)所示,电阻 R_{B1} 和 R_{B2} 构成分压式偏置电路。将隔直耦合电容 C_1,C_2 和射极旁路电容 C_E 断路,得直流通路如图 2-20(b)所示。

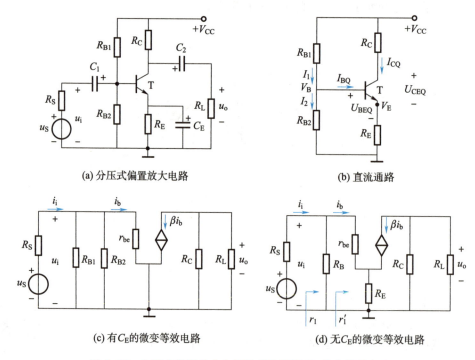

(a) 分压式偏置放大电路

(b) 直流通路

(c) 有 C_E 的微变等效电路

(d) 无 C_E 的微变等效电路

图 2-20　分压式偏置放大电路及其直流通路、微变等效电路

1. 稳定 Q 点的原理

分压式偏置放大电路稳定 Q 点的原理是:在图 2-20(b) 中,适当选择 R_{B1} 和 R_{B2},使得 $I_1 \gg I_{BQ}$,则有 $I_1 \approx I_2$,基极电位

$$V_B = \frac{R_{B2}}{R_{B1}+R_{B2}} V_{CC}$$

式中,R_{B1},R_{B2} 和 V_{CC} 基本不随温度变化,因此,V_B 为一定值。

当温度升高时,I_{CQ} 增大,I_{EQ} 也增大,则发射极电位 $V_E = I_{EQ} R_E$ 也增大。由于 $U_{BEQ} = V_B - V_E$,而 V_B 恒定,则 U_{BEQ} 减小,I_{BQ} 随之减小,从而导致 I_{CQ} 也减小,这样就可达到稳定 Q 点的目的。该流程表述如下:

$$温度\ T \uparrow \rightarrow I_{CQ} \uparrow \rightarrow I_{EQ} \uparrow \rightarrow V_E \uparrow \rightarrow U_{BE} \downarrow \rightarrow I_{BQ} \downarrow \rightarrow I_{CQ} \downarrow$$

2. 分压式偏置放大电路的静态和动态分析

💡 例2.4

在图 2-20(a) 所示的分压式偏置放大电路中,已知 $V_{CC} = 24$ V,$R_{B1} = 33$ kΩ,$R_{B2} = 10$ kΩ,$R_C = 3.3$ kΩ,$R_E = 1.5$ kΩ,$R_L = 5.1$ kΩ,三极管的 $\beta = 66$,设 $R_S = 0$。

(1) 估算静态工作点。

(2) 画出微变等效电路,计算电压放大倍数及输入、输出电阻。

(3) R_E 两端未并联旁路电容时,画出微变等效电路,计算电压放大倍数及输入、输出电阻。

解:(1) 分压式偏置放大电路的静态分析

估算静态工作点。画出分压式偏置放大电路的直流通路,如图 2-20(b) 所示。由直流通路得

$$\begin{cases} V_B = \frac{R_{B2}}{R_{B1}+R_{B2}} V_{CC} \\ I_{CQ} \approx I_{EQ} = \frac{V_B - U_{BEQ}}{R_E} \approx \frac{V_B}{R_E} \\ U_{CEQ} = V_{CC} - I_{CQ} R_C - I_{EQ} R_E \approx V_{CC} - I_{CQ}(R_C + R_E) \end{cases} \quad (2\text{-}5)$$

代入数据得

$$V_B \approx 5.6\ V$$
$$I_{CQ} \approx 3.7\ mA$$
$$U_{CEQ} = 6.24\ V$$

(2) 分压式偏置电路的动态分析(有旁路电容)

若电路中有旁路电容 C_E,首先将 C_1,C_2 和 C_E 短路,画出微变等效电路,如图 2-20(c) 所示。

① 电压放大倍数

$$\dot{A}_u = \frac{\dot{U}_o}{\dot{U}_i} = \frac{-\beta \dot{I}_b R_L'}{\dot{I}_b r_{be}} = \frac{-\beta R_L'}{r_{be}}$$

式中，$R'_L = R_C /\!/ R_L$，$r_{be} = 300\ \Omega + (1+\beta)\dfrac{26\ \text{mV}}{I_{EQ}} \approx 300\ \Omega + (1+66)\times\dfrac{26}{3.7}\ \Omega \approx 0.77\ \text{k}\Omega$。

② 输入电阻

$$r_i = R_B /\!/ r_{be} = R_{B1} /\!/ R_{B2} /\!/ r_{be}$$

③ 输出电阻

$$r_o = R_C$$

代入数据得

$$\dot{A}_u = \frac{-66\times(5.1 /\!/ 3.3)}{0.77} \approx -172$$

$$r_i = 33\ \text{k}\Omega /\!/ 10\ \text{k}\Omega /\!/ 0.77\ \text{k}\Omega \approx 0.7\ \text{k}\Omega$$

$$r_o = 3.3\ \text{k}\Omega$$

（3）分压式偏置电路的动态分析（无旁路电容）

若电路中无旁路电容 C_E，首先将 C_1 和 C_2 短路，画出微变等效电路，如图 2-20(d) 所示，图中，$R_B = R_{B1} /\!/ R_{B2}$。

① 电压放大倍数

$$\dot{A}_u = \frac{\dot{U}_o}{\dot{U}_i} = \frac{-\beta\dot{I}_b R'_L}{\dot{I}_b r_{be} + (1+\beta)\dot{I}_b R_E} = \frac{-\beta R'_L}{r_{be} + (1+\beta) R_E}$$

式中，$R'_L = R_C /\!/ R_L$。

② 输入电阻

$$r_i = R_B /\!/ r'_i = R_{B1} /\!/ R_{B2} /\!/ [r_{be} + (1+\beta) R_E]$$

式中，$r'_i = \dfrac{\dot{U}_i}{\dot{I}_b} = r_{be} + (1+\beta) R_E$。

③ 输出电阻

$$r_o = R_C$$

代入数据得

$$\dot{A}_u = \frac{-66\times(5.1 /\!/ 3.3)}{0.77 + (1+66)\times 1.5} \approx -1.3$$

$$r_i = 33\ \text{k}\Omega /\!/ 10\ \text{k}\Omega /\!/ [0.77 + (1+66)\times 1.5]\ \text{k}\Omega \approx 7.13\ \text{k}\Omega$$

$$r_o = 3.3\ \text{k}\Omega$$

从计算结果可知，去掉发射极旁路电容 C_E 后，电压放大倍数降低了，输入电阻提高了。由以上分析可以看出，R_E 越大，对 I_{CQ} 的变化抑制能力越强，电路的稳定性越好。

但引入 R_E 后，会减小放大电路的放大倍数，所以为兼顾两者，可在 R_E 两端并联足够大的电容 C_E。通常小信号放大电路中，R_E 取几百欧至几千欧。

自测

稳定静态工作点的放大电路

2.4 共集电极和共基极放大电路

一、共集电极放大电路（射极输出器）

图 2-21（a）所示为共集电极放大电路，信号从基极输入，发射极输出，又称射极输出器。

1. 静态分析

图 2-21（b）所示为射极输出器的直流通路，由其可得

$$\begin{cases} I_{BQ} = \dfrac{V_{CC} - U_{BEQ}}{R_B + (1+\beta) R_E} \\[2mm] I_{EQ} \approx I_{CQ} = \beta I_{BQ} \\[2mm] U_{CEQ} = V_{CC} - I_{EQ} R_E \end{cases}$$

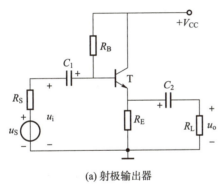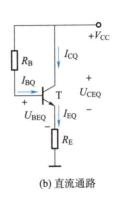

(a) 射极输出器　　　　(b) 直流通路

图 2-21　射极输出器及其直流通路

2. 动态分析

画出射极输出器的微变等效电路，如图 2-22 所示。

（1）电压放大倍数

由微变等效电路及电压放大倍数的定义得

$$\dot{U}_o = (1+\beta) \dot{I}_b (R_E /\!/ R_L)$$

$$\dot{U}_i = \dot{I}_b r_{be} + \dot{U}_o = \dot{I}_b r_{be} + (1+\beta) \dot{I}_b (R_E /\!/ R_L)$$

$$\dot{A}_u = \frac{(1+\beta)(R_E /\!/ R_L)}{r_{be} + (1+\beta)(R_E /\!/ R_L)}$$

可以看出：若 $(1+\beta)(R_E /\!/ R_L) \gg r_{be}$，射极输出器的电压放大倍数恒小于 1，但接近于 1，输出电压 $\dot{U}_o \approx \dot{U}_i$。因此，射极输出器也称电

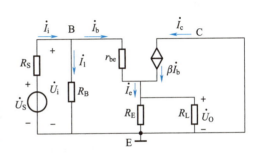

图 2-22　射极输出器的微变等效电路

压跟随器。

尽管射极输出器无电压放大作用,但发射极电流 I_e 是基极电流 I_b 的 $(1+\beta)$ 倍,输出功率也近似是输入功率的 $(1+\beta)$ 倍,所以射极输出器具有一定的电流放大作用和功率放大作用。

（2）输入电阻

由图 2-22 所示微变等效电路及输入电阻的定义得

$$r_i' = \frac{\dot{U}_i}{\dot{I}_b} = r_{be} + (1+\beta)R_L'$$

式中,$R_L' = R_E /\!/ R_L$,则

$$r_i = R_B /\!/ r_i' = R_B /\!/ [r_{be} + (1+\beta)R_L']$$

一般 R_B 和 $[r_{be} + (1+\beta)(R_E /\!/ R_L)]$ 都要比 r_{be} 大得多,因此,射极输出器的输入电阻比共发射极放大电路的输入电阻要高。射极输出器的输入电阻高达几十千欧。

（3）输出电阻

采用"加压求流法"计算输出电阻,其等效电路图 2-23 所示。

图中去掉信号源 $\dot{U}_S$,将负载 R_L 断路。在输出端加上电压 $\dot{U}_o'$,产生电流 $\dot{I}_o'$,则

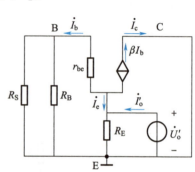

图 2-23 "加压求流法"等效电路

$$r_o = \frac{\dot{U}_o'}{\dot{I}_o'} = \frac{\dot{U}_o'}{(1+\beta)\dfrac{\dot{U}_o'}{r_{be}+(R_B /\!/ R_S)} + \dfrac{\dot{U}_o'}{R_E}} = R_E /\!/ \frac{r_{be}+(R_B /\!/ R_S)}{1+\beta}$$

一般情况下,$R_B \gg R_S$,所以,$r_o \approx R_E /\!/ \dfrac{r_{be}+R_S}{1+\beta}$。通常 $R_E \gg \dfrac{r_{be}+R_S}{1+\beta}$,因此,$r_o \approx \dfrac{r_{be}+R_S}{\beta}$。

射极输出器的输出电阻与共发射极放大电路的相比是很低的,一般只有几欧至几十欧。

例2.5

图 2-21（a）所示射极输出器,已知 $V_{CC} = 12\ V$,$R_B = 120\ k\Omega$,$R_E = 4\ k\Omega$,$R_L = 4\ k\Omega$,$R_S = 100\ \Omega$,三极管的 $\beta = 40$。

（1）估算静态工作点。

（2）画出微变等效电路。

（3）计算电压放大倍数。

（4）计算输入、输出电阻。

解:（1）估算静态工作点。

$$I_{BQ} = \frac{V_{CC} - U_{BEQ}}{R_B + (1+\beta)R_E} = \frac{12 - 0.6}{120 + (1+40) \times 4}\ mA \approx 40\ \mu A$$

$$I_{CQ} = \beta I_{BQ} = 40 \times 40 \ \mu A = 1.6 \ mA$$

$$U_{CEQ} = V_{CC} - I_{EQ}R_E \approx 12 \ V - 1.6 \times 4 \ V = 5.6 \ V$$

（2）画出微变等效电路，如图 2-22 所示。

（3）计算电压放大倍数。

$$\dot{A}_u = \frac{(1+\beta)(R_E /\!/ R_L)}{r_{be} + (1+\beta)(R_E /\!/ R_L)} = \frac{(1+40) \times (4 /\!/ 4)}{0.97 + (1+40) \times (4 /\!/ 4)} \approx 0.99$$

其中，$r_{be} = 300 \ \Omega + (1+\beta)\dfrac{26 \ mV}{I_{EQ}} = 300 \ \Omega + (1+40) \times \dfrac{26}{1.6} \ \Omega \approx 0.97 \ k\Omega$。

（4）计算输入、输出电阻。

$$r_i = R_B /\!/ [r_{be} + (1+\beta)(R_E /\!/ R_L)] = 120 \ k\Omega /\!/ [0.97 + 41 \times (4 /\!/ 4)] \ k\Omega \approx 49 \ k\Omega$$

$$r_o = R_E /\!/ \frac{r_{be} + (R_B /\!/ R_S)}{1+\beta} = 4 \ k\Omega /\!/ \frac{0.97 + (120 /\!/ 0.1)}{1+40} \ k\Omega \approx 25.9 \ \Omega$$

3. 射极输出器的特点

射极输出器的输入电阻大，常用于多级放大电路的输入级。不仅减轻了信号源的负担，又可获得较大的输入电压。在电子测量仪中采用射极输出器作为输入级，较大的输入电阻可减小对测量电路的影响。

射极输出器的输出电阻小，也常用于多级放大电路的输出级。当负载变动时，因为射极输出器具有几乎为恒压源的特性，输出电压不随负载变动而保持稳定，具有较强的带负载能力。

射极输出器也常作为多级放大电路的中间级。其输入电阻大，可提高前一级的电压放大倍数；其输出电阻小，可提高后一级的电压放大倍数。同时，射极输出器起到了阻抗变换作用，提高了多级放大电路的总的电压放大倍数，改善了多级放大电路的工作性能。

二、共基极放大电路

图 2-24(a)所示为共基极放大电路。图中，R_{B1}，R_{B2} 和 R_C 构成分压式偏置电路，为三极管设置合适而稳定的工作点。信号从发射极输入，由集电极输出，而基极通过旁路电容 C_B 交流接地，作为输入、输出的公共端，所以该电路称为共基极放大电路。

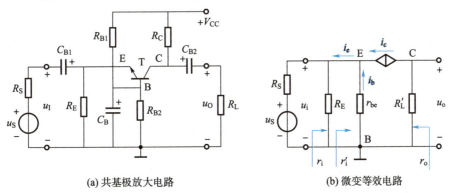

(a) 共基极放大电路　　　　　　　　(b) 微变等效电路

图 2-24　共基极放大电路及其微变等效电路

1. 静态分析

共基极放大电路的直流通路与分压式偏置放大电路的直流通路是一样的,所以共基极放大电路的静态工作点计算式也和式(2-5)相同。

2. 动态分析

(1) 电压放大倍数

由图2-24(b)可得

$$\dot{U}_i = -\dot{I}_b r_{be}$$

$$\dot{U}_o = -\beta \dot{I}_b R'_L$$

式中,$R'_L = R_C /\!/ R_L$。

电压放大倍数

$$\dot{A}_u = \frac{\dot{U}_o}{\dot{U}_i} = \beta \frac{R'_L}{r_{be}}$$

这说明共基极放大电路的输出电压与输入电压同相位。与共发射极放大电路一样,共基极放大电路也具有电压放大作用。

(2) 输入电阻

按基极支路和发射极支路的折合关系,由发射极看进去的电阻为

$$r'_i = \frac{\dot{U}_i}{-\dot{I}_e} = \frac{r_{be}}{1+\beta}$$

$$r_i = R_E /\!/ r'_i = R_E /\!/ \frac{r_{be}}{1+\beta} \approx \frac{r_{be}}{1+\beta}$$

自测
共集电极和共基极放大电路

(3) 输出电阻

若 $\dot{U}_i = 0$,则 $\dot{I}_b = 0$,$\beta \dot{I}_b = 0$,则有

$$r_o \approx R_C$$

三、三种基本放大电路性能比较 (表2-5)

表2-5 三种基本放大电路性能比较

比较项目	共发射极放大电路	共集电极放大电路	共基极放大电路
电路图			
电压放大倍数 A_u	$-\dfrac{\beta R'_L}{r_{be}}$	$\dfrac{(1+\beta)R'_L}{r_{be}+(1+\beta)R'_L} \approx 1$	$\dfrac{\beta R'_L}{r_{be}}$
输入电阻 r_i	$R_{B1} /\!/ R_{B2} /\!/ r_{be}$	$R_B /\!/ [r_{be}+(1+\beta)R'_L]$	$R_E /\!/ \dfrac{r_{be}}{1+\beta}$

比较项目	共发射极放大电路	共集电极放大电路	共基极放大电路
输出电阻 r_o	R_C	$R_E // \dfrac{r_{be}+R_B // R_S}{1+\beta}$	R_C
u_o 与 u_i 相位关系	反相	同相	同相
用途	放大信号电压和信号电流;多级放大器的中间级	放大信号电流;输入级、缓冲级、输出级	放大信号电压;高频放大或宽频带放大

2.5 多级放大电路

一、多级放大电路的组成及耦合方式

1. 多级放大电路的组成

大多数放大电路需要把毫伏或微伏级的信号放大成足够大的输出电压或输出电流去推动负载工作,因此需要把几个单级放大电路按一定的方式连接起来组成多级放大电路,如图 2-25 所示。根据信号源和负载性质不同,对各级放大电路的要求亦不尽相同。第一级被称为输入级(或前置级),要求有尽可能高的输入电阻和低的静态工作电流;中间级主要用于提高电压放大倍数;推动级(或激励级)用于输出一定幅度信号去推动功率放大电路工作。

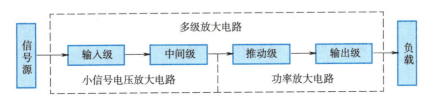

图 2-25 多级放大电路框图

2. 多级放大电路的耦合方式

(1)阻容耦合:前、后级通过耦合电容连接起来,如图 2-26 所示。其特点是前、后级的静态工作点各自独立,但不能用于直流或缓慢变化信号的放大。

(2)变压器耦合:级与级之间用变压器连接起来,如图 2-27 所示。其优点是各级静态工作点独立,由于变压器具有的阻抗变换作用,可使负载与阻抗实现合理匹配。其缺点是变压器的体积大,不能放大直流信号。

(3)直接耦合:前级的输出端直接与后级的输入端相连,如图 2-28 所示。其特点是电路的频率特性好,但各级的静态工作点相互影响。

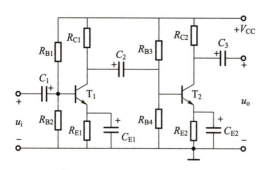

图 2-26　阻容耦合多级放大电路

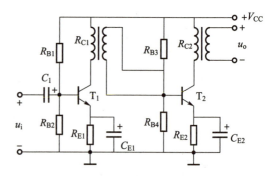

图 2-27　变压器耦合多级放大电路

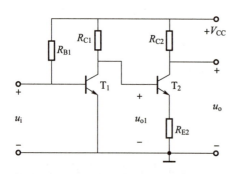

图 2-28　直接耦合多级放大电路

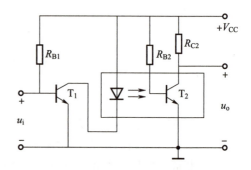

图 2-29　光电耦合多级放大电路

（4）光电耦合:前、后级通过光电耦合连接起来,如图 2-29 所示。其特点是既可传输交流信号又能传输直流信号,实现前、后级电隔离,便于集成化。

二、多级放大电路的动态参数计算

1. 电压放大倍数

多级放大电路无论采用何种耦合方式和何种组态,其前级的输出信号 $\dot{U}_{o1}$ 就是后级的输入信号 $\dot{U}_{i2}$,后级的输入电阻 R_{i2} 即为前级的负载电阻 R_{L1},即

$$\dot{U}_{o1} = \dot{U}_{i2}, \quad R_{i2} = R_{L1}$$

第一级的电压放大倍数

$$\dot{A}_{u1} = \frac{\dot{U}_{o1}}{\dot{U}_{i}}$$

第二级的电压放大倍数

$$\dot{A}_{u2} = \frac{\dot{U}_{o2}}{\dot{U}_{i2}} = \frac{\dot{U}_{o2}}{\dot{U}_{o1}}$$

第 n 级的电压放大倍数

$$\dot{A}_{un} = \frac{\dot{U}_{o}}{\dot{U}_{in}} = \frac{\dot{U}_{o}}{\dot{U}_{o(n-1)}}$$

总的电压放大倍数

$$\dot{A}_u = \frac{\dot{U}_o}{\dot{U}_i} = \frac{\dot{U}_{o1}}{\dot{U}_i} \cdot \frac{\dot{U}_{o2}}{\dot{U}_{i2}} \cdot \cdots \cdot \frac{\dot{U}_o}{\dot{U}_{in}} = \dot{A}_{u1} \cdot \dot{A}_{u2} \cdot \cdots \cdot \dot{A}_{un}$$

即 n 级电压放大电路,其总的电压放大倍数是各级电压放大倍数的乘积。

2. 输入电阻

多级放大电路的输入电阻 r_i 为第一级放大电路的输入电阻,即

$$r_i \approx r_{i1}$$

3. 输出电阻

多级放大器的输出电阻 r_o 为第 n 级放大电路的输出电阻,即

$$r_o = r_{on}$$

自测

多级放大电路

2.6 放大电路中的负反馈

一、反馈的概念

放大电路在正常工作时,输入信号经过放大后输出,如果采用一定的方式将输出量(电压或电流)的一部分或全部送回到输入回路,以改善放大电路的某些性能,这种方法称为反馈。若返回的信号削弱了原输入信号,则称为负反馈;若返回的信号增强了原输入信号,则称为正反馈。在放大电路中经常采用的是负反馈。

如图 2-30 所示,任何带有负反馈的放大电路都包含两部分:一部分是不带反馈的基本放大电路 $\dot{A}$;另一部分是联系放大电路输出回路和输入回路的环节 $\dot{F}$,称为反馈网络。

图中,$\dot{X}$ 是正弦量的相量表示,它既可以表示电压也可以表示电流,其中,$\dot{X}_i$ 是输入信号,$\dot{X}_o$ 是输出信号,$\dot{X}_f$ 是反馈信号,$\dot{X}_{id}$ 是放大电路的净输入信号。$\dot{X}_i$ 和 $\dot{X}_f$ 在输入端比较($\otimes$ 是比较环节的符号),并根据图中"+""−"极性可得净输入信号 $\dot{X}_{id} = \dot{X}_i - \dot{X}_f$,若 $\dot{X}_i$ 与 $\dot{X}_f$ 同相,则 $\dot{X}_{id} = \dot{X}_i - \dot{X}_f < \dot{X}_i$,即反馈信号削弱了净输入信号的作用,是负反馈,相反则为正反馈。

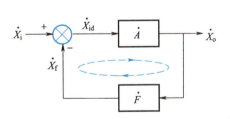

图 2-30 放大电路的反馈框图

二、负反馈的基本类型

根据反馈信号从放大电路输出端取样方式的不同,反馈可分为电压反馈和电流反馈。反馈信号取自输出电压,称为电压反馈,如图 2-31(a)所示;反馈信号取自输出电流,称为电流反馈,如图 2-31(b)所示。

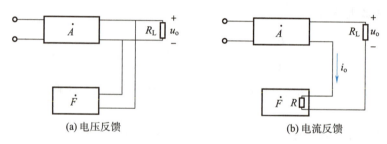

(a) 电压反馈   (b) 电流反馈

图 2-31   电压反馈和电流反馈

根据反馈信号与放大电路输入信号连接方式的不同,反馈可分为串联反馈和并联反馈。反馈信号与放大电路输入信号串联,称为串联反馈,串联反馈信号以电压形式出现,如图 2-32(a)所示;反馈信号与放大电路输入信号并联,称为并联反馈,并联反馈信号以电流形式出现,如图 2-32(b)所示。

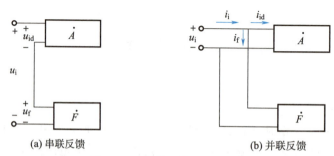

(a) 串联反馈   (b) 并联反馈

图 2-32   串联反馈和并联反馈

综上所述,负反馈的基本类型有:电压串联负反馈、电压并联负反馈、电流串联负反馈、电流并联负反馈。

三、反馈类型的判别

判断放大电路中反馈的类型,可以按如下步骤进行:

(1)找出反馈元器件(或反馈网络)。确定在放大电路输出和输入回路间起联系作用的元器件,有这样的元器件存在,电路中才存在反馈,否则就不存在反馈。

(2)判断是电压反馈还是电流反馈。如果反馈信号取自放大电路的输出电压,就是电压反馈;如果反馈信号取自输出电流,则是电流反馈。判断方法:若反馈的取样点和电压的输出端在同一节点上,则为电压反馈,反之为电流反馈。也可用输出端短路法判别,即将放大电路的输出端短路(注意:放大电路的输出可等效为信号源,输出短路是将负载短路),如短路后反馈信号消失了,则为电压反馈,否则为电流反馈。

(3)判断是串联反馈还是并联反馈。如果反馈信号和输入信号是串联关系,则为串联反馈;如果反馈信号和输入信号是并联关系,则为并联反馈。判断方法:若反馈信号和输入信号加在同一节点上,则为并联反馈,反之为串联反馈。

(4)判断是正反馈还是负反馈。判断正、负反馈可采用瞬时极性法。瞬时极性是指交流信号某一瞬时的极性,一般要在交流通路里进行判断。首先假定放大电路输入电压 u_i 对地的瞬时极性是正或负,然后按照闭环放大电路中信号的传递方向,依次标出有关各点在同一瞬间对地的极性(用"+"或"−"表示)。如果反馈信号削弱输入信号,则为负反馈,反之为正反馈。

现通过具体实例,参考以上步骤来判别具体放大电路的反馈类型。

例2.6

判断如图2-33所示电路的反馈类型。

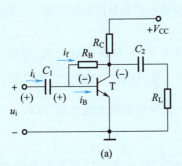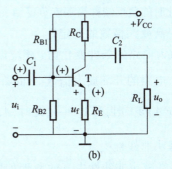

图2-33　例2.6图

解: 图2-33(a)所示电路中,R_B连接着输入和输出端,所以是反馈元器件;由于反馈的取样点和电压的输出端同在集电极上,所以是电压反馈;在输入端,反馈信号和输入信号在同一节点(基极)上,所以是并联反馈;利用瞬时极性法,假定基极输入为"+",则集电极输出为"−",反馈电流由基极流向集电极,净输入电流 i_B 减小,所以是负反馈。综上所述,R_B 引入的是电压并联负反馈。

图2-33(b)所示电路中,R_E 连接着输入和输出端,所以是反馈元器件;由于反馈的取样点在发射极而电压的输出端在集电极,即反馈的取样点与电压的输出端不在同一端,所以是电流反馈;在输入端,反馈信号在发射极,输入信号在基极,即反馈信号和输入信号不在同一节点,所以是串联反馈;利用瞬时极性法,假定基极输入为"+",则发射极输出为"+",净输入电压 $u_{BE}=u_i-u_f$,u_{BE} 减小,所以是负反馈。综上所述,R_E 引入的是电流串联负反馈。

四、负反馈对放大电路性能的影响

1. 降低放大倍数

由图2-30放大电路的反馈框图可以看到,无反馈时,电路的放大倍数 $\dot{A}=\dfrac{\dot{X}_o}{\dot{X}_i}$,而有反馈时,电路的放大倍数 $\dot{A}_f$ 定义为

$$\dot{A}_f=\frac{\dot{X}_o}{\dot{X}_i}=\frac{\dot{X}_o}{\dot{X}_{id}+\dot{X}_f}=\frac{\dfrac{\dot{X}_o}{\dot{X}_{id}}}{\dfrac{\dot{X}_{id}}{\dot{X}_{id}}+\dfrac{\dot{X}_f}{\dot{X}_{id}}}=\frac{\dot{A}}{1+\dfrac{\dot{X}_f}{\dot{X}_o}\cdot\dfrac{\dot{X}_o}{\dot{X}_{id}}}=\frac{\dot{A}}{1+\dot{F}\dot{A}}$$

式中，$\dot{F} = \dfrac{\dot{X}_f}{\dot{X}_o}$ 定义为反馈网络的反馈系数。分母的模 $|1+\dot{F}\dot{A}|$ 称为反馈深度，对于负反馈放大电路，其值必大于1，故带有负反馈的放大电路的放大倍数一定小于无反馈时的开环放大倍数。当满足 $|1+\dot{F}\dot{A}| \gg 1$ 时，则有 $\dot{A}_f \approx \dfrac{\dot{A}}{\dot{F}\dot{A}} = \dfrac{1}{\dot{F}}$，这说明在这种情况下，$\dot{X}_i = \dot{X}_f$，净输入信号 $\dot{X}_{id} \approx 0$，此时的负反馈称为深度负反馈。可见，反馈深度是衡量负反馈程度的一个重要指标。

2. 提高放大倍数的稳定性

当放大电路的条件变化时（环境温度、三极管老化、元器件参数变化、电源电压波动等），放大电路的开环放大倍数 $\dot{A}$ 也随之变化。引入负反馈后，特别是反馈深度较深时，即满足 $|1+\dot{F}\dot{A}| \gg 1$ 时，有 $\dot{A}_f \approx \dfrac{1}{\dot{F}}$，此时，$\dot{A}_f$ 仅取决于反馈网络中的电路参数，因此，$\dot{A}_f$ 较稳定。

3. 减小非线性失真

负反馈减小非线性失真的原理如图 2-34 所示。假定输入信号是标准正弦波，由于放大电路的非线性使输出电压变成上大下小的失真波形，经过反馈网络，产生与输出波形相同的反馈信号。输入信号与反馈信号叠加后，$\dot{X}_{id} = \dot{X}_i - \dot{X}_f$，使净输入信号变成了上小下大的失真波形。其失真恰好与原输出波形的失真相反，因而能有效地补偿失真。

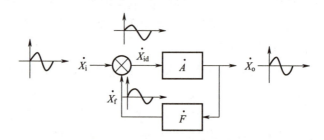

图 2-34　负反馈减小非线性失真的原理

注意：负反馈只能减小放大电路产生的非线性失真，而不能改变输入信号本身的失真。

4. 改变输入和输出电阻

（1）对输入电阻的影响

① 串联负反馈使输入电阻增大

串联负反馈相当于在输入回路串联了一个反馈网络，虽然输入信号电压不变，但输入电流减小了，这说明引入串联负反馈使输入电阻增大。

② 并联负反馈使输入电阻减小

并联负反馈相当于在输入回路并联了一个反馈网络，虽然输入信号电压不变，但输入电流增大了，这说明引入并联负反馈使输入电阻减小。

（2）对输出电阻的影响

① 电压负反馈使输出电阻减小

电压负反馈相当于在输出回路并联了一个反馈网络，使输出电阻减小。

② 电流负反馈使输出电阻增大

电流负反馈相当于在输出回路串联了一个反馈网络,使输出电阻增大。

5. 减小放大电路的内部噪声

放大电路的内部噪声对有用信号的放大和传输都是有害的。放大电路中引入负反馈后,虽然使有用信号和内部噪声的幅度同时减小了,但有用信号幅度能通过加大输入信号的幅度来解决。负反馈只能减小放大电路的内部噪声,对混在输入信号中的外部噪声,负反馈无能为力。

自测
放大电路中的负反馈

项目实施

任务一　原理分析

简易助听器是由驻极体传声器、放大电路、耳塞机三部分组成的。图2-1所示电路采用三级放大电路,T_1,T_2组成阻容耦合两级共发射极放大电路,负责前置音频电压放大;T_2,T_3之间采用直接耦合方式,其中,T_3接成发射极输出形式,它的输出阻抗较低,便于与8 Ω低阻耳塞机相匹配。

C_4为旁路电容,主要作用是旁路掉输出信号中形成噪声的各种谐波成分,改善耳塞机音质;C_3为滤波电容,可有效防止电池快报废时电路产生的自激振荡,也为整机音频电流提供良好通路,使耳塞机发出的声音更加清晰响亮。

任务二　电路的装配与调试

一、装配前准备

1. 元器件、器材的准备

按照表2-6元器件清单和表2-7器材清单进行准备。

表2-6　元器件清单

序号	名称	规格型号	数量
1	万能板	100 mm×80 mm	1
2	耳塞机	CSX2-3.5,内阻 8 Ω	1
3	三极管	9014 NPN 硅管	2
		9012 或 3AX31 PNP 锗管	1

序号	名称	规格型号	数量
4	驻极体传声器	CM-18W	1
5	瓷介电容器	0.1 μF	1
6	电解电容器	10 μF	2
		47 μF	1
7	碳膜电阻器	1 kΩ	2
		10 kΩ	1
		100 kΩ	1
		300 kΩ	1

表 2-7　器材清单

序号	类别	名称
1	工具	电烙铁(20~35 W)、烙铁架、拆焊枪、静电手环、剥线钳、尖嘴钳、一字螺丝刀、十字螺丝刀、镊子
2	设备	电钻、切板机
3	耗材	焊锡丝、松香、导线
4	仪器仪表	万用表、信号发生器、示波器

2. 元器件的识别与检测

目测各元器件应无裂纹,无缺角;引脚完好无损;规格型号标识应清楚完整;尺寸与要求一致,将检测结果填入表 2-8。按元器件检验方法对表中元器件进行功能检测,将结果填入表 2-8。

表 2-8　元器件检测表

序号	名称	规格型号	外观检测结果	功能检测 数值	结果	备注
1	万能板	100 mm×80 mm				
2	耳塞机	CSX2-3.5,内阻 8 Ω				
3	三极管	9014 NPN 硅管				
		9012 或 3AX31 PNP 锗管				
4	驻极体传声器	CM-18W				
5	瓷介电容器	0.1 μF				
6	电解电容器	10 μF				
		47 μF				

序号	名称	规格型号	外观检测结果	功能检测		备注
				数值	结果	
7	碳膜电阻器	1 kΩ				
		10 kΩ				
		100 kΩ				
		300 kΩ				

（1）三极管的识别与检测

① 三极管的识别

对普通塑封三极管,将三极管平面朝向自己,3 个引脚朝下,则 3 个引脚从左到右依次为 E,B,C,如图 2-35（a）所示。对有定位销的金属封装三极管,从定位销开始沿顺时针方向依次为 E,B,C,如图 2-35（b）所示。对无定位销的金属封装三极管,将引脚朝向自己,3 个引脚位于等腰三角形的 3 个顶点上,从左到右依次为 E,B,C,如图 2-35（c）所示。对金属封装大功率三极管,将引脚朝向自己,引脚排列如图 2-35（d）所示。常用的贴片三极管有 3 个电极,从上向下看,上面只有一个引脚的为 C,下面两个引脚,左边为 B,右边为 E,如图 2-35（e）所示。

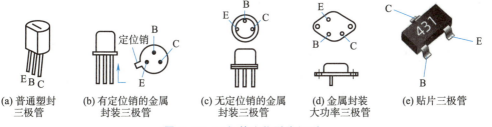

| (a) 普通塑封
三极管 | (b) 有定位销的金属
封装三极管 | (c) 无定位销的金属
封装三极管 | (d) 金属封装
大功率三极管 | (e) 贴片三极管 |

图 2-35 三极管实物引脚识别

② 三极管的检测

a. 测量三极管直流放大倍数

数字万用表都带有三极管放大倍数 hFE 挡,有 PNP 和 NPN 测试插孔共 8 个。将挡位开关置于 hFE 挡,把三极管的 3 个引脚正确插入万用表面板上的 PNP 或 NPN 测试插孔的 E,B,C 中,万用表指针会向右偏转,即可得到一个较准确的直流放大倍数。

b. 粗略判断三极管的质量

对 PNP 型三极管,当用红表笔接 C 极,黑表笔接 E 极,电阻值越大说明三极管的穿透电流 I_{CEO} 越小;若电阻值很小,或万用表指针不稳,则说明三极管的穿透电流 I_{CEO} 大,三极管质量较差。

（2）驻极体传声器的识别与检测

① 驻极体传声器的识别

驻极体传声器结构如图 2-36 所示。

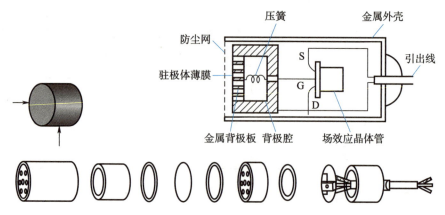

图 2-36　驻极体传声器结构

驻极体传声器属于电容式传声器的一种,声电转换的关键元器件是驻极体薄膜。简单来讲,某电介质在外电场作用下会产生表面电荷,即使除去了外电场,表面电荷仍然驻留在电介质上,这类电介质就被称为驻极体。它是一片极薄的塑料膜片,在其中一面蒸发上一层金属薄膜,然后再经过高压电场驻极,两面分别驻有异性电荷。膜片的金属面向外,与金属外壳相连通;膜片的另一面与金属背极板之间用薄的绝缘衬圈隔离开。这样,驻极体金属膜与金属背极板之间就形成一个电容。当声波输入时,驻极体薄膜随声波的强弱而振动,从而使电容极板间的距离发生变化,进而使电容发生了变化,因为驻极体薄膜两侧的异性电荷为固有常量,因此电容两端的电压 $U_C = \dfrac{q}{C}$ 发生了变化,从而实现了声电转换。另外,传声器内包含一个结型场效应晶体管放大器,其作用:一是便于与音频放大器匹配;二是提高传声器的灵敏度。

二端式驻极体传声器如图 2-37 所示,2 个引出端分别是漏极 D 和接地端,源极 S 已在传声器内部与接地端连接在一起。该传声器底部只有 2 个接点,其中与金属外壳相连的是接地端。

三端式驻极体传声器如图 2-38 所示,3 个引出端分别是源极 S、漏极 D 和接地端,该传声器底部有 3 个接点,其中与金属外壳相连的是接地端。

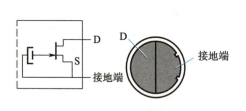

图 2-37　二端式驻极体传声器

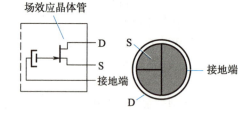

图 2-38　三端式驻极体传声器

② 驻极体传声器的检测

检测时,将万用表挡位开关置于电阻挡。对二端式驻极体传声器,万用表红表笔接传声器的 D 端,黑表笔接传声器的接地端,如图 2-39 所示,这时对着传声器吹气,万用表指针应有摆动,摆动范围越大,说明传声器灵敏度越高。如果万用表指针无摆动,说明该传声器已损坏。

对三端式驻极体传声器,万用表红表笔接传声器的 D 端,黑表笔同时接传声器的 S 端和接地端,如图 2-40 所示,然后按相同方法吹气检测。

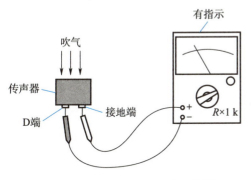

图 2-39　检测二端式驻极体传声器

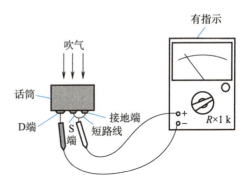

图 2-40　检测三端式驻极体传声器

二、电路装配

组装前首先对元器件引脚进行整形处理,按照电路原理图进行安装。

安装时注意:元器件横平竖直,高度符合要求。电阻器均采用平卧式,且误差环方向一致,便于检查电路。电解电容器竖直安装,尽量插到底。元器件底面离电路板高度不大于 4 mm。元器件引脚截到在焊面上高出 2 mm 为宜。

元器件要依据先内后外,由低到高的原则,依次是电阻器、瓷介电容器、三极管、电解电容器、驻极体传声器、耳塞机的顺序安装、焊接。为了便于插入耳塞机,耳塞机插孔应放置于万能板的边沿。

焊接时先让元器件引脚在松香中吃上焊锡,焊接时间要尽量短(一般不超过 3 s);焊点要求圆滑光亮,防止虚焊、假焊;电路所有元器件焊接完毕,要美观、均匀、端正、整齐、高低有序,不能歪斜。

三、电路调试

1. 直观检查

(1)检查电源线、地线、信号线是否连好,有无短路;

(2)检查各元器件安装位置、引脚是否正确;

(3)检查引线是否错线、漏线。

(4)检查焊点有无虚焊。

2. 通电测试

首先接入 3 V 的直流电源,然后调整电阻 R_2 阻值,使 T_1 集电极电流约为 1.5 mA;再调整 R_4 阻值,使助听器的总静态电流约为 10 mA。然后给 T_1 的基极加上 $f = 1\ 000$ Hz 的输入信号,输出端接示波器。若屏幕显示波形失真,反复调整 R_2 和 R_4 阻值,使输出幅度达到最大且波形没有明显失真,再用万用表测出 R_2 和 R_4 阻值,换上固定电阻。由于使用的驻极体传声器参数有所不同,R_1 的阻值也需要作适当调整,调整到耳塞机的声音最清晰响亮为止。

3. 故障检测与分析

根据实际情况正确描述故障现象,正确选择仪器仪表,准确分析故障原因,排除故障。将故障检测情况填入表2-9。

表2-9 故障检测与分析记录表

内容	检测记录		
故障描述			
仪器使用			
原因分析			
重现电路功能			

故障分析要点:

(1) 输入端加 $f=1\ 000$ Hz, $u_i=5$ mV 的输入信号,输出端无信号输出,则在电源电压正常条件下,原因可能是:

① 耳塞机虚焊;

② 电容器 C_1 或 C_2 虚焊。将万用表挡位开关置于 $R×1$ 挡进行检测,若电容器引脚和电路板之间电阻为无穷大,需重新进行焊接;

③ 三极管的引脚接错,需卸下重焊。

(2) 输入端加 $f=1\ 000$ Hz, $U_i=5$ mV 的输入信号,耳塞机的声音很小,原因可能是:

① R_1 阻值没有调整好,需重新调整 R_1 阻值,使输出声音最响亮;

② 耳塞机的阻抗和放大器不匹配,更换一只 8 Ω 耳塞机。

(3) 输入端接上驻极体传声器,输出端无信号输出,原因可能是:

① 驻极体传声器内部断线。将万用表挡位开关置于 $R×1$ k 挡,交换表笔测两次,若两次测量均为无穷大,说明驻极体传声器内部断线,需另换一个驻极体传声器。

② 驻极体传声器输出线和电路板虚焊,用万用表检测后重新进行焊接。

项目评价 ‹‹‹

根据项目实施情况将评分结果填入表2-10。

表2-10 项目实施过程考核评价表

序号	主要内容	考核要求	考核标准	配分	扣分	得分
1	工作准备	认真完成项目实施前的准备工作	(1) 劳防用品穿戴不合规范,仪容仪表不整洁,扣5分; (2) 仪器仪表未调节,放置不当,扣2分; (3) 电子实验实训装置未检查就通电,扣5分; (4) 材料、工具、元器件未检查或未充分准备,每项扣2分	10		

序号	主要内容	考核要求	考核标准	配分	扣分	得分
2	元器件的识别与检测	能正确识别和检测电阻器、电容器、三极管、驻极体传声器、耳塞机等元器件	（1）不能正确根据色环法识读各类电阻器阻值，每错一个扣2分； （2）不能运用万用表正确、规范测量各电阻器阻值，每错一项扣2分； （3）不能正确识别各电容器的型号类型，每错一个扣2分； （4）不能正确识别各三极管的型号类型并测量其放大倍数，每错一项扣5分； （5）不能正确识别与检测驻极体传声器的功能，每错一项扣5分	30		
3	电路装配与焊接	（1）焊接安装无漏焊，焊点光滑、圆润、干净、无毛刺，焊点基本一致； （2）装配正确，布局合理； （3）元器件极性正确； （4）电路板安装对位； （5）焊接板清洁无污物	（1）不能按照安装要求正确安装各元器件，每错一个扣1分； （2）电路装配出现错误，每处扣3分； （3）不能按照焊接要求正确完成焊接，每漏焊或虚焊一处扣1分； （4）元器件布局不合理，电路整体不美观、不整洁，扣3分	20		
4	电路调试与检测	（1）能正确调试电路功能； （2）能正确描述故障现象，分析故障原因； （3）能正确使用仪器设备对电路进行检查，排除故障	（1）调试过程中，测试操作不规范，每处扣5分； （2）调试过程中，没有按要求正确记录观察现象和测试数据，每处扣5分； （3）调试过程中，电路部分功能不能实现，每缺少一项扣5分； （4）调试过程中，不能根据实际情况正确分析故障原因并正确排故，每处扣5分	30		

序号	主要内容	考核要求	考核标准	配分	扣分	得分
5	职业素养	遵守安全操作规范，能规范、安全地使用仪器仪表，具有安全意识，严格遵守实训场所管理制度，认真实行 6S 管理	（1）违反安全操作规程，每次视情节酌情扣 5~10 分； （2）违反工作场所管理制度，每次视情节酌情扣 5~10 分； （3）工作结束，未执行 6S 管理，不能做到人走场清，每次视情节酌情扣 5~10 分	10		
备注				成绩		

项目拓展 <<<

带反馈网络音频放大扩音器的制作

根据图 2-41 所示的电路和参数制作带反馈网络音频放大扩音器。

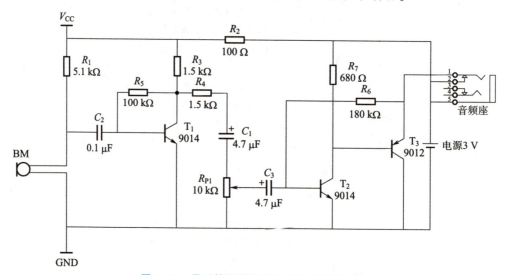

图 2-41 带反馈网络音频放大扩音器原理图

带反馈网络音频放大扩音器元器件清单见表 2-11。

表 2-11 带反馈网络音频放大扩音器元器件清单

序号	名称	规格型号	数量
1	万能板	100 mm×80 mm	1
2	两节 7 号电池盒	根据实际选定	1

序号	名称	规格型号	数量
3	音频座	根据实际选定	1
4	三极管	9014 NPN 硅管	2
		9012 PNP 锗管	1
5	驻极体传声器	根据实际选定	1
6	瓷介电容器	0.1 μF	1
7	电解电容器	4.7 μF	2
8	碳膜电阻器	100 Ω	1
		680 Ω	1
		1.5 kΩ	2
		5.1 kΩ	1
		100 kΩ	1
		180 kΩ	1
9	可调电阻器	10 kΩ	1

知识拓展

场效应晶体管及其放大电路

场效应晶体管是一种电压控制型的半导体器件,它具有输入电阻高(可达 $10^9 \sim 10^{15}$ Ω,三极管的输入电阻仅有 $10^2 \sim 10^4$ Ω),噪声低,受温度、辐射等外界条件的影响较小,耗电省,便于集成等优点,因而得到广泛应用。

场效应晶体管按结构的不同可分结型和绝缘栅,从工作性能可分耗尽型和增强型,根据所用基片(衬底)材料的不同,又可分 P 型沟道和 N 型沟道两种导电沟道,因此有 P 型沟道结型、N 型沟道结型、耗尽型 P 型沟道绝缘栅、耗尽型 N 型沟道绝缘栅、增强型 P 型沟道绝缘栅和增强型 N 型沟道绝缘栅六种类型场效应晶体管。

由于绝缘栅场效应晶体管是由金属(metal)、氧化物(oxide)和半导体(semiconductor)三种材料构成的,所以绝缘栅场效应晶体管又称 MOS 管。

一、增强型 N 型沟道 MOS 管

1. 结构

图 2-42(a)所示为增强型 N 型沟道 MOS 管结构。以一块 P 型半导体为衬底,在衬底上面的左、右两边制成两个高掺杂浓度的 N 型区,用 N^+ 表示,在这两个 N^+ 区各引出一个电极,分别称为源极 S 和漏极 D,MOS 管的衬底也引出一个电极称为衬底引线 b。MOS 管在工作时,b 通常与 S 相连接。在这两个 N^+ 区之间的 P 型半导体表面做出一层很薄的

二氧化硅绝缘层,再在绝缘层上面喷一层金属铝电极,称为栅极 G。图 2-42(b)所示为增强型 N 型沟道 MOS 管电气图形符号。增强型 P 型沟道 MOS 管是以 N 型半导体为衬底,再制作两个高掺杂浓度的 P$^+$ 区作为源极 S 和漏极 D,其电气图形符号如图 2-42(c)所示,衬底引线 b 的箭头方向是区别 N 沟道和 P 沟道的标志。

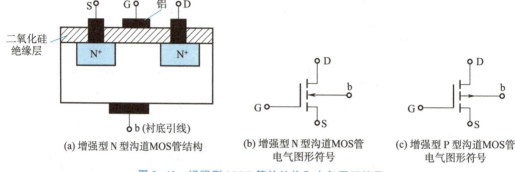

(a) 增强型 N 型沟道 MOS 管结构 (b) 增强型 N 型沟道 MOS 管电气图形符号 (c) 增强型 P 型沟道 MOS 管电气图形符号

图 2-42　增强型 MOS 管的结构和电气图形符号

2. 工作原理

如图 2-43 所示,当 $U_{GS}=0$ 时,由于漏、源极之间有两个背向的 PN 结不存在导电沟道,所以即使 $U_{DS}\neq0$,但 $I_D=0$。只有 U_{GS} 增大到某一值时,在由栅极指向 P 型衬底的电场作用下,排斥栅极下面 P 型衬底中的空穴,将电子吸引到衬底表面,形成一个 N 型导电沟道。这时在漏、源极之间加上正向电压 U_{DS},电路中才有电流 I_D,导电沟道开始形成的 U_{GS} 称为开启电压,记作 $U_{GS(th)}$。在一定 U_{DS} 下,U_{GS} 值越大,导电沟道越宽,沟道电阻越小,I_D 就越大。这就是 U_{GS} 对 I_D 的控制作用,所以称场效应晶体管为电压控制型器件。

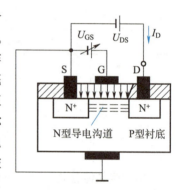

图 2-43　U_{GS} 对导电沟道的影响

3. 转移特性

由于场效应晶体管的输入电流近似为零,故不讨论输入特性。转移特性是指 u_{DS} 为常量的条件下,漏极电流 i_D 与栅-源电压 u_{DS} 之间的关系,即

$$i_D=f(u_{DS})\,\big|_{\,u_{pg}=常量}$$

转移特性曲线如图 2-44(a)所示。图中,$u_{DS}=10\ V$ 不变,当 $u_{GS}<U_{GS(th)}$ 时,因没有导电沟道,$i_D=0$;当 $u_{GS}\geqslant U_{GS(th)}$ 后形成导电沟道,产生漏极电流 i_D,u_{GS} 增大,i_D 随着增大。

4. 输出特性

MOS 管输出特性也分为四个区:可变电阻区、恒流区、截止区和击穿区。

(1) 可变电阻区:图 2-44(b)的 I 区。该区的特点是:若 U_{GS} 不变,i_D 随着 u_{DS} 的增大而线性增加,漏、源极之间可以等效成一个线性电阻;对应不同的 U_{GS} 值,各条输出特性曲线直线部分的斜率不同,即阻值发生改变。因此,该区是一个受 U_{GS} 控制的可变电阻区,工作在这个区的场效应晶体管相当于一个压控电阻。

(2) 恒流区(也称"放大区"):图 2-44(b)的 II 区。该区 $U_{GS}>U_{GS(th)}$,特点是:若 U_{GS} 固定为某个值,u_{DS} 增大,i_D 不变,特性曲线近似为水平线,对应同一个 u_{DS} 值,U_{GS} 决定 i_D 的

大小。

（3）截止区（也称"夹断区"）：图2-44（b）的Ⅲ区。该区 $U_{GS} \leqslant U_{GS(th)}$，特点是：导电沟道尚未形成，故电流 $i_D = 0$，场效应晶体管处于夹断状态。

（4）击穿区：图2-44（b）的Ⅳ区。该区的特点是：u_{DS} 超过某一值，PN结因承受过大反向电压被击穿，使 i_D 急剧增大。

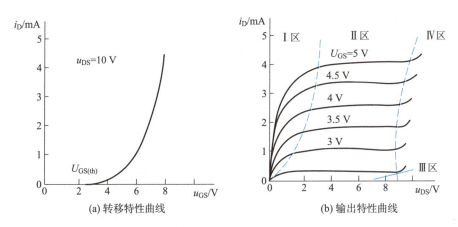

(a) 转移特性曲线　　　　　　　　(b) 输出特性曲线

图 2-44　增强型 N 型沟道 MOS 管特性曲线

二、耗尽型 N 型沟道 MOS 管

耗尽型 N 型沟道 MOS 管的结构与增强型一样，所不同的是在制造过程中，在二氧化硅绝缘层中掺入大量的正离子。当 $U_{GS} = 0$ 时，由正离子产生的电场就能吸收足够的电子产生原始沟道，如果加上正向电压 U_{DS}，就可产生漏极电流 I_D。其结构和电气图形符号如图 2-45（a）（b）所示。

当 U_{GS} 正向增加时，沟道加宽，I_D 将增大。当 U_{GS} 加反向电压时，将削弱由绝缘层中正离子产生的电场，沟道变窄，I_D 将减小。当 U_{GS} 达到某一负电压值 $U_{GS(off)}$ 时，由正离子产生的电场被完全抵消，导电沟道消失，使 $I_D \approx 0$，$U_{GS(off)}$ 称为夹断电压。

耗尽型 N 型沟道 MOS 管的转移特性曲线和输出特性曲线如图 2-45（c）（d）所示。

三、场效应晶体管主要参数

1. 直流参数

耗尽型 MOS 管的夹断电位 $U_{GS(off)}$ 和增强型 MOS 管的开启电位 $U_{GS(th)}$：U_{DS} 为某定值（如 10 V）下，漏极电流 I_D 等于某一微小电流（如 10 μA）所需最小 U_{GS} 值。

漏极饱和电流 I_{DSS}：耗尽型 MOS 管参数，指 MOS 管工作在放大区且 $U_{GS} = 0$ 时的漏极电流。

直流输入电阻 R_{GS}：在漏、源极短路条件下，栅、源极之间所加的直流电压与栅极直流电流之比，一般 $R_{GS} > 10^9$ Ω。

2. 交流参数

低频跨导 g_m：当 $U_{DS} = $ 常量时，u_{GS} 的微小变量与它引起的 i_D 的微小变量之比的倒数，即：$g_m = \dfrac{di_D}{du_{GS}} \bigg|_{U_{DS}=常量}$，它是表征栅、源极电压对漏极电流控制作用大小的一个参数，单位为 S（西［门子］）或 mS。

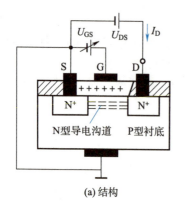

(a) 结构

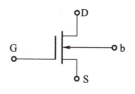

(b) 电气图形符号

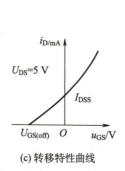

(c) 转移特性曲线

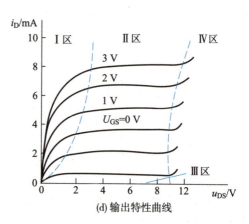

(d) 输出特性曲线

图 2-45　耗尽型 N 型沟道 MOS 管

3. 极限参数

最大漏极电流 I_{DM}：MOS 管工作时允许的最大漏极电流。

最大耗散功率 P_{DM}：由 MOS 管工作时允许的最高温升所决定的参数，$P_{DM} = U_{DS}I_D$。

漏、源极击穿电压 $U_{(BR)DS}$：U_{DS} 增大到开始使 I_D 急剧上升时的 U_{DS} 值。

栅、源极击穿电压 $U_{(BR)GS}$：在 MOS 管中使绝缘层击穿的电压。

四、场效应晶体管放大电路

与三极管放大电路相对应,场效应晶体管放大电路有共源极、共漏极和共栅极三种接法。下面仅对低频小信号共源极场效应晶体管放大电路进行静态和动态分析。

图 2-46 所示为耗尽型 N 型沟道绝缘栅场效应晶体管放大电路。该电路和三极管共发射极放大电路类似,源极对应发射极,漏极对应集电极,栅极对应基极。放大电路采用分压式偏置电路,R_{G1} 和 R_{G2} 为分压电阻。R_S 为源极电阻,作用是稳定静态工作点,C_S 为旁路电容,R_G 远小于场效应晶体管的输入电阻,它与静态工作点无关,却提高了放大电路的输入电阻,

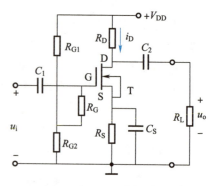

图 2-46　耗尽型 N 型沟道绝缘栅场效应晶体管放大电路

C_1 和 C_2 为耦合电容。

1. 静态分析

由于场效应晶体管的栅极电流为零,所以 R_G 中无电流通过,两端压降为零,因此可求得栅极电位和栅、源极电压为

$$V_G = \frac{R_{G2}}{R_{G1}+R_{G2}} V_{DD} \tag{2-6}$$

$$U_{GS} = V_G - V_S = V_G - I_D R_S$$

只要参数选取得当,可使 U_{GS} 为负值。在 $U_{GS(off)} \leqslant U_{GS} \leqslant 0$ 范围内,可用下式计算 I_D:

$$I_D = I_{DSS} \left[1 - \frac{U_{GS}}{U_{GS(off)}} \right]^2 \tag{2-7}$$

式中,I_{DSS} 是 $U_{GS}=0$ 时的 I_D 值,$U_{GS(off)}$ 为夹断电压。联立解式(2-6)和式(2-7),求得直流工作点 I_D 的值,进而得出

$$U_{DS} = V_{DD} - I_D(R_D + R_S)$$

2. 动态分析

小信号场效应晶体管放大电路的动态分析也可用微变等效电路法,与分析三极管放大电路一样,先作出场效应晶体管放大电路的交流通路,如图 2-47(a) 所示。图 2-47(b) 所示为场效应晶体管放大电路的微变等效电路。

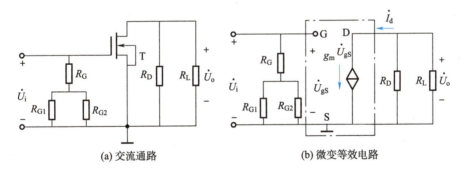

(a) 交流通路　　　　(b) 微变等效电路

图 2-47　场效应晶体管放大电路的交流通路和微变等效电路

(1) 电压放大倍数 $\dot{A}_u$(设输入为正弦量)

$$\dot{A}_u = \frac{\dot{U}_o}{\dot{U}_i} = -\frac{\dot{I}_d R'_L}{\dot{U}_{gS}} = -\frac{g_m \dot{U}_{gS} R'_L}{\dot{U}_{gS}} = -g_m R'_L$$

式中,负号表示输出电压与输入电压反相,$R'_L = R_D \mathbin{/\mkern-5mu/} R_L$。

(2) 输入电阻 r_i

$$r_i = \frac{\dot{U}_i}{\dot{I}_i} = R_G + (R_{G1} \mathbin{/\mkern-5mu/} R_{G2}) \approx R_G$$

可见，R_G 的接入不影响静态工作点和电压放大倍数，却提高了放大电路的输入电阻。如无 R_G，则 $r_i = R_{G1} /\!/ R_{G2}$。

（3）输出电阻 r_o

显然，场效应晶体管放大电路的输出电阻在忽略其内阻 r_{ds} 时，可视为

$$r_o = R_D$$

五、场效应晶体管与三极管的比较

1. 场效应晶体管的沟道中只有一种极性的载流子（电子或空穴）参与导电，而在三极管里有两种不同极性的载流子（电子和空穴）参与导电。

2. 场效应晶体管是通过栅、源极电压 U_{GS} 来控制漏极电流 I_D 的，为电压控制器件。三极管是利用基极电流 I_B 来控制集电极电流 I_C 的，为电流控制器件。

3. 场效应晶体管的输入电阻很大，有较高的热稳定性、抗辐射性和较低的噪声。三极管的输入电阻较小，温度稳定性差，抗辐射及噪声能力也较低。

4. 场效应晶体管的低频跨导 g_m 的值较小，而三极管 β 的值很大，在同样的条件下，场效应晶体管的放大能力不如三极管。

5. 场效应晶体管在制造时，如衬底没有和源极接在一起，也可将漏极和源极互换使用。三极管的集电极和发射极若互换使用，则成倒置工作状态，此时 β 将变得非常小。

6. 工作在可变电阻区的场效应晶体管，可作为压控电阻来使用。

另外，由于 MOS 管的输入电阻很高，使得栅极感应电荷不易泄放，又由于绝缘层做得很薄，容易在栅、源极之间感应产生很高的电压，超过 $U_{(BR)GS}$ 就造成 MOS 管被击穿。因此，在使用 MOS 管时应避免栅极悬空；保存不用时，必须将 MOS 管各极间短接；焊接时，电烙铁外壳要可靠接地。

练习与提高

2.1 如何用万用表电阻挡来判断一只三极管的好坏？

2.2 三极管的发射极和集电极能否互换使用？为什么？

2.3 温度升高后，三极管的集电极电流 I_C 有无变化？为什么？

2.4 有两只三极管，一只三极管的 $\beta = 50$，$I_{CBO} = 2\ \mu A$；另一只三极管的 $\beta = 150$，$I_{CBO} = 50\ \mu A$，其他参数基本相同，哪一只三极管的性能更好一些？

2.5 工作在放大电路中的三极管，测得其三个电极电位 V_1, V_2, V_3，若测得数值分别如下列各组数值，判断三极管是 NPN 型还是 PNP 型，是硅管还是锗管，并确定 E，B，C 极。

（1）$V_1 = 3.5\ V$，$V_2 = 2.8\ V$，$V_3 = 12\ V$；　　（2）$V_1 = 3\ V$，$V_2 = 2.8\ V$，$V_3 = 12\ V$；

（3）$V_1 = 6\ V$，$V_2 = 11.3\ V$，$V_3 = 12\ V$；　　（4）$V_1 = 6\ V$，$V_2 = 11.8\ V$，$V_3 = 12\ V$。

2.6 试根据图 2-48 所示三极管的对地电位，判断三极管是硅管还是锗管，处于哪种工作状态。

2.7 放大电路为什么要设置静态工作点？静态值 I_B 能否为零？为什么？

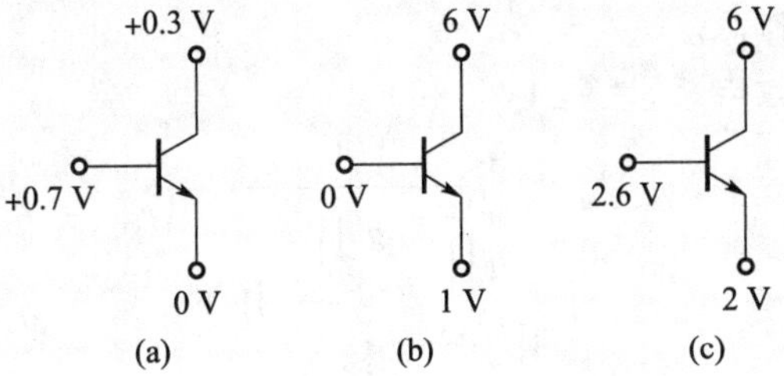

(a)　　　　　(b)　　　　　(c)

图 2-48　题 2.6 图

2.8　在放大电路中,为使电压放大倍数 A_u 高一些,负载电阻 R_L 是大一些好,还是小一些好? 为什么? 信号源内阻 R_S 是大一些好,还是小一些好? 为什么?

2.9　什么是放大电路的输入电阻和输出电阻,它们的数值是大一些好,还是小一些好? 为什么?

2.10　三极管放大电路引起非线性失真的原因是什么? 如何消除失真?

2.11　基本组态三极管放大电路中,输入电阻最大的是(　　)电路。

A. 共发射极　　　　　B. 共集电极　　　　　C. 共基极　　　　　D. 不能确定

2.12　关于三极管放大电路中的静态工作点(简称 Q 点),下列说法中不正确的是(　　)。

A. Q 点过高会产生饱和失真

B. Q 点过低会产生截止失真

C. 导致 Q 点不稳定的主要原因是温度变化

D. Q 点可采用微变等效电路法求得

2.13　放大电路 A,B 的放大倍数相同,但输入电阻、输出电阻不同,用它们对同一个具有内阻的信号源电压进行放大,在负载开路条件下测得 A 的输出电压小,这说明 A 的(　　)。

A. 输入电阻大　　　B. 输入电阻小　　　C. 输出电阻大　　　D. 输出电阻小

2.14　为了获得电压放大,同时又使得输出与输入电压同相,则应选用(　　)放大电路。

A. 共发射极　　　　B. 共集电极　　　　C. 共基极　　　　　D. 共漏极

2.15　某共发射极放大电路空载时,输出电压有截止失真,在输入信号不变的情况下,经耦合电容接上负载电阻时,失真消失,这是由于(　　)。

A. Q 点上移　　　　　　　　　B. Q 点下移

C. 三极管交流负载电阻减小　　　　D. 三极管输出电阻减小

2.16　某放大器输入电压为 10 mV 时,输出电压为 7 V;输入电压为 15 mV 时,输出电压为 6.5 V,则该放大器的电压放大倍数为(　　)。

A. 100　　　　　　B. 700　　　　　　C. −100　　　　　D. 433

2.17　在图 2-49 所示电路中,三极管的 $\beta = 40, R_C = 3 \text{ k}\Omega, R_B = 240 \text{ k}\Omega, R_S = 1 \text{ k}\Omega,$ $R_L = 3 \text{ k}\Omega, V_{CC} = 12 \text{ V}_{\circ}$

（1）估算静态工作点。

（2）画出微变等效电路，计算 A_u，r_i 和 r_o。

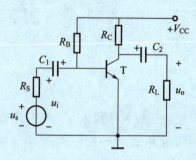

图 2-49　题 2.17 图

2.18　在图 2-50 所示分压式偏置电路中，已知 $V_{CC}=24$ V，$R_{B1}=33$ kΩ，$R_{B2}=10$ kΩ，$R_E=1.5$ kΩ，$R_C=3.3$ kΩ，$R_L=5.1$ kΩ，$\beta=66$，三极管为硅管。

（1）估算静态工作点。

（2）画出微变等效电路，计算电路的电压放大倍数、输入电阻、输出电阻。

（3）计算放大电路输出端开路时的电压放大倍数，并说明负载电阻 R_L 对电压放大倍数的影响。

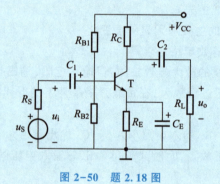

图 2-50　题 2.18 图

项目三
音频放大器的制作

项目目标 «

1. 知识目标

（1）了解集成运算放大器的组成、性能指标及类型。

（2）掌握比例运算、加减法运算、积分与微分运算等线性应用电路的电路结构、工作原理和参数计算方法。

（3）了解集成运算放大器非线性应用。

2. 能力目标

（1）能识别集成运算放大器的类型及各引脚的功能和作用。

（2）能按工艺要求装配集成运算放大器的实用电路。

项目描述 «

音响系统一般由音源、前置放大级、音调控制级和功率放大级组成，本项目利用集成运算放大器组成两级音频放大电路，如图 3-1 所示，图中，A_1，A_2 是集成运算放大器，分别构成两级同相比例运算放大器，作用是放大音频输入信号，驱动后级功率放大电路。由

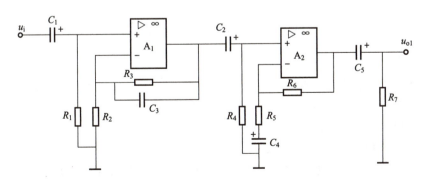

图 3-1　利用集成运算放大器组成的两级音频放大电路

于电路引入深度负反馈,其优点是电路结构简单、噪声低、功耗小,同时又兼顾电路频带宽度和非线性失真要求,该电路常用于扩音器或收音机的前置放大。

电路性能要求如下:

(1) 输入音频电压信号为 5 mV;

(2) 输出信号电压为 0.5 V;

(3) 两级放大电路的电压放大倍数为 100(40 dB)。

3.1 集成运算放大器基础知识

集成电路是 20 世纪 60 年代初期开始发展起来的一种半导体器件。它是使用特殊的工艺技术把电路中的各元器件和连接导线集中制作在一块很小的半导体芯片上。整个电路构成一个不可分割的整体,完成特定的功能。相比于分立元件电路,集成电路体积更小、重量更轻、功耗更低、功能更强、可靠性更高,所以集成电路一经问世,就得到迅猛发展和广泛应用。

集成运算放大器,简称"集成运放"或"运放",它实际上就是制作在一片半导体芯片上的高放大倍数的直接耦合多级放大电路。因为在其发展的初期,主要应用于模拟计算机的多种数学运算,故名运算放大器,并沿用至今。现其应用已远远超出了数学运算的范围,广泛应用在电子技术的各个领域,如信号的处理、波形的产生与变换、高精度测量、电源模块等。

一、集成运算放大器的基本结构

集成运算放大器结构框图如图 3-2 所示。

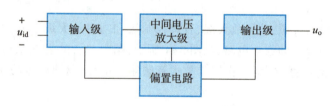

图 3-2 集成运算放大器结构框图

1. 输入级

输入级是提高集成运算放大器质量的关键部分,对于高放大倍数的直接耦合多级放大电路,抑制零点漂移和共模信号的干扰,关键在第一级,因此,集成运算放大器的输入级由差分放大电路组成,具有两个输入端。

2. 中间电压放大级

集成运算放大器的总放大倍数主要是由中间电压放大级提供的,因此,要求中间电压放大级有较高的电压放大倍数。中间电压放大级一般采用带有恒流源负载的多级共发射极放大电路,以提高其电压放大倍数。

3.输出级

输出级应具有较低的输出电阻,带负载能力要强,输出较大的电压和电流,并有过载保护,输出级通常由互补对称功率放大电路构成。

4.偏置电路

偏置电路为各级电路提供稳定和合适的静态工作点电流,决定各级静态工作点,一般由各种电流源电路组成。

自测
集成运算放大器的基本结构

二、集成运算放大器的电气图形符号、封装及引脚功能

1.集成运算放大器的电气图形符号

集成运算放大器的电气图形符号如图3-3所示。集成运算放大器有两个输入端,标有"+"的输入端称为同相输入端,输入信号由此端输入时,输出信号与输入信号相位相同;标有"-"的输入端称为反相输入端,输入信号由此端输入时,输出信号与输入信号相位相反。

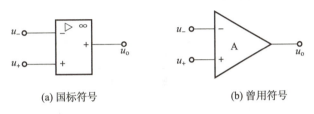

(a)国标符号　　　　　　　　(b)曾用符号

图3-3　集成运算放大器的电气图形符号

2.集成运算放大器的封装及引脚功能

目前,集成运算放大器常见的封装形式有金属圆壳封装、双列直插式封装两类,如图3-4所示。金属圆壳封装有8,10,12引脚,双列式有8,14,16引脚等种类。

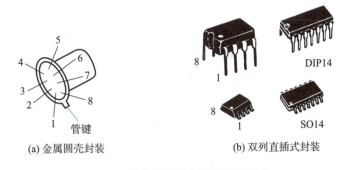

(a)金属圆壳封装　　　　　　(b)双列直插式封装

图3-4　集成运算放大器的封装形式

金属圆壳封装器件是以管键[图3-4(a)中外圆突出部分]作为辨认标记的,由器件顶向下看,管键朝向自己。管键右方第一根引线为引脚1,然后逆时针围绕器件,可依次数出其余各引脚。双列直插式封装器件的引脚排列如图3-5所示,是以缺口作为辨认标记的(有的产品是以商标方向来标记的)。由器件顶向下看,缺口朝向自己,缺口右方第一根引线为引脚1,然后逆时针围绕器件,可依次数出其余各引脚。

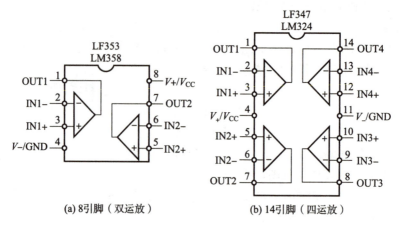

(a) 8引脚（双运放）　　　　　(b) 14引脚（四运放）

图3-5　双列直插式封装器件的引脚排列

集成运算放大器常用引脚功能见表3-1。

表3-1　集成运算放大器常用引脚功能

符号	功能	符号	功能
IN_-	反相输入端	GND	接地端
IN_+	同相输入端	COMP	补偿端
OUT	输出端	OA	调零端
$V_+(V_{CC})$	正电源输入端	NC	空脚
$V_-(V_{EE})$	负电源输入端		

三、基本差分放大电路

集成运算放大器的输入级采用差分放大电路,以提高电路抑制零点漂移和共模信号干扰的能力,同时还有高的输入阻抗和小的静态输入电流。差分放大电路经过不断完善和改进,目前种类较多,这里只介绍基本差分放大电路。

1. 基本差分放大电路的组成

图3-6所示为基本差分放大电路。电路以三极管 T_1 和 T_2 为核心,组成左、右两部分电路。这左、右两部分电路不仅在电路结构形式上对称,而且要求各元器件的特性和参数也完全相同。在集成电路中,各三极管通过相同工艺制作在同一硅片上,容易获得特性相同的差分对管。T_1 和 T_2 作为该电路的两个输入端,分别输入 u_{i1}、u_{i2} 两个输入信号,输出信号 u_o 从两三极管的集电极之间取出,这种输入输出方式称为双端输入双端输出。

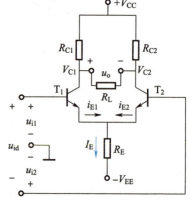

图3-6　基本差分放大电路

2. 抑制零点漂移的原理

在直接耦合多级放大电路中,最大的问题就是零点漂移,所谓的零点漂移是指放大电路输入信号为零时,输出信号不为零。造成零点漂移的原因有很多,而温度对三极管参数的影响最为严重,温度的变化引起的零点漂移又称温漂。直接耦合多级放大电路抑制零点漂移最有效的电路结构是差分放大电路。

(1)依靠电路的对称性。由于三极管 T_1, T_2 组成的放大电路结构和参数对称,所以二者的静态工作点相同,集电极电位相等($V_{C1} = V_{C2}$),双端输出 $u_o = V_{C1} - V_{C2} = 0$。当温度升高时,产生零点漂移,表现为 I_{C1}, I_{C2} 的增加,集电极电位 V_{C1}, V_{C2} 相应下降,因为电路对称,V_{C1}, V_{C2} 下降量相等,仍然保持 $V_{C1} = V_{C2}$,输出 $u_o = 0$。

由于温度变化使两三极管产生的零点漂移变化总是同方向的,且变化量相等,只要采用双端输出方式,二者总会在输出端抵消,这是由差分电路结构的对称性决定的。

实际上,差分放大电路不可能做到完全对称,为此,在三极管 T_1, T_2 的发射极电路中接入电位器 R_P,如图3-7所示。R_P 阻值很小,仅为数十欧至几百欧。在放大电路静态工作条件下,先行调节 R_P,使 $V_{C1} = V_{C2}$,输出 $u_o = 0$。这种操作称为调零,R_P 称为调零电位器。有些集成运算放大器没有设置调零端,可以通过外部加调零电路来实现。

(2)发射极公共电阻 R_E 的负反馈作用。温度 T 升高,产生零点漂移,表现为三极管的集电极电流和发射极电流增加,且由于电路对称,两三极管电流增量相等,即发射极电流增量 $\Delta I_{E1} = \Delta I_{E2}$,流过发射极公共电

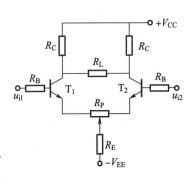

图3-7 具有调零环节的
差分放大电路

阻 R_E 的电流增量 $\Delta I_{R_E} = \Delta I_{E1} + \Delta I_{E2} = 2\Delta I_E$,$R_E$ 上产生的电压增量 $\Delta U_{R_E} = 2\Delta I_E \cdot R_E$,使 T_1,T_2 发射极公共电位 V_E 提高了同样数值。两三极管的发射结电压 $U_{BE1} = U_{BE2} = V_B - V_E$,现基极电位 V_B 基本不变,而 V_E 增加,故 U_{BE1},U_{BE2} 下降,使基极电流 I_{B1},I_{B2} 减小,集电极电流 I_{C1},I_{C2} 相应减小。从而牵制了因温度升高引起的 I_{C1},I_{C2} 的增加,使之大致保持恒定,静态工作点基本不变,达到了抑制零点漂移的目的。

以上依靠发射极公共电阻 R_E 引入了电流负反馈,能够有效地减小电路的零点漂移,且 R_E 的阻值大一些,抑制零漂的效果会更好。但是 R_E 阻值增大,一是会影响到静态工作点的设置,二是在集成电路中无法集成阻值很大的电阻,所以增大 R_E 是有局限性的,在实际的电路中常用恒流源代替 R_E,提高抑制零漂的性能。

3. 差模、共模和共模抑制比

(1)差模输入和差模电压放大倍数。直接耦合多级放大电路的输入信号可以是交流信号(包括缓慢变化的交流信号),也可以是直流信号。以下为叙述方便,仍以输入交流信号为例进行分析。

所谓差模信号就是分别加在三极管 T_1 和 T_2 的基极输入端的两个信号 u_{i1} 和 u_{i2},两个信号大小相等、极性相反,即 $u_{i1} = -u_{i2}$,u_{i1} 和 u_{i2} 称为一对差模输入,如图3-6所示,输入信号 $u_{id} = u_{i1} - u_{i2}$。

在差模信号的作用下，三极管 T_1 和 T_2 的集电极电位 V_{C1}，V_{C2} 向相反方向变化，且变化量相等，即 $\Delta V_{C1} = -\Delta V_{C2}$，$T_1$ 和 T_2 集电极的输出信号 $u_{o1} = \Delta V_{C1}$，$u_{o2} = \Delta V_{C2}$。

故差模电压放大倍数为

$$A_{ud} = \frac{u_o}{u_{id}} = \frac{u_{o1} - u_{o2}}{u_{i1} - u_{i2}} = \frac{2u_{o1}}{2u_{i1}} = A_{u1}$$

结论：双端输出时，差分放大电路对差模输入信号具有放大作用，且差模电压放大倍数等于单管放大电路的电压放大倍数。

（2）共模输入和共模电压放大倍数。图 3-8 所示为共模输入差分放大电路，把两个极性相同、大小相等的输入信号称为共模信号，用 u_{ic} 表示，即 $u_{ic} = u_{i1} = u_{i2}$。只要差分放大电路做到完全对称，双端输出模式下，$u_{oc} = u_{o1} - u_{o2} = 0$，共模输出电压为零，即对共模信号没有放大作用。

实际上，差分放大电路不可能够做到完全对称，会产生一定的共模输出电压。共模输出电压与共模输入电压之比称为共模电压放大倍数，用 A_{uc} 表示，$A_{uc} = \dfrac{u_{oc}}{u_{ic}}$，共模电压放大倍数越小，反映对共模信号的抑制作用越强。

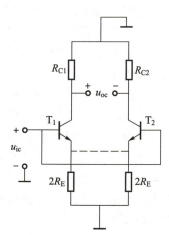

图 3-8　共模输入差分放大电路

（3）共模抑制比。对差分放大电路有两个基本要求：第一，对于需要放大的差模信号，应该有较大的差模电压放大倍数 A_{ud}；第二，抑制共模信号的效果要好，即共模电压放大倍数 A_{uc} 越小越好。

为了全面表示以上两个基本要求，引入了共模抑制比 K_{CMR} 这一技术指标。其定义是差模电压放大倍数 A_{ud} 与共模电压放大倍数 A_{uc} 的比值，即

$$K_{CMR} = \left| \frac{A_{ud}}{A_{uc}} \right|$$

显然，共模抑制比越大，差分放大电路放大差模信号、抑制共模信号的性能越好。在电路理想对称的条件下，双端输出时，$|A_{uc}| = 0$，$K_{CMR} = \infty$。

四、集成运算放大器的主要参数

集成运算放大器的性能可用一些参数表示，了解各参数意义，有助于合理选用和正确使用集成运算放大器。

1. 开环差模电压放大倍数 A_{uo}

A_{uo} 是指集成运算放大器在无外加反馈情况下，并工作在线性区时的差模电压放大倍数，$A_{uo} = \dfrac{\Delta U_{od}}{\Delta U_{id}}$，一般也用增益表示，即 $20 \lg |A_{uo}|$ dB。A_{uo} 越高，所构成的运算电路越稳定，运算精度越高，A_{uo} 一般在 80~140 dB。

2. 输入失调电压 U_{IO}

当输入电压为零时，理想运算放大器输出电压必然为零。但实际集成运算放大器的

差分输入级很难做到完全对称,当输入电压为零时,输出电压并不为零。如果在输入端外加适当的补偿电压使输出电压为零,则该补偿电压称为输入失调电压 U_{IO},U_{IO} 一般为几毫伏,显然其越小越好。

3. 输入失调电流 I_{IO}

在常温下,输入信号为零时,集成运算放大器的两个输入端的基极静态电流之差称为输入失调电流 I_{IO},即 $I_{IO} = |I_{B1} - I_{B2}|$。失调电流的大小反映了差分输入级两只三极管 β 的失调程度,I_{IO} 一般以 nA 为单位,其值越小越好。

4. 输入偏置电流 I_{IB}

输入偏置电流 I_{IB} 是指在常温下输入信号为零时,两个输入端的静态电流的平均值,即

$$I_{IB} = \frac{1}{2}(I_{B1} + I_{B2})$$

I_{IB} 的大小反映了集成运算放大器的输入电阻和输入失调电流的大小,I_{IB} 越小,集成运算放大器的输入电阻越高,输入失调电流越小。

5. 开环差模输入电阻 r_{id}

开环差模输入电阻 r_{id} 是指集成运算放大器两个输入端之间的动态电阻,一般为几兆欧。

6. 开环差模输出电阻 r_o

集成运算放大器工作在开环状态时,在输出端对地之间看进去的等效电阻即为开环差模输出电阻 r_o。r_o 大小反映了集成运算放大器的带负载能力,其值约为几百欧。

7. 共模抑制比 K_{CMR}

共模抑制比 K_{CMR} 是反映差分放大电路放大差模信号、抑制共模信号的性能指标,$K_{CMR} = \left| \dfrac{A_{ud}}{A_{uc}} \right|$,或用分贝(dB)表示,即 $K_{CMR} = 20 \lg \left| \dfrac{A_{ud}}{A_{uc}} \right|$,较好的集成运算放大器的 K_{CMR} 可达 120~140 dB。

8. 最大差模输入电压 U_{IDM}

最大差模输入电压 U_{IDM} 是指集成运算放大器同相端和反相端之间所能加的最大差模电压。所加电压超过 U_{IDM} 时,集成运算放大器输入级的三极管将出现反向击穿现象,使集成运算放大器输入特性显著恶化,甚至造成集成运算放大器的永久性损坏。

9. 最大共模输入电压 U_{ICM}

最大共模输入电压 U_{ICM} 是指集成运算放大器在线性工作范围内可承受的最大共模输入电压。如果超过这个电压,集成运算放大器的共模抑制比 K_{CMR} 将显著下降,甚至使集成运算放大器失去差模放大能力或永久性损坏。

五、集成运算放大器的主要类型

集成运算放大器的种类很多,除了通用型集成运算放大器外,主要还有高精度、低功耗、高速、高输入阻抗、宽带和功率等专用集成运算放大器。下面简要介绍它们的特点。

1. 通用型集成运算放大器

通用型集成运算放大器技术指标适中,输入失调电压约 2 mV,开环增益一般不低于 80 dB,适用于对技术指标没有特殊要求的场合。

2. 高精度集成运算放大器

高精度集成运算放大器主要特点是失调电压小,可低到几微伏,温度漂移很小,温度每变化 1℃,电压仅变化几十纳伏,放大倍数和共模抑制比非常高,一般用于毫伏级或更低的微弱信号的精密检测、自动控制仪表等领域中。

3. 高速集成运算放大器

高速集成运算放大器的输出电压转换速率很大,1 μs 时间内,电压升高的幅度可达到几百伏。一般用于快速 A/D 和 D/A 转换器、高速取样-保持电路、精密比较器等要求输出对输入迅速响应的电路中。

4. 低功耗集成运算放大器

低功耗集成运算放大器在电源电压±15 V 时,最大功耗不大于 6 mW,在低电源电压时,具有低的静态功耗,并保持良好的电气性能,一般用于对能源有严格限制的遥测、生物医学、空间技术研究或便携式电子设备中。

5. 高压型和大功率集成运算放大器

为了得到高的输出电压,高压型和大功率集成运算放大器的供电电压比常规的±15 V 要高得多,一般有几十伏,有的型号,如 D41 型的电源电压可达±150 V。

6. 高输入阻抗集成运算放大器

高输入阻抗集成运算放大器的输入级往往采用 MOS 管,其输入阻抗可达 $10^9 \sim 10^{12}$ Ω,而输入偏置电流十分微小,仅为几皮安至几十皮安。一般用于生物医学电信号测量的精密放大电路、有源滤波器、A/D 和 D/A 转换器等。

除了以上几种集成运算放大器外,还有程控型集成运算放大器、电流型集成运算放大器和仪用放大器等。

3.2　集成运算放大器线性应用

一、理想运算放大器

为简化运算放大器电路的分析,常把其理想化。理想运算放大器具有以下特点:

(1) 开环差模电压放大倍数 $A_{uo} \to \infty$;

(2) 开环差模输入电阻 $r_{id} \to \infty$;

(3) 开环差模输出电阻 $r_o = 0$;

(4) 带宽 BW $\to \infty$,转换速率 $S_R \to \infty$;

(5) 共模抑制比 $K_{CMR} \to \infty$ 。

表示输出电压与输入电压之间关系的特性曲线称为电压传输特性曲线,从集成运算放大器的电压传输特性曲线(图 3-9)上看,可分为线性区和饱和区。当集成运算放大器工作在线性区时,u_o 和 $u_+ - u_-$ 成线性关系,即

$$u_o = A_{uo}(u_+ - u_-) \tag{3-1}$$

从式(3-1)可以看出,由于 A_{uo} 很大,$u_+ - u_- = \dfrac{u_o}{A_{uo}}$ 很小。例如,集成运算放大器的最大

输出电压是 ±15 V,开环差模电压放大倍数 $A_{uo} = 10^5$,输入
电压的范围为

$$u_+ - u_- = \frac{u_o}{A_{uo}} = \frac{\pm 15\ \text{V}}{10^5} = \pm 0.15\ \text{mV}$$

也就是说,两输入端电压之差的绝对值只要超过 0.15 mV,
集成运算放大器就会进入饱和区,所以要使集成运算放大
器工作在线性状态下必须扩大其线性区,其必要条件就是
引入负反馈。

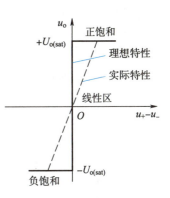

图 3-9　集成运算放大器的
电压传输特性曲线

当理想运算放大器工作在线性区时,具有以下两个重
要结论:

(1) 虚短

根据式(3-1)得 $u_+ - u_- = \dfrac{u_o}{A_{uo}}$,因为 $A_{uo} \to \infty$,u_o 具有一定的值,所以 $u_+ - u_- \approx 0$,即 $u_+ \approx u_-$,可
看作两输入端短路,而电路中并未真正短路,故称"虚短"。当 $u_+ \approx u_- = 0$ 时,通常称为"虚地"。

(2) 虚断

由于理想运算放大器的开环差模输入电阻 $r_{id} \to \infty$,故
$i_+ = i_- \approx 0$,可看作两输入端断路,而电路中并未真正断路,故
称"虚断"。

利用理想运算放大器工作在线性区时的两个重要结论,
分析各种运算电路将十分方便。

二、基本运算电路

1. 比例运算电路

(1) 反相比例运算电路

反相比例运算电路如图 3-10 所示,输入信号 u_i 经电阻
R_1 加到集成运算放大器的反相输入端,集成运算放大器的同
相输入端经电阻 R_2 接地,同时,R_f 连接输入端和输出端,引
入电压并联负反馈。

根据"虚短"和"虚断"两个重要结论,可得

$$i_1 = i_f, \quad u_- = u_+ \approx 0$$

可列出

$$i_1 = \frac{u_i - u_-}{R_1} = \frac{u_i}{R_1}$$

$$i_f = \frac{u_- - u_o}{R_f} = -\frac{u_o}{R_f}$$

由此可得

$$u_o = -\frac{R_f}{R_1} u_i$$

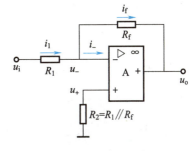

图 3-10　反相比例运算电路

上式表明,输出电压与输入电压是比例运算关系,负号表示是反相,集成运算放大器输出与输入信号相位相反。

闭环电压放大倍数为

$$A_{uf} = \frac{u_o}{u_i} = -\frac{R_f}{R_1}$$

上式表明,集成运算放大器电路引入深度负反馈后,闭环电压放大倍数只与反馈网络的元器件(R_1, R_f)的参数有关,而与集成运算放大器本身的参数无关。

图 3-10 中,$R_2 = R_1 /\!/ R_f$,称为平衡电阻。

当 $R_1 = R_f$ 时,$u_o = -u_i$,则 $A_{uf} = -1$,即为反相器或变号运算。

（2）同相比例运算电路

同相比例运算电路如图 3-11 所示,输入信号 u_i 经电阻 R_2 加到同相输入端,反相输入端经电阻 R_1 接地,反馈电阻 R_f 跨接在输出端和反相输入端之间,引入电压串联负反馈。

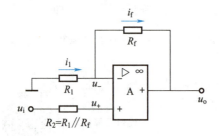

图 3-11 同相比例运算电路

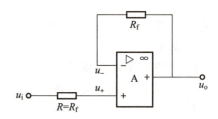

图 3-12 电压跟随器

根据"虚短"和"虚断"两个重要结论,可得

$$i_+ = i_- \approx 0, \quad u_+ = u_- = u_i$$

$$i_1 = i_f, \quad -\frac{u_i}{R_1} = \frac{u_i - u_o}{R_f}$$

整理得

$$u_o = \left(1 + \frac{R_f}{R_1}\right) u_i$$

即实现了同相比例运算。

闭环电压放大倍数为

$$A_{uf} = \frac{u_o}{u_i} = 1 + \frac{R_f}{R_1}$$

当 $A_{uf} = 1$ 时,电路称为电压跟随器,如图 3-12 所示。

2. 加减法运算电路

（1）加法运算电路

加法运算电路有多个输入端,它的输出电压与多个输入信号相加之和成正比例关系。图 3-13 所示为反相输入加法

微课
加减法运算
电路

运算电路,能实现对两个输入端信号 u_{i1} 和 u_{i2} 的加法运算。

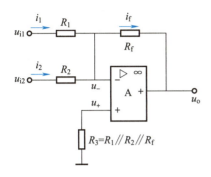

图 3-13　反相输入加法运算电路

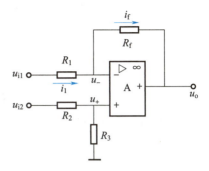

图 3-14　减法运算电路

根据"虚短"和"虚断"两个重要结论,可得

$$u_- = u_+ = 0, \quad i_1 + i_2 = i_f$$

$$i_1 = \frac{u_{i1}}{R_1}, \quad i_2 = \frac{u_{i2}}{R_2}, \quad i_f = \frac{0 - u_o}{R_f} = -\frac{u_o}{R_f}$$

可以推出

$$\frac{u_{i1}}{R_1} + \frac{u_{i2}}{R_2} = -\frac{u_o}{R_f}$$

整理得

$$u_o = -\left(\frac{R_f}{R_1} u_{i1} + \frac{R_f}{R_2} u_{i2} \right)$$

当 $R_1 = R_2 = R$ 时,则

$$u_o = -\frac{R_f}{R} (u_{i1} + u_{i2})$$

当 $R = R_f$ 时,有

$$u_o = -(u_{i1} + u_{i2})$$

图 3-13 中,$R_3 = R_1 /\!/ R_2 /\!/ R_f$,称为平衡电阻。

（2）减法运算电路

减法运算电路如图 3-14 所示。它的两个输入信号 u_{i1} 和 u_{i2} 分别从集成运算放大器的两个输入端输入,称为差分输入方式。

根据"虚短"和"虚断"两个重要结论,可得

$$i_1 = i_f, \quad u_- = u_+$$

$$u_- = u_{i1} - i_1 R_1 = u_{i1} - \frac{u_{i1} - u_o}{R_1 + R_f} R_1$$

$$u_+ = \frac{R_3}{R_2 + R_3} u_{i2}$$

可以推出

$$u_{i1} - \frac{u_{i1} - u_o}{R_1 + R_f} R_1 = \frac{R_3}{R_2 + R_3} u_{i2}$$

整理得

$$u_o = \left(1 + \frac{R_f}{R_1}\right) \frac{R_3}{R_2 + R_3} u_{i2} - \frac{R_f}{R_1} u_{i1}$$

当 $R_1 = R_2$，$R_3 = R_f$ 时，则

$$u_o = \frac{R_f}{R_1}(u_{i2} - u_{i1})$$

当 $R_1 = R_f$ 时，则

$$u_o = u_{i2} - u_{i1}$$

 例 3.1

写出图 3-15 所示两级运算电路的输入、输出关系。

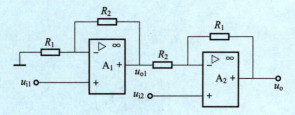

图 3-15　例 3.1 图

解：图 3-15 中，A_1 组成同相比例运算电路，故

$$u_{o1} = \left(1 + \frac{R_2}{R_1}\right) u_{i1}$$

由于理想运算放大器开环差模输出电阻 $r_o = 0$，前级输出电压 u_{o1} 即为后级输入信号。故由 A_2 组成减法运算电路的两个输入信号分别为 u_{o1} 和 u_{i2}。可求得输出电压 u_o 为

$$u_o = -\frac{R_1}{R_2} u_{o1} + \left(1 + \frac{R_1}{R_2}\right) u_{i2}$$

$$= -\frac{R_1}{R_2}\left(1 + \frac{R_2}{R_1}\right) u_{i1} + \left(1 + \frac{R_1}{R_2}\right) u_{i2}$$

$$= -\left(1 + \frac{R_1}{R_2}\right) u_{i1} + \left(1 + \frac{R_1}{R_2}\right) u_{i2}$$

$$= \left(1 + \frac{R_1}{R_2}\right)(u_{i2} - u_{i1})$$

3. 积分与微分运算电路

（1）积分运算电路

积分运算电路如图3-16(a)所示，与反相比例运算电路相比较，反馈元件由电阻改为电容 C，在实际的电路中，为防止低频信号的放大倍数过大，造成集成运算放大器进入饱和状态，常在反馈电容上并联电阻加以限制，如图3-16(a)中 R_f 所示。

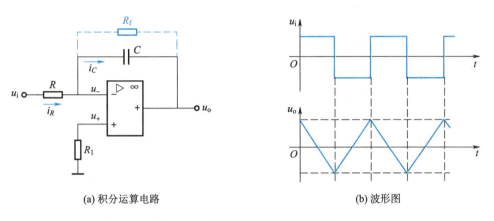

(a) 积分运算电路　　　　　　　　　　　(b) 波形图

图3-16　积分运算电路及其波形图

由于 $u_- = u_+ = 0$，故 $i_R = i_C = \dfrac{u_i}{R}$，又因为 $u_o = -u_C$，所以

$$u_o = -\frac{1}{C}\int_{t_0}^{t} i_C \mathrm{d}t + u_C\big|_{t_0} = -\frac{1}{RC}\int_{t_0}^{t} u_i \mathrm{d}t + u_C\big|_{t_0} \tag{3-2}$$

从式(3-2)可以看出，电路实现了积分运算。式中，$u_C\big|_{t_0}$ 是电容充电的初始值，若 $t = t_0 = 0$ 时，$u_C = 0$，上式可简化为

$$u_o = -\frac{1}{RC}\int_{0}^{t} u_i \mathrm{d}t$$

当 u_i 为定值时，则有

$$u_o = -\frac{u_i}{RC}t = -\frac{u_i}{\tau}t$$

式中，τ 称为时间常数，当 $t = \tau$ 时，$u_o = -u_i$。

上式表明，当 u_i 为定值时，u_o 随时间作线性增长。u_i 为正时，u_o 负向增长；u_i 为负时，u_o 正向增长。当输入方波信号时，输出转换为三角波，波形图如图3-16(b)所示，积分运算电路起到波形变换的作用。

（2）微分运算电路

将积分运算电路中电阻和电容位置对换，即成为微分运算电路，如图3-17(a)所示。

因为 $u_- = u_+ = 0$，所以 $i_R = i_C$。又因为 $i_R = -\dfrac{u_o}{R}$，$i_C = C\dfrac{\mathrm{d}u_i}{\mathrm{d}t}$，所以 $-\dfrac{u_o}{R} = C\dfrac{\mathrm{d}u_i}{\mathrm{d}t}$，则有

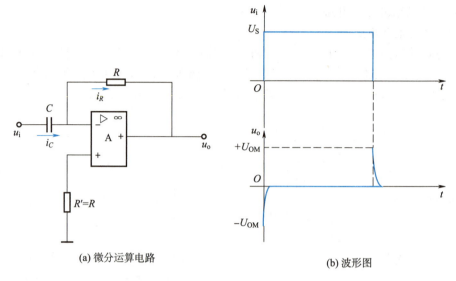

(a) 微分运算电路　　　　　　　(b) 波形图

图 3-17　微分运算电路及其波形图

$$u_o = -RC\frac{\mathrm{d}u_i}{\mathrm{d}t}$$

上式表明，u_o 与 u_i 的微分成正比，电路实现了微分运算。

当输入方波信号，信号发生突变时，输出将出现尖脉冲电压；当 u_i 不变时，$\dfrac{\mathrm{d}u_i}{\mathrm{d}t}=0$，$u_o=0$。波形图如图 3-17(b) 所示。

在实际电路中，为防止在大幅度输入脉冲时，集成运算放大器进入饱和区或截止区，而造成阻塞现象，可对微分运算电路加以改进。改进的微分运算电路如图 3-18 所示。

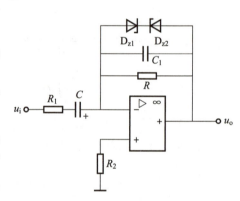

图 3-18　改进的微分运算电路

例 3.2

电路如图 3-19 所示。

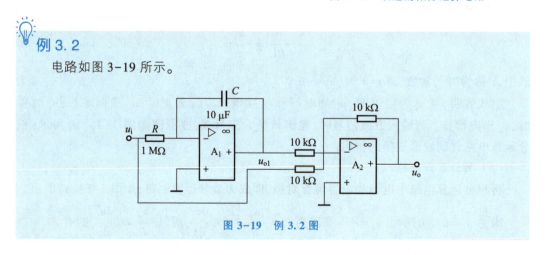

图 3-19　例 3.2 图

（1）写出输入与输出关系。

（2）若 $u_i = +1$ V，电容器两端初始电压 $u_C = 0$，求：输出电压 u_o 变为 0 V 所需要的时间。

解：（1）由图 3-19 可见，图中 A_1 为积分器，A_2 为反相加法器，u_i 经 A_1 反相积分后再与 u_i 通过 A_2 进行求和运算，则有

$$u_{o1} = -\frac{1}{RC}\int_{t_0}^{t} u_i \mathrm{d}t + u_C\big|_{t_0=0}$$

$$u_o = -(u_{o1} + u_i) = \frac{1}{RC}\int_{t_0}^{t} u_i \mathrm{d}t - u_C\big|_{t_0=0} - u_i$$

（2）将 $u_C\big|_{t_0=0} = 0, u_i = +1$ V，$u_o = 0$ 代入上式，则

$$u_o = \frac{1}{RC}t - 1 = 0$$

$$t = RC = 10 \text{ s}$$

所以，当 $t = 10$ s 时，输出电压等于零。

自测
集成运算放大器线性应用

3.3 集成运算放大器使用注意事项

目前集成运算放大器应用很广，在使用时，应注意下列一些问题，以达到使用要求及精度，并避免调试过程中损坏器件。

1. 合理选用型号

在前面介绍了集成运算放大器的主要参数和类型，应根据使用性能要求选用。在选型时还应兼顾经济性。

2. 了解引脚功能

目前集成运算放大器类型很多，而每一种集成运算放大器的引脚数以及每一引脚的功能和作用均不相同。因此，使用前必须充分查阅该型号器件的资料，在了解其引脚功能和性能参数后才能使用。

3. 消振和调零

（1）消振

目前大多数集成运算放大器内部电路已设置消振措施的补偿网络。但还有一些集成运算放大器还需外接 RC 消振电路或消振电容进行补偿，通常使输入端接地，用示波器观察输出端有无自激振荡信号判断自激是否消除。

（2）调零

集成运算放大器电路在使用时，要求零输入时零输出。为此除了要求集成运算放大器的同相和反相两输入端的外接直流通路等效电阻保持平衡之外，必要时还需采用调零

电位器进行调节。例如，图 3-20 所示的 F004 和 F007，有专用的引脚接调零电位器 R_P。在输入端接地状态，调节 R_P 使输出 u_o 为零。

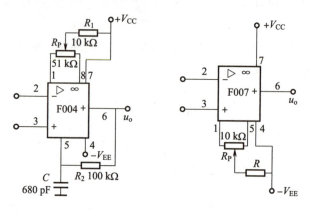

图 3-20　集成运算放大器的调零

对于没有专用调零引脚的运放器件，可在输入端外接调零电路。如图 3-21 所示，在反相或同相输入端外加补偿失调电压使之在零输入时，输出为零。采用这种方法调零时，应注意对电压传输特性和输入电阻的影响。

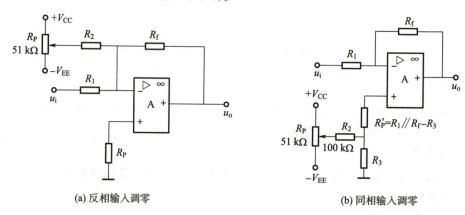

(a) 反相输入调零　　　　　　　　　　　　(b) 同相输入调零

图 3-21　输入端外接调零电路

若在调零过程中，输出端电压始终偏向电源某一端电压，无法调零。其原因可能是接线有误或有虚焊，集成运算放大器成为开环工作状态。若在外部因素均排除后，仍不能调零，可能是器件损坏。

4. 保护措施

集成运算放大器由于电源电压极性接反或电源电压突变，输入信号电压过大，输出端负载短路、过载或碰到外部高压造成电流过大等，都能引起器件损坏。因此，必须在电路中加保护措施。

（1）电源端保护

为了防止电源极性接反，引起器件损坏，可利用二极管的单向导电性，在电源连接线中串接二极管来实现保护，如图 3-22 所示。

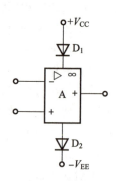

图 3-22　电源端保护

（2）输入端保护

当集成运算放大器的差模或共模输入信号电压过大时,会引起集成运算放大器输入级的损坏。为此,可在集成运算放大器输入端加限幅保护。图 3-23(a)所示电路用于对反相输入差模信号过大的限幅保护。图 3-23(b)所示电路用于对同相输入共模信号过大的限幅保护。

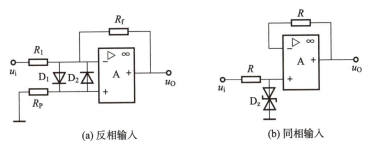

(a) 反相输入　　　　　　　　(b) 同相输入

图 3-23　输入端保护

（3）输出端保护

为防止输出端触及外部高电压引起过流或击穿,可在输出端采用如图 3-24 所示的稳压管限幅保护电路。将输出最大电压幅值限制为 $\pm(U_z + U_D)$。

5. 外接电阻值选取

由于一般集成运算放大器的最大输出电流 I_{om} 为 $\pm(5 \sim 10)$ mA,而 u_o 一般为伏级,故 R_f 至少取千欧以上的数量级。如果 R_f 和 R_1 取值太小,也增加了信号源 u_i 的负载,如果取用兆欧级,则其阻值将随温度和时间变化产生时效误差,使阻值不稳定,影响精度,同时集成运算放大器的输入失调电流 I_{IO} 在外接高值电阻上会引起误差信号。综合上述分析,集成运算放大器应尽可能配用几千欧至几百千欧之间的外接电阻。

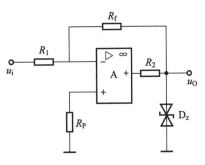

图 3-24　输出端保护

任务一　原理分析

图 3-1 所示的音频放大器电路是由两级同相比例运算放大器组成的,由于传声器提供的信号约为 5 mV,故采用同相比例运算放大器,能充分利用其输入阻抗高的特点,提高放大电路输入信号能力。集成运算放大器选用 LF353。它是集成双运放,其输入阻抗高,为 10^4 MΩ,输入偏置电流仅为 50 pA,单位增益频率为 4 MHz,转换

速率为 13 V/μs,用作音频前置放大器十分理想。音频放大电路接线图如图 3-25
所示。

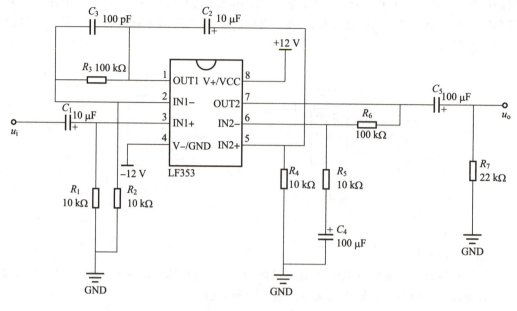

图 3-25　音频放大电路接线图

第一级放大电路的放大倍数为

$$A_{u1} = 1 + \frac{R_3}{R_2} = 10$$

第二级放大电路的放大倍数为

$$A_{u2} = 1 + \frac{R_6}{R_5} = 10$$

总的电压放大倍数为

$$A_u = A_{u1} \cdot A_{u2} = 100$$

取 $R_2 = R_5 = 10$ kΩ,$R_3 = R_6 = 100$ kΩ,平衡电阻 $R_1 = R_4 = 10$ kΩ。

任务二　电路的装配与调试

一、装配前准备

1. 元器件、器材的准备

按照表 3-2 元器件清单和表 3-3 器材清单进行准备。

表 3-2 元器件清单

序号	名称	规格型号	数量
1	万能板	100 mm×80 mm	1
2	集成运算放大器	LF353	1
3	无极性电容器	100 pF	1
4	电解电容器	10 μF	2
		100 μF	2
5	碳膜电阻器	100 kΩ	2
		10 kΩ	4
		22 kΩ	1

表 3-3 器材清单

序号	类别	名　称
1	工具	电烙铁(20~35 W)、烙铁架、拆焊枪、静电手环、剥线钳、尖嘴钳、一字螺丝刀、十字螺丝刀、镊子
2	设备	电钻、切板机
3	耗材	焊锡丝、松香、导线
4	仪器仪表	万用表,直流稳压电源、信号发生器、示波器

2. 元器件的识别与检测

目测各元器件应无裂纹,无缺角;引脚完好无损;规格型号标识应清楚完整;尺寸与要求一致,将检测结果填入表 3-4。按元器件检验方法对表中元器件进行功能检测,将结果填入表 3-4。

表 3-4 元器件检测表

序号	名称	规格型号	外观检测结果	功能检测		备注
				数值	结果	
1	万能板	100 mm×80 mm				
2	集成运算放大器	LF353				
3	无极性电容器	100 pF				

序号	名称	规格型号	外观检测结果	功能检测		备注
				数值	结果	
4	电解电容器	10 μF				
		100 μF				
5	碳膜电阻器	100 kΩ				
		10 kΩ				
		22 kΩ				

集成运算放大器的检测方法:使用万用表对集成运算放大器进行初步检查,用万用表电阻挡($R×100$ 或 $R×1k$ 挡)检查集成运算放大器的同相输入端和反相输入端间的正反向电阻,正、负电源端对各输出端之间的电阻,一般不允许开路或短路,如发现电阻为无穷大或为零,则表明集成运算放大器已经损坏。

用万用表检测只是大致判断集成运算放大器是否损坏,若要精确测定集成运算放大器性能的优劣,还需用专用的集成运算放大器测试仪。

二、电路装配

组装前首先根据电路原理图画出电路的装配图,对元器件进行整形处理,按照电路装配图进行安装。

安装时注意:电阻器水平安装,紧贴电路板,电解电容器垂直电路板安装(注意正负极),紧贴电路板,LF353 贴板面安装(注意引脚排列),各元器件引脚成形在焊面上高出 2 mm 为宜。

元器件要依据先内后外,由低到高的原则,依次按电阻器、无极性电容器、集成电路 IC 底座、电解电容器、电位器的顺序安装、焊接。要求焊点要圆滑光亮,防止虚焊、假焊、漏焊,电路所有元器件焊接完毕,先连接电源线,再连接其他导线,最后清洁电路板。要求整个电路美观、均匀、整齐、整洁。

三、电路调试

1. 直观检查

(1)检查电源线、地线、信号线是否连好,有无短路;

(2)检查各元器件、组件安装位置、引脚连接是否正确;

(3)检查引线是否有错线、漏线;

(4)检查焊点有无虚焊。

2. 通电测试

(1)静态测试

当无输入交流信号时,用万用表分别测量 LF353 的输出点电位,正常时应在 0 V 附近。若输出端直流电位为电源电压值,则集成运算放大器可能已坏或工作在开环状态。

（2）动态测试

输入端加入 $u_i = 5$ mV，$f = 1$ kHz 的正弦交流信号，用示波器观察有无输出波形，将测试结果填入表 3-5 中。如有自激振荡，应首先消除（例如，通过在电源对地端并接滤波电容等措施）。当工作正常后，测量放大器的输出，并求其放大倍数。

输入端加入 $u_i = 5$ mV 的信号，分别减小和增大输入信号频率，测量输出信号幅度，计算电压放大倍数和电路的通频带。

表 3-5　输出波形记录表

名称	波形	周期/频率	幅度
第一级输出信号波形		示波器测量 TIME/div = $T =$ $f =$	示波器测量 VOLTS/div = $U_{P-P} =$ $U =$
第二级输出信号波形		示波器测量 TIME/div = $T =$ $f =$	示波器测量 VOLTS/div = $U_{P-P} =$ $U =$

3. 故障检测与分析

根据实际情况正确描述故障现象，正确选择仪器仪表，准确分析故障原因，排除故障。将故障检测情况填入表 3-6。

表 3-6　故障检测与分析记录表

内容	检测记录		
故障描述			
仪器使用			
原因分析			
重现电路功能			

根据项目实施情况将评分结果填入表3-7。

表3-7 项目实施过程考核评价表

序号	主要内容	考核要求	考核标准	配分	扣分	得分
1	工作准备	认真完成项目实施前的准备工作	（1）劳防用品穿戴不合规范,仪容仪表不整洁,扣5分; （2）仪器仪表未调节,放置不当,扣2分; （3）电子实验实训装置未检查就通电,扣5分; （4）材料、工具、元器件未检查或未充分准备,每项扣2分	10		
2	元器件的识别与检测	能正确识别和检测电阻器、电容器、LF353等元器件	（1）不能正确根据色环法识读各类电阻器阻值,每错一个扣2分; （2）不能运用万能表正确、规范测量各电阻器阻值,每错一项扣2分; （3）不能正确识别各电容器的型号类型,每错一个扣2分; （4）不能识别LF353引脚排列,不能正确描述引脚功能、不能正确检测元器件,每错一项扣5分	30		
3	电路装配与焊接	（1）焊接安装无错漏,焊点光滑、圆润、干净、无毛刺,焊点基本一致; （2）装配正确,布局合理; （3）元器件极性正确; （4）电路板安装对位; （5）焊接板清洁无污物	（1）不能按照安装要求正确安装各元器件,每错一个扣1分; （2）电路装配出现错误,每处扣3分; （3）不能按照焊接要求正确完成焊接,每漏焊或虚焊一处扣1分; （4）元器件布局不合理,电路整体不美观、不整洁,扣3分	20		

序号	主要内容	考核要求	考核标准	配分	扣分	得分
4	电路调试与检测	（1）能正确调试电路功能； （2）能正确描述故障现象，分析故障原因； （3）能正确使用仪器设备对电路进行检查，排除故障	（1）调试过程中，测试操作不规范，每处扣5分； （2）调试过程中，没有按要求正确记录观察现象和测试数据，每处扣5分； （3）调试过程中，电路部分功能不能实现，每缺少一项扣5分； （4）调试过程中，不能根据实际情况正确分析故障原因并正确排故，每处扣5分	30		
5	职业素养	遵守安全操作规范，能规范、安全地使用仪器仪表，具有安全意识，严格遵守实训场所管理制度，认真实行6S管理	（1）违反安全操作规程，每次视情节酌情扣5~10分； （2）违反工作场所管理制度，每次视情节酌情扣5~10分； （3）工作结束，未执行6S管理，不能做到人走场清，每次视情节酌情扣5~10分	10		
备注			成绩			

项目拓展

单电源音频放大器的制作

根据图3-26所示的电路和参数制作单电源音频放大器。该电路采用单电源供电方式，电阻R_2和R_3给同相输入端（引脚3）一个偏置，目的是将传声器信号向上平移电源电压的一半$\left(\dfrac{1}{2}V_{CC}=4.5\text{ V}\right)$，使得同相输入端的信号始终大于零，传声器信号得到全部放大。调节电阻R_5可以调节电路的反馈增益，改变音量的大小。

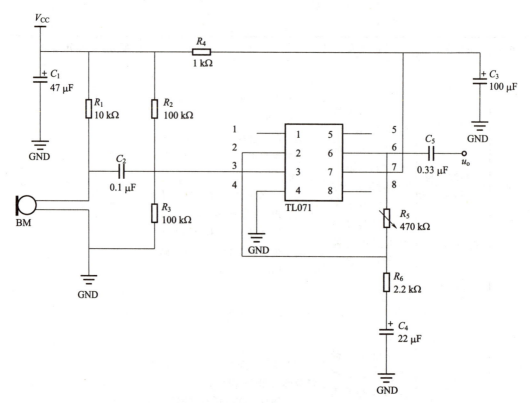

图 3-26 单电源音频放大器原理图

单电源音频放大器元器件清单见表 3-8。

表 3-8 单电源音频放大器元器件清单

序号	名称	规格型号	数量
1	万能板	100 mm×80 mm	1
2	集成运算放大器	TL071	1
3	驻极体传声器	CM-18W	1
4	无极性电容器	0.1 μF	1
		0.33 μF	1
5	电解电容器	47 μF	1
		100 μF	1
		22μF	1
6	碳膜电阻器	10 kΩ	1
		100 kΩ	2
		1 kΩ	1
		2.2 kΩ	1
7	电位器	470 kΩ	1

TL071 引脚排列如图 3-27 所示。

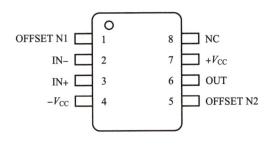

图 3-27　TL071 引脚排列

TL071 引脚功能见表 3-9。

表 3-9　TL071 引脚功能

引脚		功能
名称	编号	
IN-	2	反相输入
IN+	3	同相输入
NC	8	空脚
OFFSET N1	1	输入失调电压调节
OFFSET N2	5	输入失调电压调节
OUT	6	输出
$-V_{CC}$	4	电源负极
$+V_{CC}$	7	电源正极

知识拓展 «««

集成运算放大器非线性应用

集成运算放大器非线性应用主要有电压比较器、信号发生器等,这里主要介绍电压比较器。

在控制系统中,经常将一个信号与另一个给定的基准信号进行比较,根据比较结果,输出高或低电平的开关量电压信号,去实现控制动作,这就是比较器的基本功能。

一、单值电压比较器的电路和工作原理

由集成运算放大器组成的单值电压比较器电路图如图 3-28(a)所示,电路为开环工作状态。加在反相输入端的信号 u_i 与同相输入端给定的基准信号 U_{REF} 进行比较。

由前可知,若为理想集成运算放大器,其开环电压放大倍数近于无穷大,因此有:

当 $u_{id} = u_- - u_+ = u_i - U_{REF} > 0$ 时,

$$u_o = -U_{OM}$$

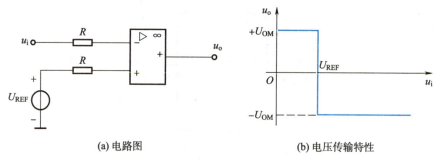

(a) 电路图　　　　　　　　　　　(b) 电压传输特性

图 3-28　单值电压比较器电路图及电压传输特性

当 $u_{id} = u_- - u_+ = u_i - U_{REF} < 0$ 时，

$$u_o = +U_{OM}$$

式中，u_{id} 为集成运算放大器输入端的差模输入电压，$-U_{OM}$ 和 $+U_{OM}$ 为集成运算放大器负向和正向输出电压最大值，此值由集成运算放大器电源电压和器件参数而定。

由此可作出输出与输入的电压变化关系，称为电压传输特性，如图 3-28(b) 所示。若原先输入信号 $u_i < U_{REF}$，输出为 $+U_{OM}$，当 u_i 由小变大，只要稍微大于 U_{REF}，则输出由 $+U_{OM}$ 跳变为 $-U_{OM}$；反之亦然。

若 $U_{REF} = 0$，称之为过零比较器。图 3-29(a) 所示为同相输入过零比较器电路图，其电压传输特性如图 3-29(b) 所示。

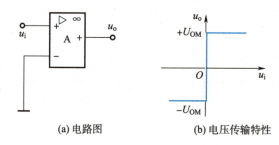

(a) 电路图　　　　　　　　　　　(b) 电压传输特性

图 3-29　同相输入过零比较器

当 $u_i < 0$ 时，

$$u_o = -U_{OM}$$

当 $u_i > 0$ 时，

$$u_o = +U_{OM}$$

需特别指出的是：利用 u_- 和 u_+ 大小来判断输出发生跳动的这种关系，在以下讨论各种电压比较器的分析中具有普遍意义。

二、阈值电压

在比较器中，将输出 u_o 从一个电平跳变到另一个电平时刻所对应的输入电压值称为阈值电压或门限电压，用 U_{TH} 表示。对应图 3-28(a) 所示电路为 $U_{TH} = U_{REF}$，即 u_i 达到 U_{REF} 时，就会使输出 u_o 发生跳动翻转。由于该电路只有一个阈值电压，故称单值电压比较器。U_{TH}是分析输入信号变化使输出电平翻转的关键参数。

三、具有限幅措施的电压比较器

由于比较器中的集成运算放大器输入端会出现 u_- 和 u_+ 两者差值很大的情况,为了避免 u_{id} 过大损坏集成运算放大器,可在集成运算放大器的两个输入端之间并联正、反两个二极管进行限幅,使输入限制在 ±0.7 V 左右。如图 3-30 所示,R_1 和 R_2 为二极管限流电阻及集成运算放大器平衡电阻。为了适应后级电路的需要而减小输出电压,可在电路输出端采用稳压管限幅。R_3 为稳压管的限流电阻,则输出电压的最大值为 $U_{OM} = \pm U_Z$。

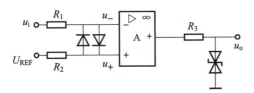

图 3-30 具有限幅措施的电压比较器

目前已有专用集成比较器,其结构与集成运算放大器相似。其主要特点是:输出翻转的响应速度快,仅几十纳秒至几百纳秒;输出驱动电流大,可达 50 mA,可直接驱动继电器或发光器件。

四、单值电压比较器的应用

单值电压比较器主要用于波形转换、整形以及电平检测等电路。

图 3-31(a)所示为正弦波形转换成单向尖脉冲的电路,电路由同相过零比较器、微分电路及限幅电路组成。设输入信号 u_s 为正弦波,在 u_s 过零时,比较器输出即跳变一次,故 u_O' 为正、负相间的方波电压;再经过时间常数 $RC \ll \dfrac{T}{2}$(T 为正弦波周期)的微分电路,输出 u_O'' 为正、负相间的尖脉冲;然后由二极管 D 和负载 R_L 限幅后,输出 u_O 为正脉冲信号,波形图如图 3-31(b)所示。

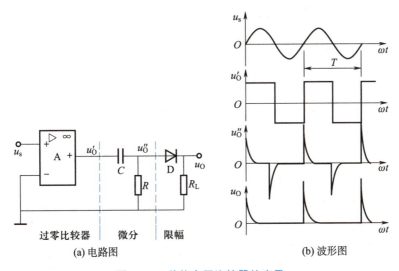

(a)电路图   (b)波形图

图 3-31 单值电压比较器的应用

练习与提高

3.1 差模输入信号电压是两个输入信号电压的_____值,共模输入信号电压是两个输入信号的_____值。当 $u_{i1} = 20$ mV, $u_{i2} = 10$ mV 时,$u_{id} = $ _____ ,$u_{ic} = $ _____ 。

3.2 共模抑制比 K_{CMR} 等于_____之比,电路的 K_{CMR} 越大,表明电路抑制零漂能力越强。

3.3 理想运算放大器的开环差模电压放大倍数 A_{uo} 为_____,开环差模输入电阻 r_{id} 为_____,开环差模输出电阻 r_o 为_____。(填零,无穷大)

3.4 集成运算放大器线性应用时,"虚断"是指_____,"虚短"是指_____。

3.5 电路如图 3-32 所示,已知各输入信号分别为 $u_{i1} = 0.5$ V, $u_{i2} = -2$ V, $u_{i3} = 1$ V,$R_1 = R_2 = 20$ kΩ, $R_4 = 30$ kΩ, $R_5 = R_6 = 10$ kΩ, $R_{F1} = 100$ kΩ, $R_{F2} = 60$ kΩ。

(1)图中两个集成运算放大器分别构成何种单元电路?

(2)求出电路的输出电压 u_o。

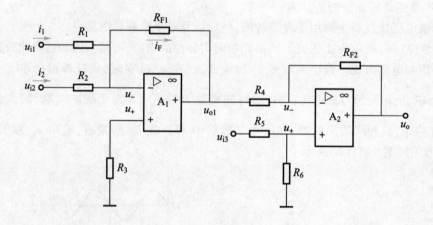

图 3-32 题 3.5 图

3.6 试用集成运算放大器设计出能完成如下功能的电路:

(1)$u_o = 2u_{i1} - u_{i2}$。

(2)$u_o = 5u_i$。

3.7 电路及参数如图 3-33 所示,求输出信号 u_o。

3.8 如图 3-34 所示电路中,求下列情况下 u_o 和 u_i 关系式。

(1)S_1 和 S_3 闭合,S_2 断开时。

(2)S_1 和 S_2 闭合,S_3 断开时。

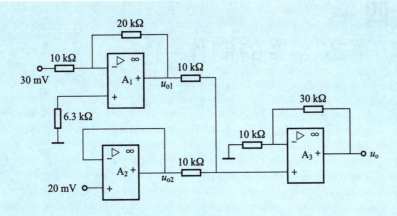

图 3-33 题 3.7 图

（3）S_2 闭合，S_1 和 S_3 断开时。

（4）S_1，S_2，S_3 都闭合时。

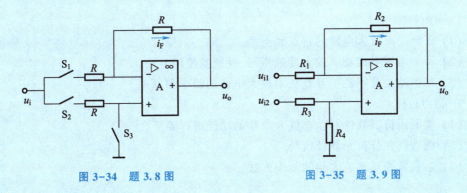

图 3-34 题 3.8 图　　　　　　　图 3-35 题 3.9 图

3.9　如图 3-35 所示电路中，如果 $R_2 = 2R_1$，$R_3 = 5R_4$，$u_{i2} = 4u_{i1}$，求电路输出电压 u_o。

项目四

音频功率放大器的制作

项目目标 <<<

1. 知识目标

（1）了解功率放大电路的特点和类型。

（2）了解常用集成功率放大器的型号、性能及使用方法。

（3）掌握乙类及甲乙类互补功率放大电路的组成和原理。

2. 能力目标

（1）能利用仿真软件对功率放大电路的功能进行验证。

（2）能查找并分析元器件资料。

（3）掌握音频功率放大器的制作方法。

项目描述 <<<

很多情况下主机的额定输出功率不能胜任带动整个音响系统的任务，这时就要在主机和播放设备之间加装功率放大器（简称"功放"）来补充所需的功率缺口。而功率放大器在整个音响系统中起到了"组织、协调"的枢纽作用，在某种程度上主宰着整个系统能否提供良好的音质输出，主要形式有集成运算放大器和三极管组成的功率放大器，也有专用集成电路功率放大器。

音频功率放大器普遍用于家庭音响系统、立体声唱机等电子系统中，便于携带，适用性强，本项目利用 TDA2030 构成音频功率放大器，将输入音频信号进行放大，采用单电源供电，如图 4-1 所示。

电路性能要求如下：

（1）输入信号为 1 kHz/50 mV；

（2）电源电压为 $\pm 6 \sim \pm 22$ V；

（3）负载 $R_L = 8$ Ω 时，输出功率为 14 W。

电路安装调试要求如下：

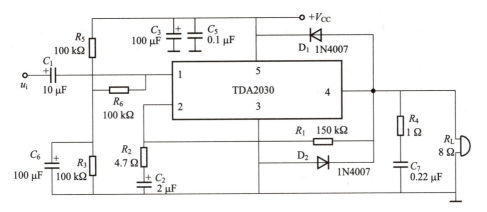

图 4-1　音频功率放大器电路原理图

（1）能分析电路的工作原理；

（2）设计电路的装配图；

（3）正确选择和检测元器件；

（4）正确组装和调试电路。

4.1　功率放大电路基础知识

一、功率放大电路的特点

电子设备中的放大电路通常由输入级、中间级和输出级组成。输出级要带动一定的负载，如扬声器、伺服电机、继电器、记录仪表等。要使负载动作则要求输出级向负载提供足够大的信号功率，所以输出级多为功率放大级，它应高效率地把直流电能转化为按输入信号变化的交流电能。因此，功率放大电路具有以下特点：

1. 输出功率大

输出功率是指输出的交变电压和交变电流有效值的乘积。为了得到尽可能大的输出功率，要求功率放大管（简称"功放管"）有很大的电压和电流变化范围。它们往往工作在接近极限的状态。

2. 效率高

功率放大器的作用实质上都是通过功放管的控制作用，把直流电源提供的直流功率转换为向负载输出的交变功率（信号功率）。功率转换的效率用 η 表示，即

$$\eta = \frac{P_o}{P_E} \times 100\%$$

式中，P_o 为负载得到的有用信号功率；P_E 为集电极电源的直流功率。

3. 非线性失真小

功率放大器在大信号状态下工作,电压、电流变化范围大,很容易超出功放管的线性范围,产生非线性失真。因此,功率放大器比小信号的电压放大器的非线性失真严重。在实际应用中,要采取措施减少失真,使之满足负载的要求。

此外,由于功放管承受的电压高、电流大,造成工作时功放管温度较高,因而功放管的保护和散热问题也应予以足够重视。

二、功率放大电路的类型

按照功放管静态工作点位置的不同,功率放大器的工作状态可分为甲类放大、乙类放大和甲乙类放大等,如图4-2所示,图中,Q点为静态工作点。

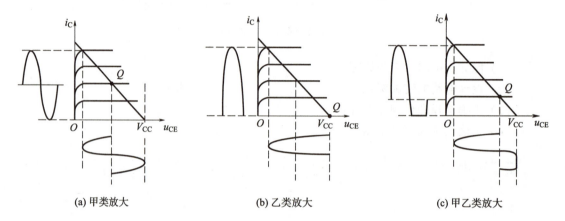

(a) 甲类放大   (b) 乙类放大   (c) 甲乙类放大

图4-2 功率放大器的工作状态

若将静态工作点Q选在负载线性段的中间,三极管在整个周期都导通,其波形如图4-2(a)所示,称为甲类放大工作状态。这时直流电源所提供功率的一部分转化为有用的输出功率,另一部分消耗在三极管和电阻上,其效率约为30%,最高只能达50%。

若将静态工作点Q向下移动,静态电流减小直至为零,当输入信号等于零时,电源输出功率也等于零,三极管无损耗,输入信号增加时,电源供给的功率也随之增加,但此时三极管只在半个周期内导通,其输出波形被削掉一半,如图4-2(b)所示,称为乙类放大工作状态。乙类功率放大器效率较高,可达78.5%。

若将静态工作点设在线性区的下部靠近截止区,如图4-2(c)所示,三极管导通时间超过半个周期,但不足一个周期,称为甲乙类放大工作状态。

三、功放管的安全使用

在功率放大器的实际工作中,功放管工作在接近极限的状态,为使其能安全使用,特别要注意散热、二次击穿及相应的保护措施等。

1. 功放管的散热

功率放大器工作在高电压、大电流状态,即使电路的效率较高,也会有一定的损耗,这些损耗主要消耗在三极管的集电结上,使功放管发热。当功放管温度升高到一定程度(锗管一般为75~90℃,硅管为150℃),功放管就会被损坏。为了及时散热,通常给功放管加装散热片(板)。散热片(板)是铜、铝等导热性能良好的金属材料制成的,尺寸越大,散热能力越强,使用时可根据散热要求的不同来选配。

2. 功放管的二次击穿

工作在高电压下的功放管,若加在其集电极和发射极之间的电压 U_{CE} 过大,将引起雪崩击穿(一次击穿)。如果这时外加电压减少或撤销三极管,可恢复原状,因而是可逆击穿。一次击穿后,若 I_C 继续增大,功放管将发生齐纳击穿(二次击穿),造成功放管永久性损坏。为此,在高电压、大电流状态下工作的功放管,要设法避免或减少二次击穿的发生,缩短一次击穿的时间。其主要措施是:通过增大功放管的功率容量,改善功放管的散热状况等保证功放管工作在安全区之内;避免由电源剧烈波动、输入信号突然加强以及负载开路、短路等原因引起的过电流、过电压现象;在负载两端并联保护二极管,防止感性负载造成功放管过压或过流;在功放管的集电极和发射极两端并联稳压管用于吸收瞬时过电压。

自测
功率放大电路
基础知识

4.2　乙类双电源互补对称功率放大电路

一、电路组成

乙类双电源互补对称功率放大电路工作原理如图 4-3 所示。

仿真
乙类双电源互补对称功率放大电路

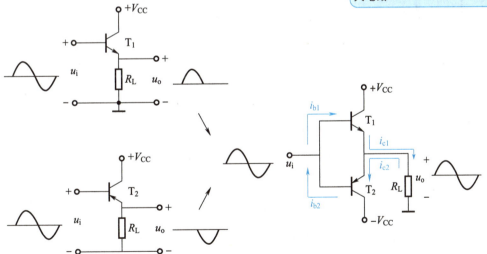

图 4-3　乙类双电源互补对称功率放大电路工作原理

工作在乙类放大工作状态的放大电路,虽然管耗小,有利于提高效率,但存在严重的失真,使得输入信号的半个波形被削掉了,这是一个很大的矛盾。如果用两只功放管,使之都工作在乙类放大工作状态,但一个在信号的正半周工作,而另一个在负半周工作,同时使这两个输出波形都能加到负载上,在负载上就得到一个完整的波形,从而解决效率与失真的矛盾。

静态时,$I_{BQ}=0$,$I_{CQ}=0$,功放管无静态电流,因而无损耗。由于电路对称,发射极电位$V_E=0$,因而R_L中无电流。动态时,设输入正弦信号为u_i,在信号u_i的正半周,T_1导通,T_2截止,T_1与R_L组成射极输出器,在R_L上输出电流i_{c1}(方向如图4-3所示);在信号u_i的负半周,T_1截止,T_2导通,T_2与R_L组成射极输出器,在R_L上输出电流i_{c2}。这样两功放管在正、负两半周交替工作,在负载上合成一个完整的正弦波电流。由于这种电路是两功放管相互补充对方的不足,工作时性能对称,所以常称为互补对称电路。因输出端与负载直接耦合,省去了输出端大电容,所以该电路也称无输出电容(output capacitorless, OCL)电路。

二、分析计算

在u_i的正半周,T_1工作情况如图4-4(a)所示。图中,假定$U_{BE}>0$,T_1就开始导电,则在一周期内,T_1导通时间约为半个周期。为了便于分析,设$V_{CC1}=V_{CC2}=V_{CC}$,同时将T_2的特性曲线倒置在T_1的特线曲线下方,并令二者在Q点,即$V_{CC1}=V_{CC}$处重合,形成T_1和T_2的合成曲线,如图4-4(b)所示,这时负载线通过V_{CC}形成一条斜线。

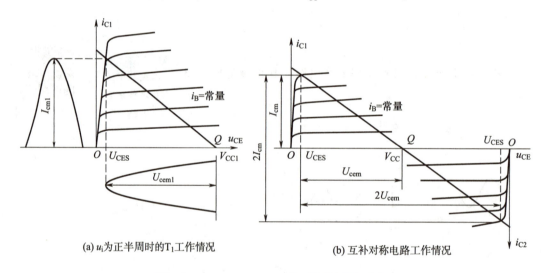

(a) u_i为正半周时的T_1工作情况   (b) 互补对称电路工作情况

图4-4 $V_{CC1}=V_{CC2}=V_{CC}$时互补对称图解分析

i_C的最大变化范围为$2I_{cm}$,u_{CE}变化范围为$2(V_{CC}-U_{CES})=2U_{cem}=2I_{cm}R_L$,如果忽略功放管的饱和压降$U_{CES}$,则$U_{cem}=I_{cm}R_L\approx V_{CC}$。

根据以上分析,不难求出乙类互补对称电路的输出功率和效率。

1. 输出功率P_0

根据输出功率的定义可知,乙类互补对称电路的输出功率用功放管的电压和电流有效值的乘积表示,即

$$P_0 = \frac{U_{cem}}{\sqrt{2}} \cdot \frac{I_{cm}}{\sqrt{2}} = \frac{1}{2}U_{cem}I_{cm} \approx \frac{1}{2}\frac{U_{om}^2}{R_L}$$

当输入信号足够大时，U_{CES}忽略不计，$U_{om} = V_{CC} - U_{CES} \approx V_{CC}$，则

$$P_{Omax} = \frac{1}{2} \frac{(V_{CC} - U_{CES})^2}{R_L} \approx \frac{1}{2} \frac{V_{CC}^2}{R_L}$$

2. 效率

由于每个电源只提供半个周期的电流，所以电源提供的总功率 P_E 为

$$P_E = 2V_{CC} \cdot \frac{1}{2\pi} \int_0^\pi I_{cm} \sin \omega t \mathrm{d}(\omega t) = \frac{2V_{CC}I_{cm}}{\pi}$$

因此，理想情况下，这个电路的效率为

$$\eta = \frac{P_O}{P_E} = \frac{\frac{1}{2}V_{CC}I_{cm}}{\frac{2}{\pi}V_{CC}I_{cm}} \times 100\% = \frac{\pi}{4} \times 100\% \approx 78.5\%$$

这个结论是假定互补电路工作在乙类放大工作状态，忽略功放管的饱和压降 U_{CES} 和输入信号足够大的情况下得来的，实际效率比这个数值要低一些。

三、功放管的选择

在乙类双电源互补对称功率放大电路中，两只功放管总的集电极耗散功率为

$$P_T = P_E - P_O = \frac{2}{\pi}V_{CC} \cdot I_{cm} - \frac{1}{2} \frac{U_{om}^2}{R_L}$$

将 $I_{cm} = \frac{U_{om}}{R_L}$ 代入上式，令 $\frac{\mathrm{d}P_T}{\mathrm{d}U_{om}} = 0$，得出当 $U_{om} = \frac{2V_{CC}}{\pi}$ 时，两只功放管的最大功耗

$P_{Tmax} = \frac{2V_{CC}^2}{\pi^2 R_L} = \frac{4}{\pi^2}P_{Omax} \approx 0.4P_{Omax}$，每只功放晶体管的最大耗散功率为

$$P_{Tmax\ 1} = P_{Tmax\ 2} = \frac{1}{\pi^2} \frac{V_{CC}^2}{R_L} = 0.2P_{Omax}$$

其集电极和发射极之间的最大压降为 $V_{C1} + V_{C2} = 2V_{CC}$，最大集电极电流为 $\frac{U_{C1}}{R_L}$ 或 $\frac{U_{C2}}{R_L}$。

因此，在选择功放管时，应满足下列条件：

（1）功放管最大允许管耗

$$P_{CM} \geqslant 0.2P_{Omax} = \frac{1}{\pi^2} \frac{V_{CC}^2}{R_L}$$

（2）每只功放管集电极和发射极之间反向击穿电压

$$U_{(BR)CEO} > 2V_{CC}$$

（3）每只功放管最大允许集电极电流

$$I_{CM} \geqslant \frac{V_{CC}}{R_L}$$

自测
乙类双电源互补对称功率放大电路

4.3 功率放大电路的交越失真

一、交越失真的产生

在乙类功率放大电路中,由于将静态工作点 Q 选在功放管特性曲线的截止区,而功放管的输入特性曲线是非线性的,在输入特性曲线上有一段死区电压,当 u_i 小于死区电压时,两只功放管均不导通,输出电压仍为零。因此,当输入正弦信号电压时,在负载上合成的输出电压将在两个半波交界处跨越正、负半波时,发生失真,如图 4-5(a)所示,这种失真称为交越失真。为了清除交越失真,需要给功放管加上较小的偏置电压,使两只功放管在静态时都处于微导通状态,如图 4-5(b)所示。

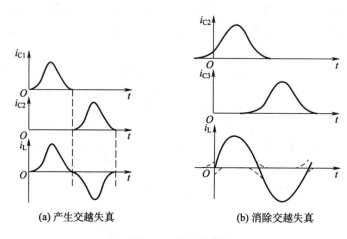

(a) 产生交越失真   (b) 消除交越失真

图 4-5   交越失真

二、清除交越失真的措施

清除交越失真常用的方法是利用两只二极管的正向电压降给两只互补功放管提供正向偏置电压。如图 4-6(a)所示,由于电路对称,两只功放管静态时电流相等,因而负载上无静态电流,输出电压 $U_0 = 0$,当有信号时,就可使放大器的输出在零点附近仍能基本上得到线性放大,清除交越失真。此时,每只功放管的导通时间超过半个周期,电路工作在甲乙类放大工作状态。为了提高工作效率,在设置偏压时,应尽可能接近乙类放大工作状态。

图 4-6(b)所示为互补功率放大电路设置静态工作电流的另一种常见电路,由图中可以看出

$$U_{B1B2} = U_{B1} - U_{B2} = U_{CE4} = U_{R_1} + U_{R_2}$$

因为

$$I_{R_1} \approx I_{R_2} \geq I_{B4}$$

所以

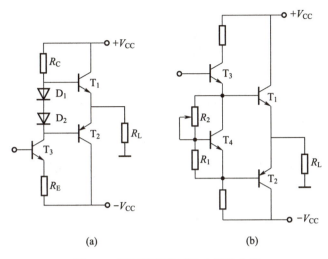

(a)   (b)

图 4-6　甲乙类互补对称功率放大器

$$U_{R_2} = I_{R_2}R_2 = \frac{U_{BE4}}{R_1} \cdot R_2$$

而

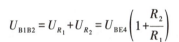

$$U_{R_1} = U_{BE4}$$

所以

$$U_{B1B2} = U_{R_1} + U_{R_2} = U_{BE4}\left(1 + \frac{R_2}{R_1}\right)$$

由上式可以看出,改变 R_2 就可方便地调节两功放管基极间电压,从而调整两功放管的电流。这种方法常应用在模拟集成电路中,如集成功率放大器 F007 内部就采用这种偏置电压方式。

4.4　甲乙类单电源互补对称功率放大电路

一、OTL 功率放大电路

1. 电路组成

图 4-3 所示的 OCL 互补对称功率放大电路中省去了输出电容,改善了系统低频响应,但是需要正、负两个电源,增加了电源的复杂性。在实际中,有时希望采用单电源供电,以便简化电路。图 4-7 所示就是采用单电源供电的互补对称功率放大电路,这种电路因省去了输出变压器,也称无输出变压器(output transformerless, OTL)电路。图 4-7 中,T_1 组成前置放大级,T_2 和 T_3 组成互补对称电路输出级。

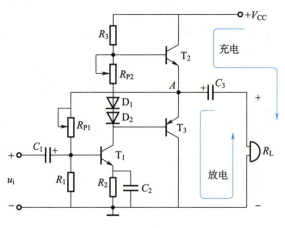

图 4-7　OTL 功率放大电路

2. 工作原理

当 $u_i = 0$ 时,调节 R_{P1},R_{P2} 就可以使 I_{C1},V_{B2} 和 V_{B3} 达到所需大小,T_2 给 T_3 提供一个合适的偏置,从而使 A 点电位

$$V_A = \frac{V_{CC}}{2}$$

在 $u_i \neq 0$ 时,在 u_i 的负半周,T_2 导通,有电流通过负载 R_L,同时向 C_3 充电;在 u_i 的正半周,T_3 导通,则已充电的电容 C_3 起着双电源互补对称电路中电源 $-V_{CC}$ 的作用,通过负载 R_L 放电,只要选择时间常数 $\tau = R_L C_3$ 足够大(比信号的最长周期还大得多),就可以认为用电容 C_3 和一个电源 V_{CC} 可以代替原来的 $+V_{CC}$ 和 $-V_{CC}$ 两个电源作用。

3. 分析计算

采用一个电源的互补对称电路,由于每只功放管的工作电压不是原来的 V_{CC},而是 $\frac{V_{CC}}{2}$,即输出电压幅值 U_{CM} 最大只能达到 $\frac{V_{CC}}{2}$,所以前面导出的计算 P_{Omax},P_{Tmax} 和 P_E 的最大值公式,要用 $\frac{V_{CC}}{2}$ 代替其中的 V_{CC}。

二、甲乙类自举功率放大电路

1. 电路组成

单电源互补对称电路解决了工作点的偏置和稳定问题,但实际输出电压幅值达不到 $\frac{V_{CC}}{2}$。如图 4-8 所示,当 u_i 为负半周时,T_1 导通,因而 I_{B1} 增加,由于 R_{C3} 上的压降和 U_{BE1} 存在,当 K 点电位向 $+V_{CC}$ 接近时,T_1 的基极电流将受限制而不能增加很多,因而也就限制了 T_1 输向负载的电流,使 R_L 两端得不到足够的电压变化量,致使 U_{OM} 明显小于 $\frac{V_{CC}}{2}$。

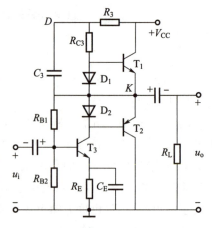

图 4-8　有自举电路的单电源互补对称电路

解决上述矛盾的办法就是在电路中加入 R_3，C_3 等，组成自举电路，把图中 D 点电位升高，使 $V_D > +V_{CC}$。

2. 工作原理

在图 4-8 中，当 $u_i = 0$ 时，$V_D = V_{CC} - I_{C3}R_3$，而 $V_K = \dfrac{V_{CC}}{2}$。因此，电容 C_3 两端电压被充电

到 $U_{C_3} = V_{CC} - I_{C3}R_3 - \dfrac{V_{CC}}{2} = \dfrac{V_{CC}}{2} - I_{C3}R_3$，若时间常数 R_3C_3 足够大时，U_{C_3} 视作常量。

当 $u_i < 0$ 时，C_3 导通，V_K 由 $\dfrac{V_{CC}}{2}$ 逐渐增加，而 $V_D = U_{C_3} + V_K$。

显然，随着 V_K 的升高，V_D 也自动升高，因而，即使输出电压幅度升得很高，也有足够的电流 I_{B1}，使 T_1 充分导通，这种工作方式称为自举，意思是电路本身把 V_D 提高了。

自测
甲乙类单电源
互补对称功率
放大电路

4.5　复合管组成互补对称功率放大电路

一、复合管连接方法和等效管理

由于互补对称功率放大电路的两只功放管的管型不同，特性难以一致，采用复合管较易解决这一问题，如图 4-9 所示，前一只 T_1 选用 NPN 型或 PNP 型小功率管，而后一只 T_2 都采用 NPN 型大功率管，分别复合成 NPN 型管［图 4-9(a)］和 PNP 型管［图 4-9(b)］。

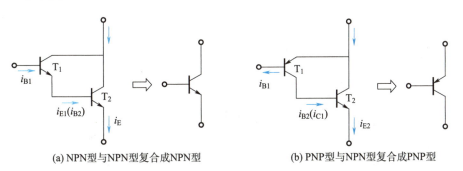

(a) NPN型与NPN型复合成NPN型　　　　　　(b) PNP型与NPN型复合成PNP型

图 4-9　复合管连接方法和等效管型

二、复合管电流放大系数和输入电阻

复合管的总集电极电流为

$$
\begin{aligned}
I_c &= I_{c1} + I_{c2} \\
&= \beta_1 I_{b1} + \beta_2 I_{b2} \\
&= \beta_1 I_{b1} + \beta_2 I_{b2} \\
&= (\beta_1 + \beta_2 + \beta_1\beta_2) I_{b1}
\end{aligned}
$$

$$=\beta_1\beta_2I_{b1}$$
$$=\beta_1\beta_2I_b$$

所以,复合管的电流放大系数为

$$\beta=\frac{I_c}{I_b}=\beta_1\beta_2$$

可见,复合管的电流放大系数近似等于每管电流放大系数的乘积。

图 4-9(a)接法中,复合管的等效输入电阻为

$$r_{be}=r_{be1}+(1+\beta_1)r_{be2}$$

图 4-9(b)接法中,复合管的等效输入电阻为

$$r_{be}=r_{be1}$$

三、复合管互补对称功率放大电路

互补对称电路具有结构简单,效率高,频率响应好,易于集成化、小型化等优点,因而获得了广泛应用。复合管组成的互补对称功率放大电路如图 4-10 所示。

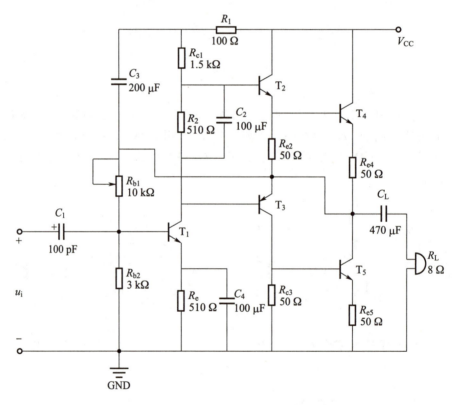

图 4-10 复合管组成的互补对称功率放大电路

工作原理:图 4-10 中,T_2,T_4 和 T_3,T_5 四管组成复合互补对称电路。当输入信号 u_i 为负半周时,T_2 导通,T_3 截止,信号经 T_2,T_4 放大后,通过 C_L 加到负载 R_L 上,并对 C_L 进行充电;当输入信号 u_i 为正半周时,T_2 截止,T_3 导通,信号经过 T_3,T_5 放大后,通过 C_L 加到负载 R_L 上,C_L 放电,最终在负载 R_L 上就得到被放大了的全波信号。

图 4-10 中，R_{e4}，R_{e5} 为发射极稳定电阻，R_{e2}，R_{c3} 是穿透电流的分流电阻，也是 T_4，T_5 的偏置电阻，R_2 是 T_2，T_3 的偏置元件，C_2 对交流短路。T_1 的静态电流流过电阻 R_2，在其两端产生直流压降，供给 T_2，T_3 基极与发射极之间产生合适的正向偏压，以消除输出波形的交越失真。R_{c1} 既是 T_1 的集电极负载电阻，也是 T_2 的偏置电阻。R_{b1} 是 T_1 的偏置电阻，又是直流负反馈电阻，用以稳定工作点，同时对输出信号形成电压并联负反馈，使放大电路稳定，改善输出波形。C_3，R_1 组成自举电路，保证有足够的基极电流来推动 T_2，T_4，使其充分导通，以便得到最大峰值输出电压。

自测
复合管组成互补对称功率放大电路

4.6 集成功率放大电路

一、LM386 组成 OTL 应用电路

微课
集成功率放大电路

LM386 是音频集成功率放大电路之一，该电路的特点是功耗低、允许的电源电压范围宽、通频带宽、外接元器件少，因而在收音机、录音机中得到了广泛的应用。

1. LM386 的引脚定义

在集成电路中，由于制作工艺问题，不能制造电容大于 200 pF 的电容以及高阻值电阻等，使用时要根据电路的要求外接一些元器件。图 4-11 所示为 LM386 引脚排列，LM386 是 8 引脚双列直插式封装器件，消耗的静态电流约为 4 mA，是应用电池供电的理想器件。

LM386 引脚定义如下：

引脚 6 接正电源，电源电压范围为 4~12 V；

引脚 4 接地（GND）；

引脚 2 为反相输入端，由此端加输入信号时，输出电压与输入电压反相；

引脚 3 为同相输入端，由此端加输入信号时，输出电压与输入电压同相；

引脚 5 为输出端，在引脚 5 和地之间可直接接上负载；

引脚 7 用于外接纹波旁路电容，以提高纹波能力；

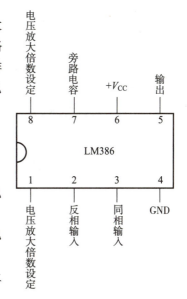
图 4-11 LM386 引脚排列

引脚 1 和引脚 8 为电压放大倍数设定端，当引脚 1 和引脚 8 之间开路时，电路的电压放大倍数为 20，若在引脚 1 和引脚 8 之间接上一个 10 μF 的电容，将内部 1.35 kΩ 的电阻旁路，则电压放大倍数可达 200，若将电阻和 10 μF 电容串联后接在引脚 1 和引脚 8 之间，则电压放大倍数可在 20~200 之间选取，阻值越小，电压放大倍数越高。

2. LM386 的主要参数(表 4-1)

表 4-1　LM386 的主要参数($t = 25 ℃$)

参数		测试条件	最小值	典型值	最大值
工作电源电压 V_{CC}	LM386		4 V		12 V
	LM386N-4		5 V		18 V
静态电流 I_Q		$V_{CC} = 6$ V,$u_i = 0$		4 mA	8 mA
输出功率 P_0/mW	LM386N-1	$V_{CC} = 6$ V,$R_L = 8$ Ω,THD = 10%	250 mW	325 mW	
	LM386N-3	$V_{CC} = 9$ V,$R_L = 8$ Ω,THD = 10%	500 mW	700 mW	
	LM386N-4	$V_{CC} = 16$ V,$R_L = 32$ Ω,THD = 10%	700 mW	1 000 mW	
电压增益 G_u		$V_{CC} = 6$ V,$f = 1$ kHz		26 dB	
		引脚 1 和引脚 8 之间接 10 μF 电容		46 dB	
频带宽度 BW		$V_{CC} = 6$ V,引脚 1 和引脚 8 之间开路		300 kHz	
谐波失真 THD		$V_{CC} = 6$ V,$R_L = 8$ Ω,$P_0 = 125$ mW,$f = 1$ kHz		0.2%	
纹波抑制 RR		$V_{CC} = 6$ V,$f = 1$ kHz,$C_B = 10$ μF,引脚 1 和引脚 8 之间开路		50 dB	
输入电阻 R_i				50 kΩ	
输入偏流 I_B		$V_{CC} = 6$ V,引脚 2 和引脚 3 之间开路		250 mA	

LM386 使用非常方便,内部电路如图 4-12 所示,其电压增益近似等于 2 倍的引脚 1 和引脚 5 之间的电阻值($R_6 = 15$ kΩ)除以 T_1 和 T_3 发射极之间的电阻值($R_4 + R_5 = 0.15$ kΩ + 1.35 kΩ),即 LM386 组成的最小增益功率放大器的电压增益为

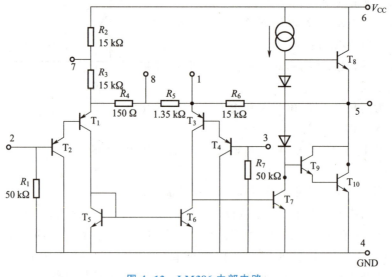

图 4-12　LM386 内部电路

$$2 \times \frac{R_6}{R_4 + R_5} = 2 \times \frac{15 \text{ k}\Omega}{0.15 \text{ k}\Omega + 1.35 \text{ k}\Omega} = 20$$

图 4-13 所示为 LM386 典型应用电路，在引脚 1 和引脚 8 之间接入 1.2 kΩ 电阻和 10 μF 电容，可使电压放大倍数达到 50。

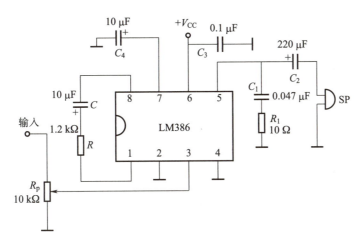

图 4-13　LM386 典型应用电路

二、TDA2030 组成 OCL 应用电路

目前，国内外的集成功率放大器已有多种型号的产品，它们都具有体积小、工作稳定、易于安装和调试等优点。在各种音响设备等电路中，集成功率放大器得到广泛应用。对于使用者来说，只要了解其外部特征和外接线路的正确方法，就能方便地使用它们。

TDA2030 是另一种应用较广的音频功放质量较好的集成功率放大电路，它的外接引脚和外接元器件少，内部有过载保护电路，输出过载时不会损坏。TDA2030 体积小巧，输出功率大；电源电压范围为 ±6~±22 V，频率响应为 10 Hz~140 kHz，谐波失真小于 0.5%（指谐波分量有效值占信号总输出有效值的百分数），在 $V_{CC}=\pm14$ V，$R_L=4$ Ω 时，输出功率为 14 W，并且静态电流小（50 mA 以下），动态电流大（能承受 3.5 A 的电流）；外接元器件非常少、失真小、负载能力强，既可带动 4~16 Ω 的扬声器，某些场合又可带动 2 Ω 甚至 1.6 Ω 的低阻负载；音色无明显个性，特别适合制作输出功率中等的高保真功率放大器；电路简洁，制作方便、性能可靠，并具有内部保护电路（短路保护、热保护、地线偶然开路保护、电源极性反接保护以及负载泄放电压反冲保护等）。

TDA2030 引脚排列，如图 4-14 所示。

图 4-15 所示为 TDA2030 接成 OCL 功率放大电路，图中，接入 D_1，D_2 是为防止电源接反而损坏组件采取的防护措施。电容 C_3，C_5 与 C_4，C_6 为电源滤波电容，100 μF 电解电容并联 0.1 μF 电容的原因是 100 μF 电解电容具有电感效应。

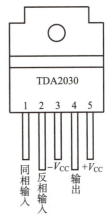

图 4-14　TDA2030 引脚排列

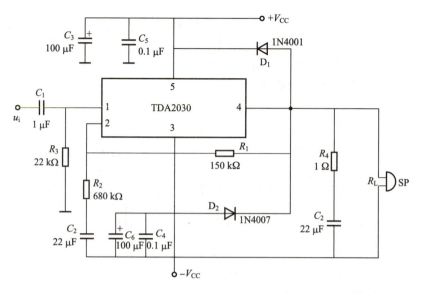

图 4-15　TDA2030 接成 OCL 功率放大电路

任务一　原 理 分 析

微课
音响功率放大
器的制作

　　　　TDA2030 是高保真继承功率放大器芯片,输出功率为 10 W,频率响应为 10~1 400 Hz,输出电流峰值最大可达 3.5 A。其内部电路包含输入级、中间级和输出级,且有短路保护和过热保护,可确保电路工作安全可靠。TDA2030 使用方便,所需外围元器件少,一般不需要调试。

　　图 4-1 中,C_1 是输入耦合电容,R_6 是 TDA2030 同相输入端偏置电阻。R_1 和 R_2 决定了该电路交流负反馈的强弱及闭环增益,C_2 起隔直流作用,以使得电路直流为 100% 负反馈,静态工作点稳定性好,C_3、C_5 为电源高频旁路电容,防止电路产生自激振荡,D_1,D_2 是保护二极管,防止输出电压峰值损坏 TDA2030。

任务二　电路的装配与调试

一、装配前准备

1. 元器件、器材的准备

按照表 4-2 元器件清单和表 4-3 器材清单进行准备。

表 4-2　元器件清单

序号	名称	规格型号	数量
1	万能板	100 mm×80 mm	1
2	音频功率放大器	TDA2030	1
3	二极管	1N4007	2
4	无极性电容器	10 μF	1
		2 μF	1
		0.1 μF	1
		0.22 μF	1
5	电解电容器	100 μF	2
6	碳膜电阻器	100 kΩ	3
		150 kΩ	1
		1 Ω	1
		4.7 kΩ	1

表 4-3　器材清单

序号	类别	名称
1	工具	电烙铁(20~35 W)、烙铁架、拆焊枪、静电手环、剥线钳、尖嘴钳、一字螺丝刀、十字螺丝刀、镊子
2	设备	电钻、切板机
3	耗材	焊锡丝、松香、导线
4	仪器仪表	万用表、直流稳压电源、信号发生器、示波器

2. 元器件的识别与检测

目测各元器件应无裂纹,无缺角;引脚完好无损;规格型号标识应清楚完整;尺寸与要求一致,将检测结果填入表 4-4。按元器件检验方法对表中元器件进行功能检测,将结果填入表 4-4。

表 4-4　元器件检测表

序号	名称	规格型号	外观检测结果	功能检测		备注
				数值	结果	
1	万能板	100 mm×80 mm				
2	音频功率放大器	TDA2030				
3	二极管	1N4007				

序号	名称	规格型号	外观检测结果	功能检测		备注
				数值	结果	
4	无极性电容器	10 μF				
		2 μF				
		0.1 μF				
		0.22 μF				
5	电解电容器	100 μF				
6	碳膜电阻器	100 kΩ				
		150 kΩ				
		1 Ω				
		4.7 kΩ				

（1）扬声器质量检测

用导线将一节 5 号干电池（1.5 V）负极与扬声器的某一端相接，再用电池的正极去触碰扬声器另一端，正常的扬声器应发出清脆的"咔、咔"声，声音越大越清脆越好。若扬声器不发声，则说明扬声器已损坏。若扬声器发声干涩沙哑，则说明扬声器的质量不佳。

将万用表挡位开关置于 $R \times 1$ 挡，用红表笔接扬声器的某一端，用黑表笔断续触碰扬声器的另一端，正常的扬声器应有"咔、咔"声，同时，万用表指针应作同步摆动。若扬声器不发声，万用表指针也不摆动，则说明音圈烧断或引线开路。若扬声器不发声，但万用表指针偏转且阻值基本正常，则说明扬声器的振动系统有问题。扬声器质量检测示意图如图 4-16 所示。

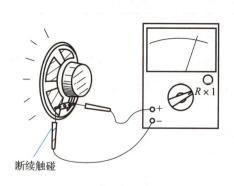

图 4-16　扬声器质量检测示意图　　　　图 4-17　扬声器阻抗估测示意图

（2）扬声器阻抗估测

一般扬声器在磁体的商标上有标明额定阻抗值。若遇到标记不清或标记脱落的扬声器，则可用万用表的电阻挡来估测出阻抗值。扬声器阻抗估测示意图如图 4-17 所示。

测量时,将万用表挡位开关置于 $R \times 1$ 挡,用两表笔分别接扬声器的两端,测出扬声器音圈直流电阻值,而扬声器的额定阻抗通常为音圈直流电阻值的 $1.2 \sim 1.5$ 倍。$8 \ \Omega$ 的扬声器音圈的直流电阻值约为 $6.5 \sim 17.2 \ \Omega$。在已知扬声器标称阻值的情况下,也可用测量扬声器音圈直流电阻值的方法来判断音圈是否正常。

二、电路装配

组装前,首先根据电路原理图画出电路装配图,对元器件进行整形处理,按照电路装配图进行安装。

组装时注意:电阻器水平安装,紧贴电路板,电解电容器垂直电路板安装(注意正负极),紧贴电路板,各元器件引脚成形在焊面上高出 2 mm 为宜。

焊接时注意:元器件要依据先内后外,由低到高的原则,要求焊点要圆滑、光亮,防止虚焊、假焊、漏焊,电路所有元器件焊接完毕,先连接电源线,再连接其他导线,最后清洁电路板,要求整个电路美观、均匀、整齐,整洁。

三、电路调试

1. 直观检查

(1) 检查电源线、地线、信号线是否连好,有无短路;

(2) 检查各元器件、组件安装位置、引脚连接是否正确;

(3) 检查引线是否有错线、漏线;

(4) 检查焊点有无虚焊。

2. 通电测试

(1) 静态工作点调试

将音频功率放大器的输入端接地,测量输出端对地的电位应约为 0 V,电源提供的静态电流一般为几十毫安。若不符合要求,应仔细检查外围元器件接线是否有误。若无误,可考虑更换集成功率放大器。

(2) 动态测试

在音频功率放大器的输出端接额定负载电阻 R_L 条件下,功率放大器输入端加入频率为 1 kHz 的正弦波信号,调节输入信号大小,观察输出信号波形。若输出信号波形变粗或带有毛刺,则说明电路发生自激振荡,应尝试改变外接电路的分布参数,直至自激振荡消除。然后逐渐增大输入电压,观察输出电压失真情况并测量其幅值,计算最大不失真输出功率。改变输入信号的频率,测量功率放大器在额定输出功率下的频率宽度是否满足设计要求。

(3) 整机试听

用 $8 \ \Omega / 9 \ W$ 的扬声器代替负载电阻 R_L,将一话筒的输出信号或幅值小于 5 mV 的音频信号接入音频功率放大器。如需手动调节音量,可在输入端 u_i 前加控制电位器 R_P,改变控制电位器阻值,应能明显听出高、低音调的变化;敲击电路板,应无声音间断和自激现象。

3. 故障检测与分析

根据实际情况正确描述故障现象,正确选择仪器仪表,准确分析故障原因,排除故障。将故障检测情况填入表 4-5。

表 4-5　故障检测与分析记录表

内容	检测记录	
故障描述		
仪器使用		
原因分析		
重现电路功能		

项目评价

根据项目实施情况将评分结果填入表 4-6。

表 4-6　项目实施过程考核评价表

序号	主要内容	考核要求	考核标准	配分	扣分	得分
1	工作准备	认真完成项目实施前的准备工作	（1）劳防用品穿戴不合规范，仪容仪表不整洁，扣 5 分； （2）仪器仪表未调节，放置不当，扣 2 分； （3）电子实验实训装置未检查就通电，扣 5 分； （4）材料、工具、元器件没检查或未充分准备，每项扣 2 分	10		
2	元器件的识别与检测	能正确识别和检测电阻器、电容器、TDA2030、LM353 等元器件	（1）不能正确根据色环法识读各类电阻阻值，每错一个扣 2 分； （2）不能运用万能表正确、规范测量各电阻器阻值，每错一项扣 2 分； （3）不能正确识别各电容器的型号类型，每错一个扣 2 分； （4）不能识别 TDA2030 引脚排列，不能正确描述引脚功能、不能正确检测元器件，每错一项扣 5 分	30		
3	电路装配与焊接	（1）焊接安装无错漏，焊点光滑、圆润、干净、无毛刺，焊点基本一致； （2）装配正确，布局合理； （3）元器件极性正确； （4）电路板安装对位； （5）焊接板清洁无污物	（1）不能按照安装要求正确安装各元器件，每错一个扣 1 分； （2）电路装配出现错误，每处扣 3 分； （3）不能按照焊接要求正确完成焊接，每漏焊或虚焊一处扣 1 分； （4）元器件布局不合理，电路整体不美观、不整洁，扣 3 分	20		

序号	主要内容	考核要求	考核标准	配分	扣分	得分
4	电路调试与检测	（1）能正确调试电路功能； （2）能正确描述故障现象，分析故障原因； （3）能正确使用仪器设备对电路进行检查，排除故障	（1）调试过程中,测试操作不规范,每处扣5分； （2）调试过程中,没有按要求正确记录观察现象和测试数据,每处扣5分； （3）调试过程中,电路部分功能不能实现,每缺少一项扣5分； （4）调试过程中,不能根据实际情况正确分析故障原因并正确排故,每处扣5分	30		
5	职业素养	遵守安全操作规范,能规范、安全地使用仪器仪表,具有安全意识,严格遵守实训场所管理制度,认真实行6S管理	（1）违反安全操作规程,每次视情节酌情扣5~10分； （2）违反工作场所管理制度,每次视情节酌情扣5~10分； （3）工作结束,未执行6S管理,不能做到人走场清,每次视情节酌情扣5~10分	10		
备注			成绩			

项目拓展 <<<

电压放大倍数为 200 的 LM386 功率放大器的制作

若要得到最大放大倍数的功率放大器电路,可采用图 4-18 所示电路。在该电路中,

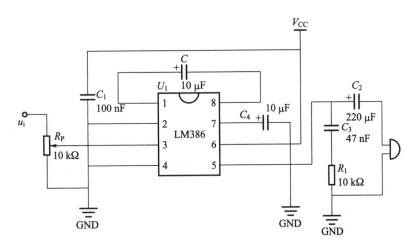

图 4-18　电压放大倍数为 200 的 LM386 功率放大器原理图

LM386 的引脚 1 和引脚 8 之间接入一电解电容器，则该电路的电压放大倍数将达到 200；电路中，输入信号 u_I 经电位器 R_P 接到同相输入端引脚 3，反相输入端引脚 2 接地（GND），输出端引脚 5 经输出电容 C_2 接扬声器负载。因扬声器为感性负载，所以由 C_3，R_1 组成的串联校正电路与负载并联，使负载感性性质得到补偿至接近纯电阻，这样可以防止高频自激和过电压现象的出现，在引脚 7 和地之间接一 10 μF 的纹波旁路电容，以提高纹波能力。

电压放大倍数为 200 的 LM386 功率放大器元器件清单见表 4-7。

表 4-7 电压放大倍数为 200 的 LM386 功率放大器元器件清单

序号	名称	型号规格	数量
1	万能板	100 mm×80 mm	1
2	扬声器	内阻 8 Ω	1
3	功率放大器	LM386	1
4	无极性电容器	100 nF	1
		47 nF	1
5	电解电容器	10 μF	2
		220 μF	1
6	碳膜电阻器	10 kΩ	1
7	可调电阻器	10 kΩ	1

知识拓展 ‹‹‹

平衡桥式功率放大电路

BTL（balanced transformer less）电路，称为平衡桥式功率放大电路。它由两组对称的 OTL 或 OCL 电路组成。负载的两端分别接在两个放大器的输出端。其中一个放大器的输出是另外一个放大器的镜像输出，也就是说，加在负载两端的信号仅在相位上相差 180°。负载上将得到原来单端输出的 2 倍电压。从理论上来讲，电路的输出功率将增加至 4 倍。BTL 电路能充分利用系统电压，因此，BTL 结构常应用于低电压系统或电池供电系统中。

优点：只需要单电源供电（也有用双电源），且不用变压器和大电容，输出功率高。

缺点：所用功放管数量多，很难做到功放管特性理想对称，而且总损耗大，转换效率低。

1. 工作原理

如图 4-19 所示，当输入信号 u_I 为正半周而 $-u_I$ 为负半周时，T_2、T_3 反偏截止，T_1、T_4 正偏导通且电流方向相同，此时输出信号的电流通路如图 4-19 中带箭头的实线所示；当输入信号 u_I 为负半周而 $-u_I$ 为正半周时，T_1、T_4 反偏截止，T_2、T_3 正偏导通且电流方向相同，此时输出信号的电流通路如图 4-19 中带箭头的虚线所示。

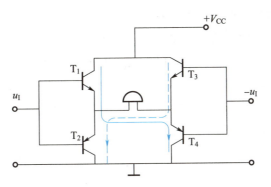

图 4-19　BTL 功率放大电路

可见, BTL 电路的工作原理与 OCL 电路、OTL 电路有所不同, BTL 电路每半周都有两个功放管一推一挽地工作。

2. 辨析 OTL, OCL, BTL

根据功率放大电路对管输出端与扬声器接法可判断电路结构形式:

（1）OTL 功率放大电路的输出端的直流电位为电源电压的一半, 扬声器一端接地, 另一端通过大容量耦合电容与功率放大器输出端相接;

（2）OCL 功率放大电路采用双电源供电, 使其输出端的直流电位为零, 扬声器一端接地, 另一端直接与功率放大器输出端相接;

（3）BTL 功率放大器采用两个功率放大器对扬声器直接连接, 在两个功率放大器输出端, 不需要耦合电容。

练习与提高

4.1　有人说, 采用甲类单管功率放大电路的收音机, 音量调得越小就越省电, 你认为对吗? 为什么? 如果将该收音机的输出级换成甲乙类互补对称功率放大电路, 将音量调小能否省电?

4.2　试从下列几方面分析电压放大电路和互补对称功率放大电路的主要区别:

（1）电路功能;

（2）电路工作状态分析方法;

（3）技术指标计算内容。

4.3　采用复合管组成的互补对称功率放大电路有什么优点? 两管复合后总的电流放大倍数及管型是如何决定的?

4.4　OTL 电路和 OCL 电路有哪些主要区别? OCL 电路在哪些方面优于 OTL 电路? OCL 电路又存在什么问题? 如何解决?

4.5　举出一个集成功率放大器的型号, 画出相应的应用电路图。

4.6　如图 4-20 所示, 已知 $V_{CC} = V_{EE} = 16$ V, $R_L = 4$ Ω, T_1 和 T_2 的饱和压降 $|U_{CE(sat)}| = 2$ V, 输入电压足够大。

（1）最大不失真输出时的输出功率 P_{om} 为多少？

（2）为了使输出功率到达 P_{om}，输入电压的有效值应为多少？

4.7　如图 4-21 所示，已知 $V_{CC} = 16$ V，$R_L = 4$ Ω，T_1 和 T_2 的死区电压和饱和管压降均可忽略不计，输入电压足够大。试求最大不失真输出时的输出功率 P_{om} 和效率 η_m。

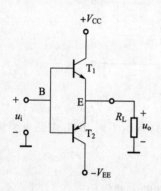

图 4-20　题 4.6 图

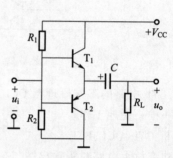

图 4-21　题 4.7 图

4.8　分析图 4-22 所示电路：

（1）三极管 T_1 构成何种组态电路？起何作用？假设出现交越失真，该如何调节？

（2）假设 T_3，T_5 的饱和管压降可忽略不计，求该电路最大不失真输出时的输出功率和效率。

（3）该电路为 OCL 电路还是 OTL 电路？

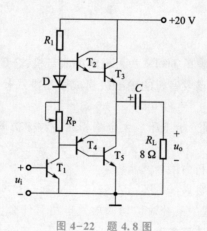

图 4-22　题 4.8 图

项目五
三变量多数表决器的制作

1. 知识目标

（1）掌握数字电路中二进制、八进制、十六进制的基本知识及几种进制数的相互转换方法。

（2）掌握基本逻辑运算和复合逻辑运算。

（3）了解 TTL 和 CMOS 门电路的基本构成和典型参数，以及 TTL 和 CMOS 门电路相互驱动的接口电路。

（4）掌握逻辑代数中的基本公式和基本定律。

（5）掌握逻辑函数的代数和卡诺图化简方法。

（6）掌握简单数字逻辑电路的设计方法。

2. 能力目标

（1）能根据表决器原理图，进行电路功能分析。

（2）能利用仿真软件对电路设计进行功能仿真验证。

（3）会查阅元器件手册，能正确选取集成门电路型号。

（4）能对门电路芯片进行功能测试，正确安装并调试电路。

项目描述 «««

请设计并制作一个表决器，满足以下表决规则：

（1）能满足三位评委进行表决；

（2）仅当三位评委中的多数表示通过时，表决通过；

（3）将表决结果用指示灯显示出来，表决通过则灯亮，表决不通过则灯灭。

5.1 数字电路概述

一、数字电路的特点

电子电路所处理的信号可以分为两大类:一类是在时间和幅值上都连续的信号,如温度、压力等物理量通过传感器转换的电信号、音频信号等,称为模拟信号,如图 5-1(a)所示;另一类是在时间和幅值上都不连续的信号,如计算机中各部件之间传输的信息、VCD中的音频和视频信号等,称为数字信号,如图 5-1(b)所示。传输处理模拟信号的电路称为模拟电路,传输处理数字信号的电路称为数字电路。

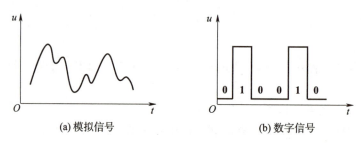

(a) 模拟信号   (b) 数字信号

图 5-1 模拟信号与数字信号

在数字电路中,数字信号只有"0"和"1"两个值,这里的"0"和"1"没有大小之分,只代表两种对立状态。随着数字技术的不断发展,数字电路被广泛应用于数字电子计算机、数字通信系统、数字式仪表、数字控制装置及工业自动化系统等领域。

数字系统具有以下几个优点:

(1)精度高。模拟系统的精度主要取决于电路中元器件的精度,模拟电路中元器件的精度一般很难达到 10^{-3} 以上。

(2)可靠性高。数字系统只有两个电平信号 0 和 1,受噪音和环境条件的影响小;数字系统多采用大规模集成电路,其故障率远比模拟系统低。

(3)应用范围广。数字系统不但适用于数值信息的处理,而且适用于非数值信息的处理,而模拟系统却只能处理数值信息。

(4)集成度高且成本低。数字电路主要工作于饱和与截止状态,对元器件的参数要求不高,便于大规模集成和生产;数字系统处理信息可以采用通用的信息处理系统(如计算机)来处理不同的项目,从而减少了采用专门系统的成本。

(5)使用效率高。数字系统的最大优点是所谓的"时分复用",即可利用同一数字信号处理器同时处理几个通道的信号。

二、数字电路的分类

数字电路按其电路的组成结构分类,可分为分立组件和集成电路两类。其中,集成电路按集成度(在一块硅片上包含的逻辑门电路或组件的数量)分为小规模(SSI,每片有数十个元器件)、中规模(MSI,每片有数百个元器件)、大规模(LSI,每片有数千个元器件)、超大规模(VLSI,每片所含元器件的数目大于 10 000 个)数字集成电路。

按电路所用元器件分类,可分为双极型(如 DTL,TTL,ECL,IIL,HTL)和单极型(如 NMOS,PMOS,CMOS)电路。

按功能分类,可分为组合逻辑电路和时序逻辑电路两类。

按应用的角度分类,可分为通用型和专用型两大类型。

5.2 基本门电路

一、数制与编码

1. 数制

数制是计数进位制的简称,在日常生活中,人们比较熟悉的是十进制数,但在数字电路中,二进制数、八进制数、十六进制数使用较为普遍。

（1）十进制数

十进制是最常用的数制,用字母 D 表示。在十进制中有 0~9 十个数码,数码的个数为基数,所以十进制的基数为 10,计数规律是"逢十进一,借一当十",同一数码在不同位置时表示的数值不同。例如：

$$(9999)_D = 9 \times 10^3 + 9 \times 10^2 + 9 \times 10^1 + 9 \times 10^0 = 9000 + 900 + 90 + 9$$

式中,$10^3, 10^2, 10^1, 10^0$ 称为十进制各位的权。对于任意一个十进制整数有

$$(K_n K_{n-1} \cdots K_2 K_1)_D = K_n \times 10^{n-1} + K_{n-1} \times 10^{n-2} + \cdots + K_2 \times 10^1 + K_1 \times 10^0$$

$$= \sum_{i=1}^{n} K_i \times 10^{i-1}$$

式中,$K_1, K_2, \cdots, K_{n-1}, K_n$ 为各位的十进制数码。

（2）二进制数

在数字电路中广泛应用的数制是二进制,用字母 B 表示。在二进制中有"**0**"和"**1**"两个数码,基数为 2,计数规律是"逢二进一,借一当二"。对于任意一个二进制数,可用下式表示：

$$(K_n K_{n-1} \cdots K_2 K_1)_B = K_n \times 2^{n-1} + K_{n-1} \times 2^{n-2} + \cdots + K_2 \times 2^1 + K_1 \times 2^0$$

$$= \sum_{i=1}^{n} K_i \times 2^{i-1}$$

例如：

$$(1011)_B = 1 \times 2^3 + 0 \times 2^2 + 1 \times 2^1 + 1 \times 2^0$$

式中,$2^3, 2^2, 2^1, 2^0$ 为二进制数各位的权。

二进制数的运算规则如下：

$$0+0=0; \qquad 0+1=1; \qquad 1+0=1; \qquad 1+1=10 \text{（加法）}$$
$$0\times0=0; \qquad 0\times1=0; \qquad 1\times0=0; \qquad 1\times1=1 \text{（乘法）}$$

由此可知，二进制比较简单，只有 0 和 1 两个数码，并且电路容易实现，所以二进制在数字电路中获得广泛应用。

（3）八进制数

用二进制表示数时，数码串很长，书写和显示都不方便，因此，在计算机中常用八进制和十六进制。

八进制用字母 O 表示，八进制有 0,1,2,3,4,5,6,7 八个数码，基数为 8，计数规律是"逢八进一，借一当八"。

3 位二进制数可用 1 位八进制数表示。任意一个八进制数可写成按权展开式

$$(K_n K_{n-1} \cdots K_2 K_1)_O = K_n \times 8^{n-1} + K_{n-1} \times 8^{n-2} + \cdots + K_2 \times 8^1 + K_1 \times 8^0$$
$$= \sum_{i=1}^{n} K_i \times 8^{i-1}$$

式中，K_i 表示第 i 位的系数，可取 $0 \sim 7$ 这八个数之一；8^{i-1} 为第 i 位的权；n 为原数总位数。例如，一个 3 位八进制数 625，可以表示成

$$(625)_O = 6 \times 8^2 + 2 \times 8^1 + 5 \times 8^0$$

（4）十六进制数

十六进制是以 16 为基数的计数进位制，十六进制用字母 H 表示，它有 $0 \sim 15$ 共十六个数码，其中，$10 \sim 15$ 分别用 A，B，C，D，E，F 表示，其计数规律是"逢十六进一，借一当十六"。4 位二进制数可用 1 位十六进制数表示。任意一个十六进制数可以写成按权展开式

$$(K_n K_{n-1} \cdots K_2 K_1)_H = K_n \times 16^{n-1} + K_{n-1} \times 16^{n-2} + \cdots + K_2 \times 16^1 + K_1 \times 16^0$$
$$= \sum_{i=1}^{n} K_i \times 16^{i-1}$$

例如，一个十六进制数 4A8C，可以表示成

$$(4A8C)_H = 4 \times 16^3 + 10 \times 16^2 + 8 \times 16^1 + 12 \times 16^0$$

2. 数制转换

（1）二进制数、八进制数、十六进制数与十进制数之间的转换

数字电路采用二进制比较方便，但人们习惯用十进制，因此，需要在两者之间进行转换。二进制数、八进制数、十六进制数转换为十进制数可以使用按权展开求和法。例如：

$$(1011)_B = 1 \times 2^3 + 0 \times 2^2 + 1 \times 2^1 + 1 \times 2^0 = (11)_D$$
$$(625)_O = 6 \times 8^2 + 2 \times 8^1 + 5 \times 8^0 = (405)_D$$
$$(4A8C)_H = 4 \times 16^3 + 10 \times 16^2 + 8 \times 16^1 + 12 \times 16^0 = (19084)_D$$

十进制数转换成二进制数、八进制数、十六进制数可以使用除基数逆取余法。例如，将十进制数 $(29)_D$ 转换为二进制数：

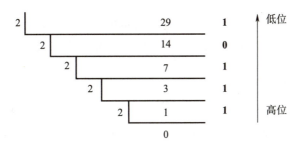

换算结果为

$$(29)_D = (11101)_B$$

由上可以看出,把十进制数转换为二进制数时,可将十进制数连续除以 2,直到商为 0,每次所得余数就依次是二进制由低位到高位的各位数码。十进制数转换为八进制数和十六进制数时,方法相同,只需要连续除以 8 或 16 即可。

(2)八进制数、十六进制数与二进制数之间的转换

因为 $2^3 = 8$,所以对于 3 位二进制数来说,共有 8 种状态 000~111,可用这 8 种状态来表示八进制数码 $0,1,2,\cdots,7$。这样,1 位八进制数正好相当于 3 位二进制数。反过来,3 位二进制数又相当于 1 位八进制数。

同理,$2^4 = 16$,4 位二进制数共有 16 种状态,可用来表示十六进制的 16 个数码。这样,1 位十六进制数正好相当于 4 位二进制数。反过来,4 位二进制数又相当于 1 位十六进制数。

 例 5.1

将八进制数 $(625)_O$ 转换为二进制数。

解:

$$(625)_O = (110010101)_B$$

 例 5.2

将二进制数 $(110100111)_B$ 转换为十六进制数。

解:

$$(110100111)_B = (1A7)_H$$

当要求将八进制数和十六进制数互相转换时,可通过二进制数来完成。

3. 编码

在二进制数字系统中,每一位数只有 0 或 1 两个数码,只限于表达两种不同的信号。如果用若干位二进制数码就可以表示数字、文字符号以及其他不同的事物,称这种二进制码为代码。赋予每个代码以固定的含义的过程,就称编码。

（1）二进制编码

1 位二进制代码可以表示 2 种信号。2 位二进制代码可以表示 4 种信号。依此类推，n 位二进制代码可以表示 2^n 种不同的信号。将具有特定含义的信号用二进制代码表示的过程称为二进制编码。

（2）二-十进制编码

所谓二-十进制编码，就是用 4 位二进制代码表示 1 位十进制数码，简称 BCD 码。由于 4 位二进制码有 **0000,0001,…,1111** 等 16 种不同的状态，故可以选择其中任意 10 个状态代表十进制中 0~9 的 10 个数码，其余 6 种状态是无效的。因此，按选取方式的不同，可以得到不同的二-十进制编码。最常用的是 8421 码。

8421 码是一种有权码，4 位二进制代码中由高位到低位的权依次是 $2^3,2^2,2^1,2^0$（即 8,4,2,1），故称 8421 码。在 8421 码这类有权码中，如果将其二进制数码乘以其对应的权后求和，就是该编码所表示的十进制数。例如：

$$(1001)_{BCD} = 1 \times 2^3 + 0 \times 2^2 + 0 \times 2^1 + 1 \times 2^0 = (9)_D$$

在这种编码中，**1010~1111** 这 6 种状态是不允许出现的，称禁止码。8421 码是最基本的也是最常用的二-十进制编码，因此必须熟记。其他编码还有 2421 码、5421 码等。

文本
几种常见 BCD
码对比表

格雷码也是常用的一种二-十进制编码，它的特点是两个相邻的码只有一位不同。这种码可靠性高，即可减少转换和传输出错的可能性。

二、基本逻辑运算

所谓逻辑，是指"条件"与"结果"的关系。在数字电路中，利用输入信号反映"条件"，用输出信号反映"结果"，从而输入和输出之间就存在一定的因果关系，称之为逻辑关系。在逻辑代数中，有与逻辑、或逻辑、非逻辑三种基本逻辑关系，相应的基本逻辑运算为与运算、或运算、非运算，对应的门电路为与门、或门、非门。

1. 与运算

图 5-2（a）所示的开关电路中，只有当开关 A 和 B 都闭合，灯 Y 才亮；A 和 B 中只要有一个断开，灯 Y 就灭。如果以开关闭合作为"条件"，灯亮作为"结果"，图 5-2（a）所示电路可以表示这样一种因果关系：只有当决定一件事情（灯 Y 亮）的所有条件（开关 A,B）都具备（都闭合）时，这件事情才能实现，这种因果关系称为"与逻辑"，记为

$$Y = A \cdot B$$

式中，"·"表示"与运算"，与普通代数中的乘号一样，也可省略不写。

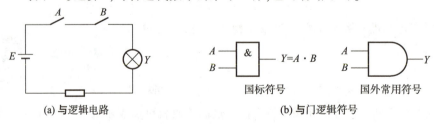

(a) 与逻辑电路   (b) 与门逻辑符号

图 5-2 与逻辑电路和与门逻辑符号

与运算又称"逻辑乘",其运算规则如下:

$$0 \cdot 0 = 0, \quad 0 \cdot 1 = 0, \quad 1 \cdot 0 = 0, \quad 1 \cdot 1 = 1$$

与运算还可以用真值表来表示。所谓真值表,就是将逻辑变量各种可能取值的组合及其相应逻辑函数值列成的表格。

例如,在图 5-2(a)中,假设开关闭合为 1,开关断开为 0;灯亮为 1,灯灭为 0,则可列出其真值表,见表 5-1。

表 5-1　与运算真值表

A	B	Y
0	0	0
0	1	0
1	0	0
1	1	1

图 5-3　与门工作波形

如果一个单元电路能实现**与运算**,则此电路称为"**与门电路**",简称"**与门**",其逻辑符号如图 5-2(b)所示。根据**与门**的逻辑功能,还可画出其工作波形,如图 5-3所示。

2. 或运算

图 5-4(a)所示的开关电路中,开关 A 和 B 只要有一个闭合,灯 Y 就亮。如果以开关闭合作为"**条件**",灯亮作为"**结果**",图 5-4(a)所示电路可以表示这样一种因果关系:决定一件事情(灯 Y 亮)的所有条件(开关 A,B)中至少有一条具备(开关 A 闭合或开关 B 闭合或开关 A,B 都闭合)时,这件事情就能实现。这种因果关系称为"**或逻辑**",记为

$$Y = A + B$$

式中,"+"表示"**或运算**"。

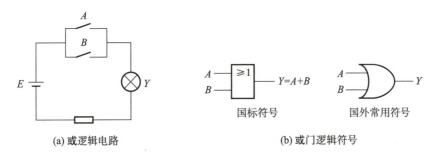

(a) 或逻辑电路　　　　　　　　　　(b) 或门逻辑符号

图 5-4　或逻辑电路和或门逻辑符号

或运算又称"逻辑加",其运算规则如下:

$$0+0=0, \quad 0+1=1, \quad 1+0=1, \quad 1+1=1$$

或运算真值表见表 5-2。

把能实现**或**运算的单元电路称为"或门电路",简称"**或门**",其逻辑符号如图5-4(b)所示。**或**门工作波形如图5-5所示。

表5-2　或运算真值表

A	B	Y
0	0	0
0	1	1
1	0	1
1	1	1

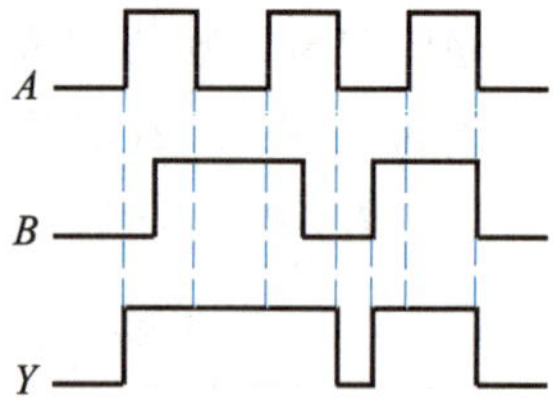

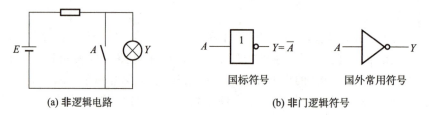

图 5-5　或门工作波形

3. 非运算

图5-6(a)所示的开关电路中,当开关 A 闭合时,灯 Y 不亮;当开关 A 断开时,灯 Y 亮,此电路可以表示这样一种因果关系:条件的具备(开关 A 闭合)与事情的实现(灯 Y 亮)刚好相反。这种因果关系称为"非逻辑",记为

$$Y = \overline{A}$$

式中,字母 A 上方的横线表示"非运算",读作"非",即 $\overline{A}$ 读作"A 非"。

(a) 非逻辑电路　　　　　　　　(b) 非门逻辑符号

图 5-6　非逻辑电路和非门逻辑符号

非运算又称"逻辑否",其运算规则如下:

$$\overline{0} = 1, \quad \overline{1} = 0$$

非运算真值表见表5-3。

表5-3　非运算真值表

A	Y
0	1
1	0

图 5-7　非门工作波形

把输入、输出能实现非运算的电路称为"非门电路",简称"**非门**",其逻辑符号如图5-6(b)所示。非门工作波形如图5-7所示。

三、复合逻辑门电路

用"**与**""**或**""**非**"三种基本逻辑运算可以构成"**与非**""**或非**""**与或非**""**异或**""**同或**"等复合逻辑运算,并构成相应的复合逻辑门电路。

1. 与非运算

将"与"和"非"运算组合在一起可以构成"与非运算",其逻辑函数表达式为

$$Y = \overline{A \cdot B}$$

把能实现与非运算的电路称为"**与非门电路**",简称"**与非门**",其逻辑符号如图 5-8 所示。

与非运算真值表见表 5-4。

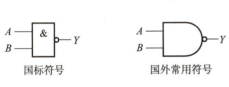

图 5-8 与非门逻辑符号

表 5-4 与非运算真值表

A	B	Y
0	0	1
0	1	1
1	0	1
1	1	0

2. 或非运算

将"**或**"和"**非**"运算组合在一起可以构成"**或非运算**",其逻辑函数表达式为

$$Y = \overline{A + B}$$

把能实现**或非**运算的电路称为"**或非门电路**",简称"**或非门**",其逻辑符号如图 5-9 所示。

或非运算真值表见表 5-5。

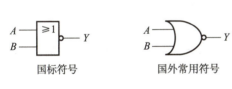

图 5-9 或非门逻辑符号

表 5-5 或非运算真值表

A	B	Y
0	0	1
0	1	0
1	0	0
1	1	0

3. 与或非运算

将"**与**""**或**""**非**"三种运算组合在一起可以构成"**与或非运算**",其逻辑函数表达式为

$$Y = \overline{A \cdot B + C \cdot D}$$

把能实现**与或非**运算的电路称为"**与或非门电路**",简称"**与或非门**",其逻辑符号如图 5-10 所示。

4. 异或运算

"**异或运算**"是两个变量的逻辑函数,其逻辑关系是:当输入 A,B 不同时,输出 Y 为 **1**;当输入 A,B 相同时,输出 Y 为 **0**。**异或**运算逻辑函数表达式为

$$Y = A\overline{B} + \overline{A}B = A \oplus B$$

式中,"$\oplus$"表示"**异或运算**",读作"**异或**"。

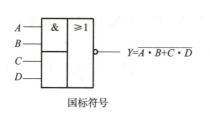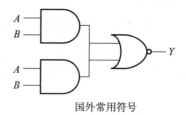

图 5-10　与或非门逻辑符号

把能实现异或运算的电路称为"**异或门电路**",简称"**异或门**",其逻辑符号如图 5-11 所示。

异或运算真值表见表 5-6。

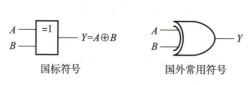

图 5-11　**异或**门逻辑符号

表 5-6　异或运算真值表

A	B	Y
0	0	0
0	1	1
1	0	1
1	1	0

5. 同或运算

"**同或运算**"逻辑关系是:当输入 A,B 相同时,输出 Y 为 **1**;当输入 A,B 不同时,输出 Y 为 **0**。同或运算逻辑函数表达式为

$$Y = \overline{A}\,\overline{B} + AB = A \odot B$$

式中,"⊙"表示"**同或运算**",读作"**同或**"。

把能实现**同或**运算的电路称为"**同或门电路**",简称"**同或门**",其逻辑符号如图 5-12 所示。

同或运算真值表见表 5-7。

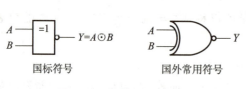

图 5-12　**同或**门逻辑符号

表 5-7　同或运算真值表

A	B	Y
0	0	1
0	1	0
1	0	0
1	1	1

仿真

常用逻辑门电路

比较**异或**运算和**同或**运算的真值表可知,对于输入逻辑变量 A,B 的任意一组取值,**异或**运算的输出和**同或**运算的输出正好相反,因而**异或**函数与**同或**函数在逻辑上互为反函数,即

$$A \odot B = \overline{A \oplus B}, \quad A \oplus B = \overline{A \odot B}$$

5.3 逻辑代数基本运算

一、逻辑函数的相等

假设有两个含有 n 个变量的逻辑函数 Y_1 和 Y_2，如果对应于 n 个变量的所有取值的组合，逻辑函数 Y_1 和 Y_2 的值相等，则称 Y_1 和 Y_2 这两个逻辑函数相等。也就是说，两个相等的逻辑函数具有相同的真值表。

例 5.3

证明 $Y_1 = \overline{A \cdot B}$ 与 $Y_2 = \overline{A} + \overline{B}$ 相等。

证明：从给定函数得知 Y_1 和 Y_2 具有两个相同的变量 A 和 B，则输入变量取值的组合状态有 $2^2 = 4$（个），分别代入逻辑函数表达式中进行计算，求出相应的函数值，即得真值表，见表 5-8。

表 5-8 Y_1 和 Y_2 的真值表

A	B	Y_1	Y_2
0	0	1	1
0	1	1	1
1	0	1	1
1	1	0	0

由真值表可知：$Y_1 = Y_2$。

二、逻辑代数的基本公式

根据基本逻辑运算，可推导出逻辑代数的基本公式，见表 5-9。这些公式的正确性可以借助真值表来验证。

表 5-9 逻辑代数的基本公式

公式名	基本公式
加法律	$A + 0 = A$；$A + 1 = 1$； $A + A = A$；$A + \overline{A} = 1$
乘法律	$A \cdot 0 = 0$；$A \cdot 1 = A$； $A \cdot A = A$；$A \cdot \overline{A} = 0$

公式名	基本公式
非律	$A+\bar{A}=1$；$A \cdot \bar{A}=0$；$\bar{\bar{A}}=A$
结合律	$(A+B)+C=A+(B+C)$；$(AB)C=A(BC)$
交换律	$A+B=B+A$；$AB=BA$
分配律	$A(B+C)=AB+AC$；$A+BC=(A+B)(A+C)$
摩根定律(反演律)	$\overline{ABC\cdots}=\bar{A}+\bar{B}+\bar{C}+\cdots$；$\overline{A+B+C+\cdots}=\bar{A}\,\bar{B}\,\bar{C}\cdots$
吸收律	$A+AB=A$；$A(A+B)=A$； $A+\bar{A}B=A+B$；$A(\bar{A}+B)=AB$； $(A+B)(A+C)=A+BC$
包含律	$AB+\bar{A}C+BC=AB+\bar{A}C$；$AB+\bar{A}C+BCD=AB+\bar{A}C$

包含律又称多余项定律,其证明如下:

证明:

$$AB+\bar{A}C+BC=AB+\bar{A}C+BC(A+\bar{A})$$
$$=AB+\bar{A}C+ABC+\bar{A}BC$$
$$=AB(1+C)+\bar{A}C(1+B)$$
$$=AB+\bar{A}C$$

由此推论

$$AB+\bar{A}C+BC=AB+\bar{A}C$$

自测 逻辑代数的基本公式

三、逻辑代数的基本规则

1. 代入规则

任何含有变量 A 的等式,如将所有变量 A 用一个逻辑函数 Y 替代,则等式仍然成立。

例如:

$$B(A+C)=AB+BC$$

若用 $A=D+E$ 代替等式中的 A,则

$$B[(D+E)+C]=B(D+E)+BC=BD+BE+BC$$

仍成立。

值得注意的是,在使用代入规则时,一定要把等式中所有需要替换的变量全部替换掉,否则替换后所得的等式不成立。

2. 反演规则

设 Y 是一个逻辑函数,如果将 Y 中所有的"·"变为"+","+"变为"·","0"变为"1","1"变为"0",原变量变为反变量,反变量变为原变量,所得到的新的逻辑函数就是 $\bar{Y}$。利用反演规则可以很容易地求出函数的"反"。

在使用反演规则时,要注意两点:

(1) 变换过程中要保持原式中的运算顺序;

(2) 不是单个变量上的"非"号应保持不变。

例如,$Y=(\bar{A}+B\overline{\bar{C}D})\bar{E}+\mathbf{0}$,根据反演规则可直接求出

$$\bar{Y}=[A(\bar{B}+\overline{C+\bar{D}})+E]\cdot\mathbf{1}$$

3. 对偶规则

如果将任何一个逻辑函数 Y 中的"·"变为"+","+"变为"·","0"变为"1","1"变为"0",所得到的新的逻辑函数就是原逻辑函数 Y 的对偶函数,记作 Y'。求对偶函数时,要注意保持原式中的运算顺序。

例如,$Y=A\bar{B}+\bar{A}B$,则

$$Y'=(A+\bar{B})(\bar{A}+B)$$

如果两个逻辑函数 Y 和 F 相等,那么它们的对偶函数 Y' 和 F' 也一定相等。例如,$A+\bar{A}B=A+B$ 成立,则 $A(\bar{A}+B)=AB$ 也成立。

自测
逻辑代数的
基本规则

5.4 逻辑代数的表示和化简

一、逻辑代数的表示方法

同一逻辑函数可用五种不同形式的逻辑表达式来描述,其中,**与或**表达式是基本形式。利用逻辑代数的基本公式很容易将**与或**表达式转换成其他四种表达形式。例如:

$$Y=AB+\bar{A}C \qquad \textbf{与或表达式}$$

$$Y=(A+C)(\bar{A}+B) \qquad \textbf{或与表达式}$$

$$Y=\overline{\overline{AB}\cdot\overline{\bar{A}C}} \qquad \textbf{与非-与非式}$$

$$Y=\overline{\overline{A+C}+\overline{\bar{A}+B}} \qquad \textbf{或非-或非式}$$

$$Y=\overline{\overline{AC}+A\bar{B}} \qquad \textbf{与或非表达式}$$

在数字电路中,用逻辑门的逻辑符号构成的图称为逻辑图。根据各种表达形式可以画出相应的逻辑图。图 5-13 所示为根据以上五种表达式画出的逻辑图。可见,逻辑图既是实现相应逻辑功能的一种手段,又是逻辑函数的一种表示方法。

由于表达式繁简程度不同,逻辑图的复杂程度也就不同。通常希望逻辑图越简单越好,所以逻辑电路设计中,要简化逻辑函数,以便得到最简逻辑表达式,使电路工作速度高、工作可靠、成本低。另外,还要根据逻辑元件的供应情况来确定逻辑类型,并寻求该类型下的最简逻辑表达式。这里所说的最简逻辑表达式,就是指将**与或**表达式化简成最简式,即要求**与**项个数最少,且每个**与**项变量数最少。若用逻辑门实现最简**与或**表达式,则使用逻辑门的数目最少,逻辑门之间的连线最少,从而得到最简单的逻辑图。

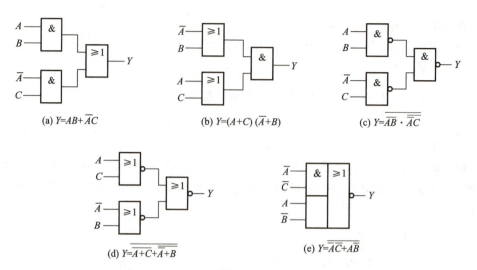

(a) $Y=AB+\overline{A}C$

(b) $Y=(A+C)(\overline{A}+B)$

(c) $Y=\overline{\overline{AB}\cdot\overline{\overline{A}C}}$

(d) $Y=\overline{\overline{A+C}+\overline{\overline{A}+B}}$

(e) $Y=\overline{\overline{AC}+\overline{A}\overline{B}}$

图 5-13　$Y=AB+\overline{A}C$ 五种表达式的逻辑图

二、逻辑代数的化简

为了得到最简逻辑表达式,以简化逻辑电路,就需要对逻辑函数进行化简,常用的化简方法有代数法和卡诺图法。

1. 化简的意义

对于同一个逻辑函数,如果表达式不同,实现其逻辑功能的逻辑元件也不同。

例如,逻辑函数

$$Y=\overline{A}\overline{B}\overline{C}+\overline{A}\overline{B}C+\overline{A}BC+\overline{A}B\overline{C}+A\overline{B}\overline{C}$$

其逻辑图如图 5-14(a)所示。对 Y 进行化简,得

$$Y=\overline{A}\overline{B}\overline{C}+\overline{A}\overline{B}C+\overline{A}BC+\overline{A}B\overline{C}+A\overline{B}\overline{C}=\overline{B}+\overline{A}C$$

其逻辑图如图 5-14(b)所示。

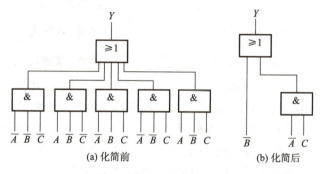

(a) 化简前

(b) 化简后

图 5-14　逻辑函数 Y 化简前后的逻辑图

显然,化简后所用的逻辑门减少了。比较图 5-14(a)和图 5-14(b)可以看出,对于同一个逻辑函数,如果表达式比较简单,那么实现时所用的逻辑元件就比较少,门输入端引线也减少,既可降低成本又可提高电路的可靠性。因此,逻辑函数的化简是逻辑电路设计中十分重要的环节。

2. 最简的概念

一个给定的逻辑函数,其真值表是唯一的,但其表达式可以有许多不同的形式。

对于不同类型的表达式,最简的标准也不一样,最常见的表达式是"**与或**"式,由它可以比较容易地转换成其他类型的表达式,所以以下主要介绍"**与或**"式的化简。最简"**与或**"式的标准是:

(1) 乘积项的个数最少;

(2) 每一个乘积项中变量的个数最少,也是最简的。

三、代数法化简

代数法化简也称公式法化简,就是利用逻辑代数的基本公式来简化逻辑函数。

1. 并项法

利用公式 $AB+A\bar{B}=A$,将两项合并成一项,消去一个变量。例如:

$$A(BC+\bar{B}\bar{C})+A(B\bar{C}+\bar{B}C)=A(BC+\bar{B}\bar{C})+A(BC+\bar{B}C)=A\bar{C}+AC=A$$

2. 吸收法

利用公式 $A+AB=A$,消去多余的乘积项。例如:

$$A\bar{B}+A\bar{B}CD(E+\bar{F})=A\bar{B}$$

3. 消去法

利用公式 $A+\bar{A}B=A+B$,消去多余的因子。例如:

$$AB+\bar{A}C+\bar{B}C=AB+(\bar{A}+\bar{B})C=AB+\overline{AB}C=AB+C$$

4. 配项法

利用 $A=A(B+\bar{B})$,对不能直接应用公式化简的乘积项配项进行化简。例如:

$$Y=A\bar{B}+B\bar{C}+\bar{B}C+\bar{A}B$$
$$=A\bar{B}+B\bar{C}+(A+\bar{A})\bar{B}C+\bar{A}B(C+\bar{C})$$
$$=A\bar{B}+B\bar{C}+A\bar{B}C+\bar{A}\bar{B}C+\bar{A}BC+\bar{A}B\bar{C}$$
$$=(A\bar{B}+A\bar{B}C)+(B\bar{C}+\bar{A}B\bar{C})+(\bar{A}BC+\bar{A}\bar{B}C)$$
$$=A\bar{B}+B\bar{C}+\bar{A}C$$

逻辑函数化简的途径并不是唯一的,上述四种方法可以任意选用或综合运用。

例5.4

用代数法化简逻辑函数 $Y=AB+\bar{A}C+BC$。

解:

$$Y=AB+\bar{A}C+BC$$
$$=AB+\bar{A}C+BC(A+\bar{A})$$
$$=AB+ABC+\bar{A}C+\bar{A}BC$$
$$=AB+\bar{A}C$$

例 5.5

化简函数 $Y=A\bar{B}+B\bar{C}+\bar{B}C+\bar{A}B$。

分析:表面看来似乎已是最简式,但如果采用配项法,则可消去一项。

解:

(方法一)若前两项不动,后两项配项,则

$$Y=A\bar{B}+B\bar{C}+(A+\bar{A})\bar{B}C+\bar{A}B(C+\bar{C})$$

$$=A\bar{B}+B\bar{C}+A\bar{B}C+\bar{A}\bar{B}C+\bar{A}BC+\bar{A}B\bar{C}$$

$$=A\bar{B}+B\bar{C}+\bar{A}C$$

(方法二)若后两项不动,前两项配项,则

$$Y=A\bar{B}(C+\bar{C})+(A+\bar{A})B\bar{C}+\bar{B}C+\bar{A}B$$

$$=A\bar{B}C+A\bar{B}\bar{C}+AB\bar{C}+\bar{A}B\bar{C}+\bar{B}C+\bar{A}B$$

$$=A\bar{B}+B\bar{C}+A\bar{C}$$

由例 5.5 可见,代数法化简的结果不是唯一的。如果两个结果形式(项数、每项中变量数)相同,则两者都正确,可以验证两者逻辑相等。

利用代数法化简逻辑函数的优点是没有局限性,但要掌握公式并能熟练运用,另外还需要一定的技巧,化简结果是否最简通常也难以判别。

四、卡诺图法化简

1. 逻辑函数的最小项

(1)最小项的定义

在逻辑函数中,设有 n 个逻辑变量,由这 n 个逻辑变量所组成的乘积项(与项)中的每个变量只是以原变量或反变量的形式出现一次,且仅出现一次,那么把这个乘积项称为 n 个变量的一个最小项。n 变量的逻辑函数具有 2^n 个最小项。三变量最小项表见表 5-10。

表 5-10 三变量最小项表

A	B	C	最小项	最小项编号	A	B	C	最小项	最小项编号
0	**0**	**0**	$\bar{A}\bar{B}\bar{C}$	m_0	**1**	**0**	**0**	$A\bar{B}\bar{C}$	m_4
0	**0**	**1**	$\bar{A}\bar{B}C$	m_1	**1**	**0**	**1**	$A\bar{B}C$	m_5
0	**1**	**0**	$\bar{A}B\bar{C}$	m_2	**1**	**1**	**0**	$AB\bar{C}$	m_6
0	**1**	**1**	$\bar{A}BC$	m_3	**1**	**1**	**1**	ABC	m_7

(2)最小项的性质

① 对于任意一个最小项,有且仅有一组变量的取值使其等于 **1**;

② 任意两个不同最小项的乘积恒为 **0**;

③ n 变量的所有最小项之和恒为 **1**。

（3）最小项的编号

n 变量的逻辑函数具有 2^n 个最小项。为了叙述和书写方便，通常对最小项进行编号。例如，三变量 A,B,C 的最小项 $\overline{A}\overline{B}C$，使其为 **1** 的变量取值为 **001**，对应的十进制数为 1，则此最小项的编号记作"m_1"，同理 $AB\overline{C}$ 的编号为"m_6"。

2. 逻辑函数的标准式——最小项表达式

任何一个逻辑函数都可以表示成若干个最小项之和的形式，而且这种形式是唯一的，这样的表达式就是最小项表达式。从任何一个逻辑函数表达式转化为最小项表达式的方法如下：

（1）由真值表求得最小项表达式

例如，已知 Y 的真值表见表 5-11。

表 5-11　真值表

A	B	C	Y
0	**0**	**0**	**0**
0	**0**	**1**	**1**
0	**1**	**0**	**1**
0	**1**	**1**	**0**
1	**0**	**0**	**0**
1	**0**	**1**	**0**
1	**1**	**0**	**1**
1	**1**	**1**	**0**

由真值表求得最小项表达式的方法是：使函数 $Y=1$ 的变量取值组合有 **001**，**010**，**110** 三项，与其对应的最小项是 $\overline{A}\overline{B}C,\overline{A}B\overline{C},AB\overline{C}$，则逻辑函数 Y 的最小项表达式为

$$Y(A,B,C)=\overline{A}\overline{B}C+\overline{A}B\overline{C}+AB\overline{C}$$

$$=m_1+m_2+m_6$$

$$=\sum m(1,2,6)$$

（2）由一般逻辑函数表达式求得最小项表达式

首先利用公式将表达式变换成一般**与或**式，再采用配项法，将每个乘积项（**与**项）都变为最小项。

例如：将 $Y(A,B,C)=\overline{AB+\overline{A}B}+C+AB$ 转换为最小项表达式。

$$Y(A,B,C)=\overline{AB+\overline{A}B}+C+AB$$

$$=\overline{B}\overline{C}+AB$$

$$=\overline{B}\overline{C}(\overline{A}+A)+AB(\overline{C}+C)$$

$$=\overline{A}\overline{B}\overline{C}+A\overline{B}\overline{C}+AB\overline{C}+ABC$$

$$=m_0+m_4+m_6+m_7$$

$$=\sum m(0,4,6,7)$$

自测
最小项表达式

3. 卡诺图

卡诺图是逻辑函数的一种表示方式,是根据真值表按一定的规则画出来的一种方格图。此规则就是使逻辑相邻的关系表现为几何位置上的相邻。

所谓逻辑相邻,是指两个最小项中除了一个变量取值不同外,其余的都相同,例如:$m_3 = \overline{A}BC$ 和 $m_7 = ABC$ 是逻辑相邻,同时,$m_1 = \overline{A}\,\overline{B}C$,$m_2 = \overline{A}B\overline{C}$ 和 $m_3 = \overline{A}BC$ 也是逻辑相邻。

所谓几何相邻,是指在卡诺图中排列位置相邻的那些最小项。

要把逻辑相邻用几何相邻实现,在排列卡诺图上输入变量的取值顺序时,就不要按自然二进制顺序排列,而应对排列顺序进行适当调整。对行或列是两个变量的情况,自变量取值按 **00,01,11,10** 排列;对行或列是三个变量的情况,自变量取值按 **000,001,011,010,110,111,101,100** 排列。

n 变量的逻辑函数具有 2^n 个最小项,对应的卡诺图也应有 2^n 个小方格。二变量的最小项有 $2^2 = 4$(个),其对应的二变量卡诺图由 4 个小方格组成,并对应表示 4 个最小项 $m_0 \sim m_3$,如图 5-15 所示。

三变量的最小项有 $2^3 = 8$(个),对应的三变量卡诺图由 8 个小方格组成,并对应表示 8 个最小项,如图 5-16 所示。

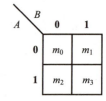

图 5-15 二变量卡诺图

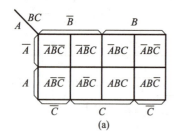
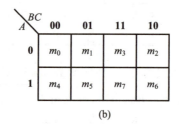
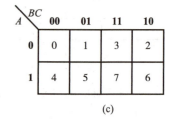

(a)　　　　　　　　　(b)　　　　　　　　　(c)

图 5-16 三变量卡诺图

四变量的最小项的个数为 $2^4 = 16$(个),对应的四变量卡诺图由 16 个小方格组成,并对应表示 16 个最小项,如图 5-17 所示。

由卡诺图的组成可知,卡诺图具有如下特点:

(1) n 变量的卡诺图具有 2^n 个小方格,分别表示 2^n 个最小项。每个原变量和反变量总是各占整个卡诺图区域的一半;

(2) 在卡诺图中,任意相邻小方格所表示的最小项都仅有一个变量不同,即这两个最小项具有"相邻性"。

4. 用卡诺图表示逻辑函数

一个逻辑函数 Y 不仅可以用逻辑函数表达式、真值表、逻辑图来表示,还可以用卡诺图表示。其基本方法是:根据给定逻辑函数画出对应的卡诺图框,按构成逻辑函

$AB \backslash CD$	00	01	11	10
00	m_0	m_1	m_3	m_2
01	m_4	m_5	m_7	m_6
11	m_{12}	m_{13}	m_{15}	m_{14}
10	m_8	m_9	m_{11}	m_{10}

图 5-17 四变量卡诺图

最小项的下标在相应的小方格中填写"**1**",其余的小方格填写"**0**",便得到相应逻辑函数的卡诺图。

由已知逻辑函数画卡诺图时,通常有下列三种情况:

(1)给出的是逻辑函数的真值表

先画与给定函数变量数相同的卡诺图框,然后根据真值表来填写每一个小方格的值,也就是在相应变量取值组合的每一个小方格中,函数值为 **1** 的填写"**1**",为 **0** 的填写"**0**",就可以得到逻辑函数的卡诺图。

例 5.6

已知逻辑函数 Y 的真值表见表 5-12,画出 Y 的卡诺图。

表 5-12 例 5.6 真值表

A	B	C	Y
0	0	0	0
0	0	1	1
0	1	0	1
0	1	1	1
1	0	0	0
1	0	1	0
1	1	0	0
1	1	1	1

解:先画出 A,B,C 三变量的卡诺图框,然后按每一个小方格所代表的变量取值,将真值表相同变量取值时的对应函数值填入小方格中,即得函数 Y 的卡诺图,如图 5-18 所示。

A \ BC	00	01	11	10
0	0	1	1	1
1	0	0	1	0

图 5-18 例 5.6 卡诺图

(2)给出的是逻辑函数最小项表达式

把逻辑函数的最小项填入相应变量的卡诺图小方格中,也就是将表达式中所包含的最小项在对应的小方格中填入"**1**",其他的小方格填入"**0**",这样所得到的图形就是逻辑函数的卡诺图。

例5.7

试画出函数 $Y(A,B,C,D)=\sum m(0,1,3,5,6,8,10,11,15)$ 的卡诺图。

解: 先画出四变量卡诺图框,然后在对应于 $m_0,m_1,m_3,m_5,m_6,m_8,m_{10},m_{11}$,$m_{15}$ 的小方格中填入"**1**",其他的小方格填入"**0**",如图5-19所示。

AB＼CD	00	01	11	10
00	1	1	1	0
01	0	1	0	1
11	0	0	1	0
10	1	0	1	1

图5-19 例5.7卡诺图

(3)给出的是一般逻辑函数表达式

先将一般逻辑函数表达式变换为**与或**表达式,然后再变换为最小项表达式,则可得到相应的卡诺图。

实际上,在根据一般逻辑表达式画卡诺图时,常常可以从一般**与或**表达式直接画卡诺图。其方法是:把每一个乘积项所包含的那些最小项所对应的小方格都填入"**1**",其余的填入"**0**",就可以直接得到函数的卡诺图。

 例5.8

画出 $Y(A,B,C)=AB+B\bar{C}+\bar{A}\,\bar{C}$ 的卡诺图。

解: AB 这个乘积项包含了 $A=1,B=1$ 的所有最小项,即 $AB\bar{C}$ 和 ABC。$B\bar{C}$ 这个乘积项包含了 $B=1,C=0$ 的所有最小项,即 $AB\bar{C}$ 和 $\bar{A}B\bar{C}$。$\bar{A}\,\bar{C}$ 这个乘积项包含了 $A=0,C=0$ 的所有最小项,即 $\bar{A}\,\bar{B}\,\bar{C},\bar{A}B\bar{C}$。最后画出卡诺图,如图5-20所示。

A＼BC	00	01	11	10
0	1	0	0	1
1	0	0	1	1

图5-20 例5.8卡诺图

需要指出的是：

① 在填写"1"时，有些小方格会出现重复，根据 $1+1=1$ 的原则，只保留一个"1"即可；

② 在卡诺图中，只要填入函数值为"1"的小方格，函数值为"0"的可以不填；

③ 上面画的是函数 Y 的卡诺图，若要画 $\overline{Y}$ 的卡诺图，则要将 Y 中的各个最小项用"0"填写，其余填写"1"。

5. 用卡诺图化简逻辑函数

（1）合并最小项的规律

利用卡诺图合并最小项，实质上就是反复运用公式 $AB+A=A$，消去相异的变量，从而得到最简的"与或"表达式：

① 当 $2(2^1)$ 个相邻小方格的最小项合并时，消去 1 个变量；

② 当 $4(2^2)$ 个相邻小方格的最小项合并时，消去 2 个变量；

③ 当 $8(2^3)$ 个相邻小方格的最小项合并时，消去 3 个变量；

④ 当 2^n 个相邻小方格的最小项合并时，消去 n 个变量，n 为正整数。

图 5-21、图 5-22、图 5-23 分别画出了相邻 2 个小方格的最小项、相邻 4 个小方格的最小项、相邻 8 个小方格的最小项合并的情况。

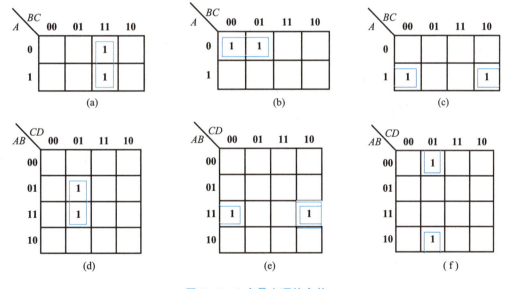

图 5-21　2 个最小项的合并

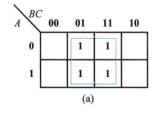

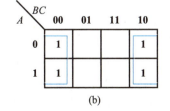

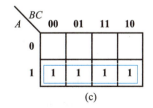

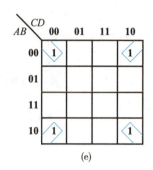 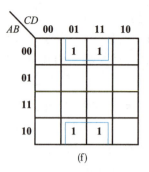

(e) (f)

图 5-22　4 个最小项的合并

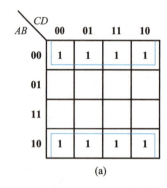 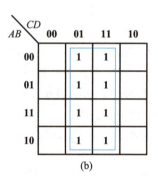

(a) (b)

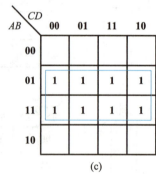 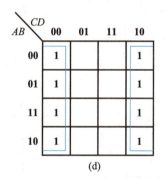

(c) (d)

图 5-23　8 个最小项的合并

（2）用卡诺图化简逻辑函数的步骤

用卡诺图化简逻辑函数的步骤主要是：

① 画出逻辑函数的卡诺图；

② 按合并最小项的规律画出相应的包围圈，先圈独立的"1"小方格，再圈只有一种圈法的"1"小方格，然后圈有多种圈法的"1"小方格，直至所有的"1"小方格都被圈过；

③ 将每个包围圈所得的乘积项相加，就可得到逻辑函数最简"**与或**"表达式。

合并最小项应遵循的原则：

① 包围圈的个数要最少，使得函数化简后的乘积项最少；

② 一般情况下，应使每个包围圈尽可能大，则每个乘积项中变量的个数最少；

③ 最小项可以被重复使用，但每一个包围圈至少要有一个最小项只被圈过一次。

例 5.9

用卡诺图化简逻辑函数 $Y(A,B,C,D) = \sum m(0,2,3,5,7,8,10,11,15)$。

解:第一步,画出 Y 的卡诺图,如图 5-24 所示;

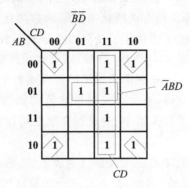

图 5-24 例 5.9 卡诺图

第二步,按合并最小项的规律画出相应的包围圈;

第三步,将每个包围圈所得的乘积项相加,得

$$Y(A,B,C,D) = CD + \overline{B}\,\overline{D} + \overline{A}BD$$

例 5.10

化简 $Y(A,B,C,D) = \sum m(3,4,5,7,9,13,14,15)$。

解:第一步,画出 Y 的卡诺图,如图 5-25 所示。

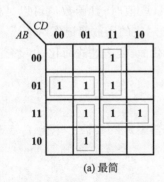
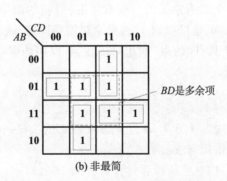

(a) 最简　　　　　　　　　　　(b) 非最简

图 5-25 例 5.10 卡诺图

第二步,按合并最小项的规律画出相应的包围圈,图 5-25 所示为两种不同的圈法,图 5-25(a) 是最简的,图 5-25(b) 不是最简的,因为只注意对"1"画包围圈应尽可能大,但没注意复合圈的个数应尽可能少,实际上包含 4 个最小项的复合圈是多余的。

第三步,将每个包围圈所得的乘积项相加,得

$$Y(A,B,C,D) = \overline{A}B\overline{C} + \overline{A}CD + ABC + \overline{A}CD$$

从上述例题可知,用卡诺图化简逻辑函数时,对最小项画包围圈是比较重要的。包围圈的最小项越多,消去的变量就越多;包围圈的数量越少,化简后所得到的乘积项就越少。

自测
用卡诺图化简
逻辑函数

微课
具有"约束"的逻
辑函数的化简

需要指出的是:用卡诺图化简逻辑函数时,由于对最小项画包围圈的方式不同,得到的最简**与或**表达式也往往不同;用卡诺图化简逻辑函数的优点是简单、直观,容易掌握,但不适用于五变量以上逻辑函数的化简。

6. 具有"约束"的逻辑函数的化简

在前面所讨论的逻辑函数中,认为逻辑变量的取值是独立的,不受其他变量取值的制约。但是,在某些实际问题的逻辑关系中,变量和变量之间存在一定的制约关系。这种相互制约的关系就是约束。

例如,在数字系统中,用 A,B,C 三个变量分别表示加、乘、除三种操作,而且规定在同一时间只能进行其中的一种操作,因此,A,B,C 三个变量只可能出现 **000,001,010,100** 四种取值,而 **011,101,110,111** 四种取值是不允许出现的。这就说明三个变量 A,B,C 之间存在着"约束"的关系,称 A,B,C 是一组有约束的变量,而不允许出现的四组变量取值组合所对应的最小项称为"约束项"(或称为"任意项""禁止项""无关项"),由约束项相加得到的逻辑表达式称为"约束条件"。

在本例中,约束条件可写为

$$\overline{A}BC+A\overline{B}C+AB\overline{C}+ABC = 0$$

要使上面的表达式成立,每个最小项的值必须恒为 **0**。

约束条件的性质是:约束项的值永远不会为 **1**。

既然认定约束项对应的变量取值的组合不会出现,那么,讨论与之相对应的函数值是 **1** 还是 **0** 是没有意义的。也就是说,对应约束项的变量取值时,其函数值可以是任意的,既可以取 **0**,也可以取 **1**,这完全视需要而定,通常把相对应的函数值记作"×"。

对于具有"约束"的逻辑函数,可以用约束项进行化简,使表达式简化。

例 5.11

设输入 A,B,C,D 是十进制数 X 的二进制编码,当 $X \geq 5$ 时,输出 Y 为 **1**,否则为 **0**,求 Y 的最简**与或**表达式。

解:(1)根据题意列真值表(表 5-13)

表 5-13　例 5.11 真值表

A	B	C	D	Y	A	B	C	D	Y
0	0	0	0	0	0	1	0	0	0
0	0	0	1	0	0	1	0	1	1
0	0	1	0	0	0	1	1	0	1
0	0	1	1	0	0	1	1	1	1

A	B	C	D	Y	A	B	C	D	Y
1	0	0	0	1	1	1	0	0	×
1	0	0	1	1	1	1	0	1	×
1	0	1	0	×	1	1	1	0	×
1	0	1	1	×	1	1	1	1	×

从表中看出：

① 当 A,B,C,D 的取值为 **0000~0100** 时，$Y=0$；

② 当 A,B,C,D 的取值为 **0101~1001** 时，$Y=1$；

③ 当 A,B,C,D 的取值为 **1010~1111** 时，因为十进制数只有 0~9 这 10 个数码，对应的二进制编码是 **0000~1001**，所以对于 A，B，C，D，E，F 的这 6 组取值（即 **1010~1111**）是不允许出现的。也就是说，这 6 个最小项是"约束项"。

由真值表得到的表达式为

$$Y(A,B,C,D) = \sum m(5,6,7,8,9) + \sum d(10,11,12,13,14,15)$$

（2）用卡诺图化简

① 不考虑约束项的化简如图 5-26（a）所示，化简结果为

$$Y(A,B,C,D) = \overline{A}BD + \overline{A}BC + A\overline{B}\,\overline{C}$$

② 考虑约束项的化简如图 5-26（b）所示，化简结果为

$$Y(A,B,C,D) = A + BC + BD$$

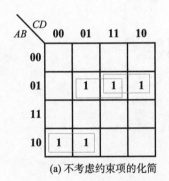

(a)不考虑约束项的化简

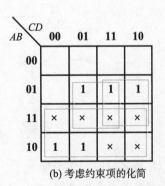

(b)考虑约束项的化简

图 5-26　例 5.11 卡诺图

自测
具有"约束"的
逻辑函数的化简

可见，考虑约束项的化简的表达式更简单。

5.5　集成逻辑门电路

一、TTL 逻辑门电路

集成电路有体积小、重量轻、可靠性好的优点，因而在很多领域里取代了分立元件电路，根据制造工艺的不同，集成电路又分成双极型和单极型两大类，TTL 逻辑门电路的输入端和输出端均为晶体管结构，所以称为晶体管-晶体管逻辑（transistor-transistor logic，TTL）门电路。

1. TTL 与非门的电路结构

图 5-27 所示为典型 TTL 与非门电路，它由三部分组成：输入级由多发射极管 T_1 和电阻 R_1 组成，完成与逻辑功能；中间级由 T_2，R_2，R_3 组成，其作用是将输入级送来的信号分成两个相位相反的信号来驱动 T_3 和 T_5；输出级由 T_3，T_4，T_5，R_4 和 R_5 组成，其中，T_5 为反相管，T_3，T_4 组成的复合管是 T_5 的有源负载，完成逻辑上的"非"。中间级提供了两个相位相反的信号，使 T_4，T_5 总处于一管导通而另一管截止的工作状态。这种形式的输出电路称为"推挽式输出"电路。

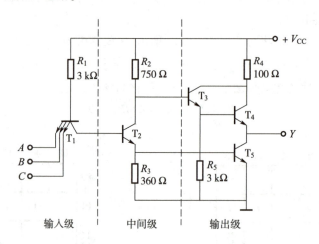

图 5-27　典型 TTL 与非门电路

2. TTL 与非门的工作原理

（1）当输入有低电平时（$U_{IL} = 0.3$ V）

在图 5-27 所示电路中，假如输入信号 A 为低电平，即 $V_A = 0.3$ V，$V_B = V_C = 3.6$ V，则对应于 A 端的 T_1 的发射结导通，T_1 基极电压 U_{B1} 被钳位在 1 V，该电压不足以使 T_1 集电结、T_2 及 T_5 导通，所以 T_2 及 T_5 截止。由于 T_2 截止，U_{C2} 约为 5 V。此时，输出电压 $U_O = U_{OH} \approx U_{C2} - U_{BE4} = 3.6$ V，即输入有低电平时，输出为高电平。

（2）当输入全为高电平时（$U_{IH} = 3.6$ V）

假如输入信号 A，B，C 全为高电平，即：$V_A = V_B = V_C = 3.6$ V，T_1 的基极电位升高，使 T_2 及 T_5 导通，这时 T_1 的基极电压 U_{B1} 被钳位在 2.1 V。于是 T_1 的三个发射结均反偏截止，

电源 V_{CC} 经过 R_1，T_1 的集电结向 T_2，T_5 提供基极电流，使 T_2，T_5 饱和，输出电压 $U_0 = U_{OL} = U_{CES5} = 0.3\text{ V}$，即输入全为高电平时，输出为低电平。

由以上分析可知，当电路输入有低电平时，输出为高电平；而输入全为高电平时，输出为低电平。电路的输出和输入之间符合**与非逻辑**，即 $Y = \overline{ABC}$。

二、CMOS 逻辑门电路

CMOS 逻辑门是互补金属氧化物半导体场效应晶体管门电路的简称，它由增强型 PCMOS 管和增强型 NMOS 管组成，是继 TTL 逻辑门电路之后开发出来的数字集成器件。CMOS 数字集成电路具有微功耗和高抗干扰能力等突出优点，因此，在中、大规模数字集成电路中有着广泛的应用。

1. CMOS 反相器的电路组成

CMOS 反相器电路如图 5-28(a)所示。它由增强型 PCMOS 管 T_P 和增强型 NCMOS 管 T_N 组成。T_N 为驱动管，T_P 为负载管，两管栅极连在一起作为输入端；漏极相连作为反相器的输出端。T_P 源极接电源 V_{DD}，T_N 源极接地。为了使电路正常工作，要求电源电压大于两管开启电压的绝对值之和，即 $V_{DD} > |U_{T_P}| + |U_{T_N}|$。

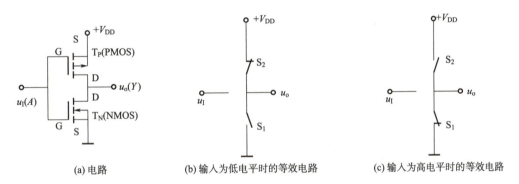

(a) 电路   (b) 输入为低电平时的等效电路   (c) 输入为高电平时的等效电路

图 5-28　CMOS 反相器电路及其等效电路

2. CMOS 反相器的工作原理

设输入低电平为 0 V，高电平为 V_{DD}，其工作原理如下：

(1) 当输入 $u_I = 0$ V 时，T_N 截止，T_P 导通，输出 $u_0 = V_{DD}$，等效电路如图 5-28(b)所示。

(2) 当输入 $u_I = V_{DD}$ 时，T_N 导通，T_P 截止，输出 $u_0 = 0$ V，等效电路如图 5-28(c)所示。

综上所述，当输入 $A = 0$ 时，输出 $Y = 1$；当输入 $A = 1$ 时，输出 $Y = 0$。因此，图 5-28(a)所示为非门电路，其逻辑表达式为 $Y = \overline{A}$。此电路的输出信号和输入信号反相，称为反相器。

三、其他功能的逻辑门电路

1. 集电极开路门（OC 门）

图 5-29 所示为集电极开路(open collector, OC)门电路及其逻辑符号。工作时，需在输出端 Y 和 V_{CC} 之间外接一个负载电阻 R_L，如图 5-29(a)所示，图 5-29(b)为其逻辑符号，其工作原理为：当输入 A，B 中有低电平 **0** 时，输出 Y 为高电平 **1**；当输入 A，B 均为高电平 **1** 时，输出 Y 为低电平 **0**。因此，集电极开路门具有**与非**功能，其逻辑表达式为 $Y = \overline{AB}$。集电极开路门与 TTL **与非**门不同的是，它输出的高电平不是 3.6 V，而是电源电压 V_{CC}。

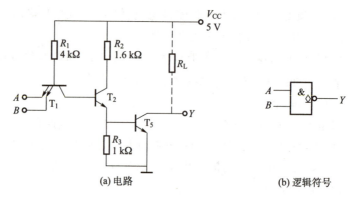

(a) 电路　　　　　　　　　　　(b) 逻辑符号

图 5-29　集电极开路门电路及其逻辑符号

2. 三态逻辑门(TSL 门)

三态逻辑(tristate logic,TSL)门是指能输出高电平、低电平和高阻三种工作状态的门电路。图 5-30(a)所示为三态逻辑与非门电路,EN 为控制端,又称使能端,图 5-30(b)所示为其逻辑符号。

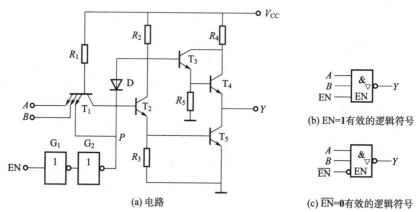

(a) 电路

(b) EN=1 有效的逻辑符号

(c) $\overline{EN}$=0 有效的逻辑符号

图 5-30　三态逻辑与非门电路及其逻辑符号

其工作原理是:

(1) 当 EN=1 时,P 点为 1,D 截止,输出 Y 和输入 A,B 之间为与非逻辑关系,即 Y=$\overline{AB}$,电路处于工作状态;

(2) 当 EN=0 时,P 点为 0,即 u_P=0.3 V,u_{B1}=1 V,D 导通,T_2 和 T_5 截止,这时 u_{C2}=(0.3+0.7) V=1 V,T_4 截止,输出 Y 呈现高阻状态,即输出 Y 处于悬浮状态。

图 5-30(a)中,在 EN 为 1 时,电路处于工作状态,这时称控制端 EN 高电平有效,其逻辑符号如图 5-30(b)所示。若去掉图 5-30(a)中的非门 G_2,并将 EN 改为 $\overline{EN}$,则在 $\overline{EN}$ 为 0 时,电路处于工作状态,即 Y=$\overline{AB}$,而在 $\overline{EN}$=1 时,输出 Y 为高阻状态,这时称控制端 $\overline{EN}$ 低电平有效,其逻辑符号如图 5-30(c)所示。

3. CMOS 三态逻辑门

图 5-31(a)所示为高电平有效的 CMOS 三态逻辑门电路,图 5-31(b)所示为其逻辑符号。

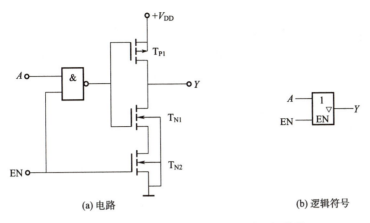

(a) 电路　　　　　　　　　　(b) 逻辑符号

图 5-31　CMOS 三态逻辑门电路及其逻辑符号

其工作原理是：

（1）当 $EN=1$ 时，T_{N2} 导通，**与非门**和由 T_{N1}，T_{P1} 组成的 CMOS 反相器处于工作状态，输出 $Y=A$；

（2）当 $EN=0$ 时，T_{N2} 和 T_{P1} 都截止，输出 Y 对地和对电源 V_{DD} 都呈高阻状态。

项目实施

任务一　原理分析

设有 A，B，C 三人进行表决，有两人或两人以上同意，则表决通过。通过用"**1**"表示，不通过用"**0**"表示。设 A，B，C 为输入量，Y 为输出量。

（1）根据项目要求，列出真值表，见表 5-14。

表 5-14　三变量多数表决器真值表

A	B	C	Y	A	B	C	Y
0	0	0	0	1	0	0	0
0	0	1	0	1	0	1	1
0	1	0	0	1	1	0	1
0	1	1	1	1	1	1	1

（2）写出逻辑函数表达式，即

$$Y=ABC+AB\bar{C}+A\bar{B}C+\bar{A}BC$$

（3）根据逻辑函数表达式，作相应变换。

方法一：用**与门**、**或门**实现。

将逻辑函数表达式化简为标准**与或式**，即

$$Y=AB+AC+BC$$

方法二:用**与非门**实现。

将逻辑函数表达式化简为标准**与或**式,经两次求反转化为**与非−与非**式,即

$$Y=\overline{\overline{AB}\cdot\overline{AC}\cdot\overline{BC}}。$$

方法三:用**与门**、**或门**、**异或门**实现。

将逻辑函数表达式转换为

$$Y=AB+C(A\oplus B)$$

画出逻辑图,如图 5−32 所示。在输出端接发光二极管 LED,灯亮表示通过,灯不亮表示不通过。

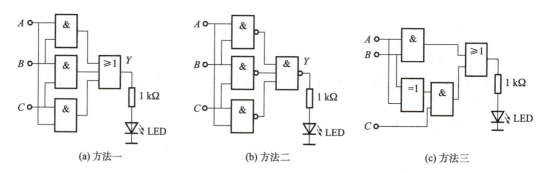

(a) 方法一   (b) 方法二   (c) 方法三

图 5−32　三变量多数表决器逻辑图

任务二　电路装配与调试

一、装配前准备

1. 元器件、器材的准备

按照表 5−15 元器件清单和表 5−16 器材清单进行准备。

表 5−15　元器件清单

序号	名称	规格型号	数量
1	万能板	100 mm×80 mm	1
2	两输入端四与门	74LS08	1
3	三输入端三或非门	74LS27	1
4	两输入端四或门	74LS32	1
5	两输入端四异或门	74LS86	1
6	两输入端四与非门	74LS00	1
7	三输入端三与非门	74LS10	1
8	六非门	74LS04	1

表 5-16 器材清单

序号	类别	名 称
1	工具	电烙铁(20~35 W)、烙铁架、拆焊枪、静电手环、剥线钳、尖嘴钳、一字螺丝刀、十字螺丝刀、镊子
2	设备	电钻、切板机
3	耗材	焊锡丝、松香、导线
4	仪器仪表	万用表、示波器、YL-TM-2 数字电路实验箱

2. 元器件的识别与检测

目测各元器件应无裂纹,无缺角;引脚完好无损;规格型号标识应清楚完整;尺寸与要求一致,将检测结果填入表 5-17。按元器件检验方法对表中元器件进行功能检测,将结果填入表 5-17。

表 5-17 元器件检测表

序号	名称	规格型号	外观检测结果	功能检测		备注
				数值/逻辑测试	结果	
1	万能板	100 mm×80 mm				
2	两输入端四与门	74LS08				
3	三输入端三或非门	74LS27				
4	两输入端四或门	74LS32				
5	两输入端四异或门	74LS86				
6	两输入端四与非门	74LS00				
7	三输入端三与非门	74LS10				
8	六非门	74LS04				

各元器件引脚排列如图 5-33 所示。

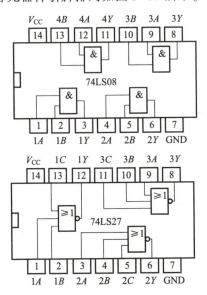

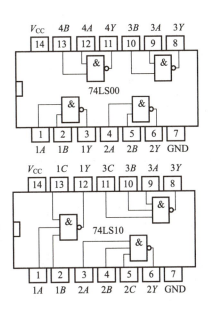

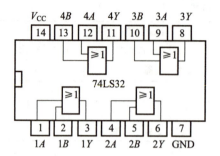
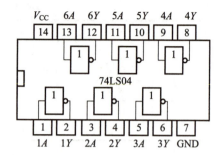
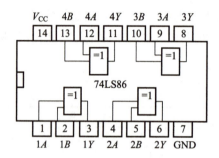

图 5-33 各元器件引脚排列

各元器件测试方法如下：

① 测量电源电压，保证输入电压符合要求。

② 利用数字电路实验箱，检测各元器件逻辑功能是否正确并将验证结果填入表 5-18 和表 5-19。

表 5-18 元器件逻辑功能测试记录表（一）

A	B	$\overline{A}$	AB	$A+B$	$\overline{AB}$	$A \oplus B$
0	**0**					
0	**1**					
1	**0**					
1	**1**					

表 5-19 元器件逻辑功能测试记录表（二）

A	B	C	$\overline{ABC}$	$\overline{A+B+C}$
0	**0**	**0**		
0	**0**	**1**		
0	**1**	**0**		
0	**1**	**1**		

A	B	C	$\overline{ABC}$	$\overline{A+B+C}$
1	0	0		
1	0	1		
1	1	0		
1	1	1		

二、电路装配

现以用**与非门**实现的三变量多数表决器为例来进行电路的装配。用**与非门**实现三变量多数表决器接线图如图5-34所示。

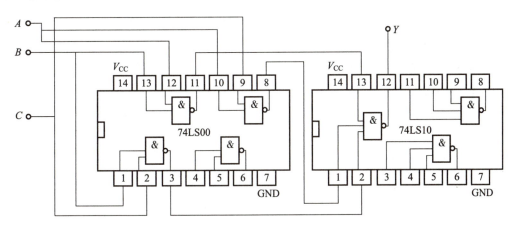

图 5-34 用**与非门**实现三变量多数表决器接线图

搭接电路前,应对仪器、设备进行必要的检查、校准,并对所用集成门电路进行功能测试。在熟悉万能板和元器件的基础上,按接线图连接电路。要特别注意集成门电路的方向和引脚排列。

三、电路调试

1. 直观检查

(1)检查电源线、地线、信号线是否连好,有无短路;

(2)检查各元器件、组件安装位置、引脚连接是否正确;

(3)检查引线是否有错线、漏线;

(4)检查焊点有无虚焊。

2. 通电测试

按真值表的状态观察电路是否满足工作要求,若不满足,应仔细检查电路。排除故障,直到满足。

当结果与要求不符时,先观察元器件引脚有无缺失,重新测试元器件的功能是否正常,如无误,再检查电路连接是否牢固、正确。

将测试结果填入表5-20。

表 5-20　测试结果记录表

A	B	C	Y_1	Y_2	Y_3
0	0	0			
0	0	1			
0	1	0			
0	1	1			
1	0	0			
1	0	1			
1	1	0			
1	1	1			

3. 故障检测与分析

根据实际情况正确描述故障现象,正确选择仪器仪表,准确分析故障原因,排除故障。将故障检测情况填入表 5-21。

表 5-21　故障检测与分析记录表

内容	检测记录		
故障描述			
仪器使用			
原因分析			
重现电路功能			

项目评价　⟨⟨⟨

根据项目实施情况将评分结果填入表 5-22。

表 5-22　项目实施过程考核评价表

序号	主要内容	考核要求	考核标准	配分	扣分	得分
1	工作准备	认真完成项目实施前的准备工作	(1) 劳防用品穿戴不合规范,仪容仪表不整洁,扣 5 分; (2) 仪器仪表未调节,放置不当,扣 2 分; (3) 电子实验实训装置未检查就通电,扣 5 分; (4) 材料、工具、元器件未检查或未充分准备,每项扣 2 分	10		

序号	主要内容	考核要求	考核标准	配分	扣分	得分
2	元器件的识别与检测	能正确识别和检测电阻器、门电路等元器件	（1）不能正确根据色环法识读各类电阻器阻值，每错一个扣1分； （2）不能运用万能表正确、规范测量各电阻值，每错一项扣1分； （3）不能在数字电路实验箱上正确验证门电路等元器件的功能，每错一项扣4分	30		
3	电路装配与焊接	（1）焊接安装无错漏，焊点光滑、圆润、干净、无毛刺，焊点基本一致； （2）装配正确，布局合理； （3）元器件极性正确； （4）电路板安装对位； （5）焊接板清洁无污物	（1）不能按照安装要求正确安装各元器件，每错一个扣1分； （2）电路装配出现错误，每处扣3分； （3）不能按照焊接要求正确完成焊接，每漏焊或虚焊一处扣1分； （4）元器件布局不合理，电路整体不美观、不整洁，扣3分	20		
4	电路调试与检测	（1）能正确调试电路功能； （2）能正确描述故障现象，分析故障原因； （3）能正确使用仪器设备对电路进行检查，排除故障	（1）调试过程中，测试操作不规范，每处扣5分； （2）调试过程中，没有按要求正确记录观察现象和测试数据，每处扣5分； （3）调试过程中，电路部分功能不能实现，每缺少一项扣5分； （4）调试过程中，不能根据实际情况正确分析故障原因并正确排故，每处扣5分	30		
5	职业素养	遵守安全操作规范，能规范、安全地使用仪器仪表，具有安全意识，严格遵守实训场所管理制度，认真实行6S管理	（1）违反安全操作规程，每次视情节酌情扣5~10分； （2）违反工作场所管理制度，每次视情节酌情扣5~10分； （3）工作结束，未执行6S管理，不能做到人走场清，每次视情节酌情扣5~10分	10		
备注			成绩			

简易双音电子门铃的制作

根据图 5-35 所示电路和参数制作简易双音电子门铃。该电路特点是：当来客持续按压门铃按钮超过 2 s 时，门铃发出带有余音效果的"叮咚"声；若连续点压门铃按钮超过 3 次，则门铃会发出悦耳的鸟鸣声。

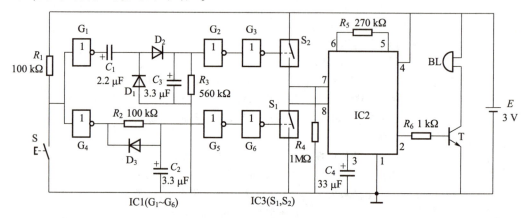

图 5-35 简易双音电子门铃原理图

电路的工作原理如下：

该双音电子门铃电路由触发控制电路和门铃声发生电路组成。

触发控制电路由门铃按钮 S、电阻器 $R_1 \sim R_3$、电容器 $C_1 \sim C_3$、二极管 $D_1 \sim D_3$、六非门集成电路 IC1($G_1 \sim G_6$) 和电子开关集成电路 IC3(S_1,S_2) 组成。

门铃声发生电路由电阻器 $R_4 \sim R_6$、音效集成电路 IC2、电容器 C_4、三极管 T 和扬声器 BL 组成。当持续按压门铃按钮 S 超过 2 s 时，IC1 内部 G_4 将输出高电平，该高电平经 R_2 对 C_2 充电，当 C_2 充电至 1.5 V 时，G_5 输出低电平，G_6 输出高电平，使 IC3 内部的电子开关 S_1 接通，IC2 受触发而工作，其引脚 2 输出的音效电信号经 T 放大后，驱动 BL 发出"叮咚"声。

当连续点按门铃超过 3 次时，IC1 内部的 G_1 将输出高电平脉冲，该高电平脉冲经 D_2 整流后对 C_3 充电，G_2 输出低电平，G_3 输出高电平，使 IC3 内 S_2 接通，IC2 受触发而工作，其引脚 2 输出的音效电信号经 T 放大后，驱动 BL 发出悦耳的鸟鸣声。

简易双音电子门铃元器件清单见表 5-23。

表 5-23 简易双音电子门铃元器件清单

序号	名称	位号	规格型号	数量
1	万能板		100 mm×80 mm	1
2	扬声器	BL		1
3	门铃按钮	S		1

序号	名称	位号	规格型号	数量
4	六非门集成电路	IC1	CD4069	1
5	音效集成电路	IC2	KD-156	1
6	电子开关集成电路	IC3	CD4046	1
7	三极管	T	S9013 或 C8050,3DG12	1
8	二极管	$D_1 \sim D_3$	1N4148	3
9	电解电容器	C_1	2.2 μF	1
		C_2	3.3 μF	1
		C_3	3.3 μF	1
		C_4	33 μF	1
10	电阻器	R_1	100 kΩ	1
		R_2	100 kΩ	1
		R_3	560 kΩ	1
		R_4	1 MΩ	1
		R_5	270 kΩ	1
		R_6	1 kΩ	1

知识拓展

集成逻辑门电路的使用

在数字系统中,每一种集成逻辑门电路都有其特点,例如,有高速逻辑门、低功耗逻辑门和抗干扰能力强的逻辑门等。因此在使用时,必须根据需要首先选定逻辑门的类型,然后确定合适的集成逻辑门电路的型号。

1. 使用中应注意的问题

(1) 对多余的或暂时不用的输入端和输出端进行合理的处理。

① 对于 TTL 集成逻辑门电路来说,多余的或暂时不用的输入端和输出端可采用以下方法进行处理:

a. TTL 集成逻辑门电路的多余输入端最好不要悬空。虽然悬空相当于接高电平,并不影响**与门**和**与非门**的逻辑关系,但悬空易受干扰,有时会造成电路误动作,因此,多余输入端要根据实际需要作适当处理。例如,**与门**和**与非门**的多余输入端可直接接电源 V_{CC},或将多余的输入端与正常使用的输入端并联使用。对于**或非门**、**或门**的多余输入端应直接接地。

b. 对于 TTL 集成逻辑门电路多余的输出端,应作悬空处理,决不允许直接接电源或接地,否则会产生过大的短路电流而使器件损坏。

② 对于 CMOS 集成逻辑门电路来说,由于其输入电阻很高,易受外界干扰信号的影响,因而 CMOS 集成逻辑门电路多余的或暂时不用的输入端不允许悬空。其处理方法为:

a. 与其他输入端并联使用。

b. 按电路要求接电源(**与非门、与门**)或接地(**或非门、或门**)。

(2)在集成逻辑门电路的安装使用过程中应尽量避免干扰信号的侵入,不用的输入端按上述方式处理,保证整个装置有良好的接地系统。

(3)TTL 集成逻辑门电路不能带电插拔,在插拔前,一定要先切断电源。

(4)CMOS 集成逻辑门电路尤其要避免静电损坏。因为 MOS 器件的输入电阻极大,输入电容小,当栅极悬空时,只要有微量的静电感应电荷,就会使输入电容很快充电到很高的电压,把 MOS 管栅极与衬底之间很薄的 SiO_2 绝缘层击穿,造成器件永久性损坏。

(5)CMOS 集成逻辑门电路的电源极性切记不可接反,否则将导致器件损坏。电路的输出端既不能和电源短接,也不能和地短接,否则输出级的 MOS 管将因过流而损坏。

(6)在未加电源电压的情况下,不允许在 CMOS 集成逻辑门电路输入端接入信号。开机时应先加电源电压,再加输入信号;关机时,应先关掉输入信号,再切断电源。

(7)连接集成逻辑门电路的引线要尽量短。

2. 集成逻辑门电路的接口

在数字系统中,经常遇到不同类型集成逻辑门电路混合使用的情况,由于输入、输出电平及负载能力等参数不同,不同类型的集成逻辑门电路不能直接连接,在它们之间需要合适的接口电路,以保证数字系统安全、可靠,具有良好的抗干扰能力,达到数字系统的最佳配合。

(1)TTL 集成逻辑门电路驱动 CMOS 集成逻辑门电路

目前常用 CMOS 集成逻辑门电路的电源电压为 3~18 V,其输出高电平 U_{OH} 约等于电源电压,其输出低电平 U_{OL} 约为 0 V,其输入高低电平与输出高低电平相同。而 TTL 集成逻辑门电路的电源电压为 4.8~5.2 V,典型值为 5 V,其输出高电平 U_{OH} 约为 3 V,输出低电平 U_{OL} 约为 0.3 V,因此,用 TTL 集成逻辑门电路直接去驱动 CMOS 集成逻辑门电路是不行的,必须加接口电路。

图 5-36 所示为 TTL 集成逻辑门电路驱动 CMOS 集成逻辑门电路的接口电路。

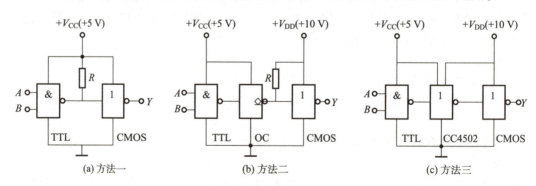

(a) 方法一　　　　　　(b) 方法二　　　　　　(c) 方法三

图 5-36　TTL 集成逻辑门电路驱动 CMOS 集成逻辑门电路的接口电路

如电源电压 V_{CC} 和 V_{DD} 均为 5 V,可按图 5-36(a)所示电路连接。这种方法是采用一个提升电阻 R,将 TTL 集成逻辑门电路直接接到 CMOS 集成逻辑门电路。选取 R 的阻值适当时(一般取 1.5~4.7 kΩ),可将 TTL 集成逻辑门电路输出高电平上拉到 CMOS 集成逻辑门电路所需的输出高电平。

当电源电压 V_{CC} 和 V_{DD} 不同时,可按图 5-36(b)所示电路连接。这是利用 OC 门作为接口电路,OC 门的输出通过 R 接到 V_{DD} 上,使其输出高电平升高。

还可采用专用的 CMOS 电平转换器(如 CC4502,CC40109 等)完成 TTL 对 CMOS 电路的接口,电路连接如图 5-32(c)所示。

当 TTL 集成逻辑门电路驱动 HCT 系列和 ACT 系列的 CMOS 集成逻辑门电路时,因两类电路性能兼容,故可直接相连,不需外加元器件。

(2) CMOS 集成逻辑门电路驱动 TTL 集成逻辑门电路

CMOS 集成逻辑门电路驱动 TTL 集成逻辑门电路的主要矛盾是 CMOS 集成逻辑门电路不能提供足够的驱动电流。解决的办法是采用专用的接口电路,称为"电平转换器"。图 5-37 所示为 CMOS 集成逻辑门电路驱动 TTL 集成逻辑门电路的接口电路,它是利用反相"电平转换器"CC4049 作为接口电路。

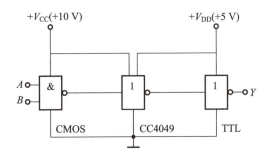

图 5-37　CMOS 集成逻辑门电路驱动 TTL 集成逻辑门电路的接口电路

(3) TTL 和 CMOS 电路带负载时的接口问题

在工程实践中,常常需要用 TTL 或 CMOS 电路去驱动指示灯、发光二极管、继电器等负载。

对于电流较小、电平能够匹配的负载可以直接驱动,图 5-38(a)所示为用 TTL 集成逻辑门电路驱动发光二极管(LED),这时只要在电路中串接一个约几百欧的限流电阻即可。图 5-38(b)所示为用 TTL 集成逻辑门电路驱动 5 V 的电流继电器,其中,二极管 D 用以防止过电压。

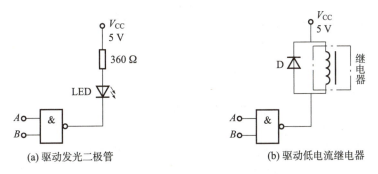

(a)驱动发光二极管　　　　(b)驱动低电流继电器

图 5-38　门电路带小电流负载

如果负载电流较大,可将同一芯片上多个门并联作为驱动器,如图5-39(a)所示,也可在门电路输出端接三极管,以提高带负载能力,如图5-39(b)所示。

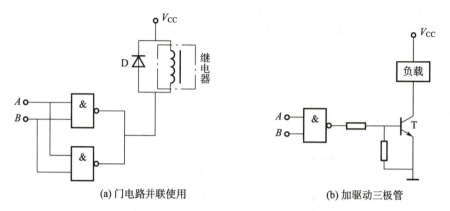

(a) 门电路并联使用　　　　　　　(b) 加驱动三极管

图 5-39　门电路带大电流负载

练习与提高

5.1　什么是进位计数制中的基数和权?

5.2　分别说明二进制、八进制与十六进制的特点及相互转换方法。

5.3　将下列二进制数转换成十进制数、八进制数和十六进制数:

(1) $(1100)_B$;　　　　　　(2) $(10101101)_B$;　　　　　　(3) $(11111111)_B$。

5.4　将下列十进制数转换成二进制数、八进制数和十六进制数:

(1) 98;　　　　　　(2) 64;　　　　　　(3) 128;　　　　　　(4) 4095。

5.5　什么是真值表?试写出两个变量进行"**与**"运算、"**或**"运算、及"**非**"运算的真值表。

5.6　用真值表证明下列等式:

(1) $\overline{A \cdot B \cdot C} = \overline{A} + \overline{B} + \overline{C}$;

(2) $\overline{A+B+C} = \overline{A}\,\overline{B}\,\overline{C}$;

(3) $A+BC = (A+B)(A+C)$。

5.7　将下式展开成最小项表达式:

$$F = AB + BC + CA$$

5.8　用卡诺图化简下列函数为最简**与或**表达式:

(1) $F(A,B,C) = \sum m(0,2,4,5)$;

(2) $F(A,B,C,D) = \sum m(0,3,5,7,8,9,10,11,13,15)$。

5.9　说明 TTL **与非**门电路的工作原理。

5.10　说明用 CMOS 制成的非门电路的工作原理与特点。

5.11　什么是带负载能力?

5.12　TTL 集成逻辑门电路和 CMOS 集成逻辑门电路使用时,输出端、输入端、多余输入端应如何处理?有什么区别?

项目六
4位十进制数循环显示电路的制作

项目目标 ≪≪

1. 知识目标

（1）了解组合逻辑电路的种类及特点，掌握组合逻辑电路的分析与设计方法。

（2）了解编码器的概念及编码器的分类。

（3）了解优先编码器 74LS148 的功能及特点。

（4）了解译码器的概念及分类。

（5）了解数字显示电路的组成及数字显示器件的分类，熟悉七段字符显示器的组成及特点，熟悉七段显示译码器 74LS48,CD4511 的逻辑功能及特点。

（6）熟悉译码器 74LS138 的逻辑功能，掌握用 74LS138 实现逻辑函数的方法。

（7）了解数据选择器的概念，熟悉 74LS151 的逻辑功能，会用 74LS151 实现逻辑函数。

2. 能力目标

（1）能查阅集成电路手册，了解 74LS148,74LS138,CD4511,74LS153 和数码管的功能，正确辨识集成电路的引脚排列，解读其引脚功能；使用万用表测试以上元器件，正确读出测试参数，判断参数的合理性。

（2）能完整画出 4 位十进制数循环显示电路的电路原理图。

（3）能利用仿真软件设计仿真电路，测试电路逻辑关系。

（4）能根据工艺流程和工艺文件正确装配电路，并能利用电子实验工作台、示波器、万用表等测试电路，查找故障点，排除故障。

（5）能撰写项目设计制作说明书。

项目描述 ≪≪

在数字系统中，数字电路由基本逻辑门按照要实现的逻辑功能拼装组合而成。根据逻辑功能特点的不同，数字电路可分为组合逻辑电路和时序逻辑电路两大类。在数字测量仪表和各种数字系统中，常常需要将测量和运算结果用数字、符号等直观地显示出来，一方面供人们直接读取测量和运算结果,另一方面用于监视数字系统的工作情况。

本项目设计的 4 位十进制数循环显示电路就是由译码器、数据选择器和数码显示器等构成的能循环显示的应用电路。要求 4 位十进制数经数据选择器循环选择,经显示译码,LED 数码管循环显示,显示同步由 2 线-4 线译码器实现。电路原理图如图 6-1 所示。

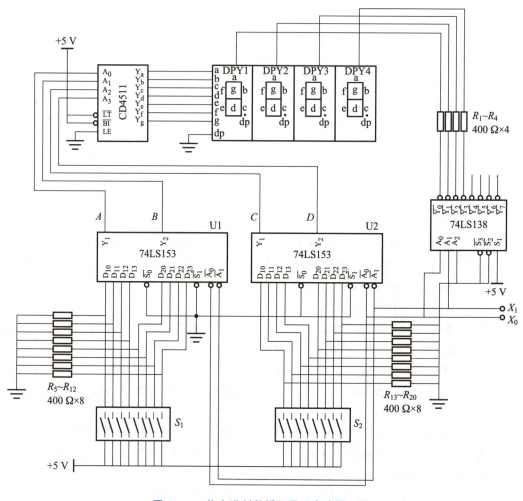

图 6-1 4 位十进制数循环显示电路原理图

6.1 组合逻辑电路的分析与设计

组合逻辑电路,即任何时刻的输出只与该时刻的输入状态有关,而与先前的输入状态无关,它在电路结构上只能由逻辑门电路组成,不会有记忆单元,而且只有从输入到输出的通路,没有从输出反馈回输入的回路。

一、组合逻辑电路的分析

组合逻辑电路的分析方法可分如下四步:

微课
组合逻辑电路
的分析

(1)根据给定的组合逻辑电路(逻辑图),写出该电路逻辑函数表达式。

(2)对逻辑函数表达式进行化简。

(3)列出真值表。

(4)由逻辑函数表达式及真值表分析电路的逻辑功能。

组合逻辑电路的分析流程图如图 6-2 所示。

图 6-2　组合逻辑电路的分析流程图

 例 6.1

分析如图 6-3 所示逻辑图的逻辑功能。

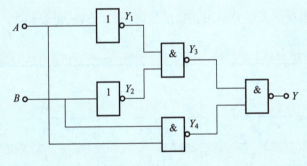

图 6-3　例 6.1 逻辑图

解:由逻辑图写出逻辑函数表达式:

$$Y_1 = \overline{A}, Y_2 = \overline{B}, Y_3 = \overline{\overline{A}\ \overline{B}}, Y_4 = \overline{AB}$$

所以

$$Y = \overline{Y_3 Y_4} = \overline{Y_3} + \overline{Y_4} = \overline{\overline{\overline{A}\ \overline{B}}} + \overline{\overline{AB}}$$

化简得

$$Y = AB + \overline{A}\ \overline{B}$$

由逻辑函数表达式分析该电路具有"**同或**"功能。

例6.2

分析如图6-4所示逻辑图的逻辑功能。

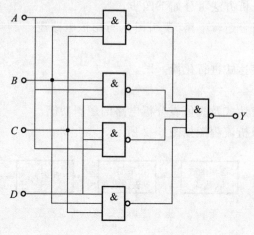

图6-4 例6.2逻辑图

解: 由逻辑图写出逻辑函数表达式:

$$Y = \overline{\overline{ABC} \cdot \overline{ABD} \cdot \overline{ACD} \cdot \overline{BCD}}$$

从逻辑函数表达式无法分析出逻辑功能,列出真值表,见表6-1。

表6-1 例6.2真值表

输入				输出
A	B	C	D	Y
0	0	0	0	0
0	0	0	1	0
0	0	1	0	0
0	0	1	1	0
0	1	0	0	0
0	1	0	1	0
0	1	1	0	0
0	1	1	1	1
1	0	0	0	0
1	0	0	1	0
1	0	1	0	0

输入				输出
1	0	1	1	1
1	1	0	0	0
1	1	0	1	1
1	1	1	0	1
1	1	1	1	1

从真值表看出,当输入有三个或三个以上为 **1** 时,输出为 **1**,否则输出为 **0**。因此,该电路为四变量多数表决器。

二、组合逻辑电路的设计

组合逻辑电路的设计过程与分析过程相反,大致可分如下三步:

微课
组合逻辑电路的设计

(1) 根据对电路逻辑功能的要求,列出真值表。

(2) 由真值表写出逻辑函数表达式。

(3) 简化和变换逻辑函数表达式,从而画出逻辑图。

组合逻辑电路的设计通常以电路简单,所用元器件最少为目标,提倡尽量采用集成逻辑门电路和各种通用集成电路,在成本相同的情况下,尽量采用较少的芯片。在实际设计过程中,要根据具体情况灵活采用上述步骤。

组合逻辑电路的设计流程图如图 6-5 所示。

图 6-5 组合逻辑电路的设计流程图

例 6.3

用**与非**门设计能实现如下功能的举重裁判表决器:设举重比赛有 3 名裁判,分别为一名主裁判和两名副裁判,杠铃已举起并符合标准的裁决由每一名裁判按下自己面前的按钮来确定,只有当两名或两名以上的裁判裁决成功,并且其中有一名为主裁判时,表明成功的灯才亮。

解:(1) 确定输入、输出变量并赋值。设主裁判和两名副裁判分别用 A,B,C 表示,"**1**"表示裁判判决杠铃已举起并符合标准,否则用"**0**"表示;输出举重成功信号用 Y 表示,举重成功时 Y 值为 **1**,举重失败时 Y 值为 **0**。

(2) 分析逻辑功能,列出真值表,见表 6-2。

表 6-2　例 6.3 真值表

输入			输出
A	B	C	Y
0	0	0	0
0	0	1	0
0	1	0	0
0	1	1	0
1	0	0	0
1	0	1	1
1	1	0	1
1	1	1	1

（3）由真值表写出逻辑函数表达式：

$$Y = A\bar{B}C + AB\bar{C} + ABC$$

化简并变换得

$$Y = AB + AC = \overline{\overline{AB}\,\overline{AC}}$$

（4）画出逻辑图，如图 6-6 所示。

自测
组合逻辑电路
的分析与设计

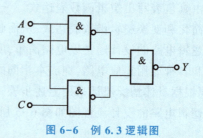

图 6-6　例 6.3 逻辑图

6.2　编　码　器

　　所谓编码，就是将具有特定意义的信息（如数字、文字、符号等）用二进制代码来表示的过程。能实现编码功能的电路，称为编码器。编码器的输入端子数 N 和输出端子数 n 应满足关系：$N \leqslant 2^n$。

　　编码器按编码方式的不同，可分为普通编码器和优先编码器。按输出种类的不同，又可为二进制编码器和二–十进制编码器等。

一、普通编码器

　　普通编码器的特点是：在任意时刻，只允许输入一个编码信号，否则输出将发生逻辑混乱。图 6-7 所示为 3 位二进制普通编码器逻辑图，该电路输入端子数为 8，输出端子数为 3。

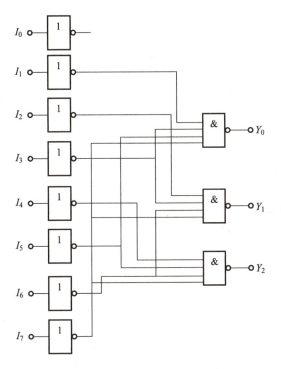

图 6-7　3 位二进制普通编码器逻辑图

由图 6-7 可写出编码器各输出端的逻辑函数表达式为

$$Y_2 = I_4 + I_5 + I_6 + I_7$$
$$Y_1 = I_2 + I_3 + I_6 + I_7$$
$$Y_0 = I_1 + I_3 + I_5 + I_7$$

列出真值表,见表 6-3。由真值表可以看出,信号输入端高电平有效,3 个输出端对 8 个输入信号进行编码,原码输出。

表 6-3　3 位二进制普通编码器真值表

输入								输出		
I_0	I_1	I_2	I_3	I_4	I_5	I_6	I_7	Y_2	Y_1	Y_0
0	0	0	0	0	0	0	1	1	1	1
0	0	0	0	0	0	1	0	1	1	0
0	0	0	0	0	1	0	0	1	0	1
0	0	0	0	1	0	0	0	1	0	0
0	0	0	1	0	0	0	0	0	1	1
0	0	1	0	0	0	0	0	0	1	0
0	1	0	0	0	0	0	0	0	0	1
1	0	0	0	0	0	0	0	0	0	0

二、优先编码器

优先编码器是当多个输入信号同时有编码请求时,电路只对其中优先级别最高的输入信号进行编码。

优先编码器克服了普通编码器输入信号相互排斥的问题。在设计优先编码器时,已经预先对所有编码信号按优先顺序进行了排序,排出了优先级别,当输入端有多个编码请求时,编码器只对其中优先级别最高的输入信号进行编码,而不考虑其他优先级别比较低的输入信号。常用的优先编码器有 74LS147 和 74LS148 等。

仿真
74LS148D
电路

图 6-8 所示为优先编码器 74LS148。由于它有 8 个信号输入端,3 个输出端,因此又称 8 线-3 线优先编码器。

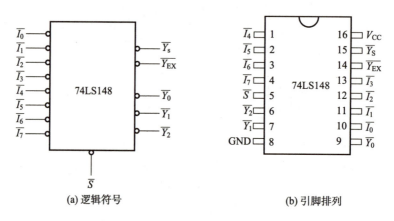

(a) 逻辑符号   (b) 引脚排列

图 6-8 优先编码器 74LS148

74LS148 功能表见表 6-4。

表 6-4 74LS148 功能表

使能输入	输入								输出			扩展输出	使能输出
$\overline{S}$	$\overline{I_0}$	$\overline{I_1}$	$\overline{I_2}$	$\overline{I_3}$	$\overline{I_4}$	$\overline{I_5}$	$\overline{I_6}$	$\overline{I_7}$	$\overline{Y_2}$	$\overline{Y_1}$	$\overline{Y_0}$	$\overline{Y_{EX}}$	$\overline{Y_S}$
1	×	×	×	×	×	×	×	×	1	1	1	1	1
0	1	1	1	1	1	1	1	1	1	1	1	1	0
0	×	×	×	×	×	×	×	0	0	0	0	0	1
0	×	×	×	×	×	×	0	1	0	0	1	0	1
0	×	×	×	×	×	0	1	1	0	1	0	0	1
0	×	×	×	×	0	1	1	1	0	1	1	0	1

使能输入	输入								输出			扩展输出	使能输出
$\overline{S}$	$\overline{I_0}$	$\overline{I_1}$	$\overline{I_2}$	$\overline{I_3}$	$\overline{I_4}$	$\overline{I_5}$	$\overline{I_6}$	$\overline{I_7}$	$\overline{Y_2}$	$\overline{Y_1}$	$\overline{Y_0}$	$\overline{Y_{EX}}$	$\overline{Y_S}$
0	×	×	×	0	1	1	1	1	1	0	0	0	1
0	×	×	0	1	1	1	1	1	1	0	1	0	1
0	×	0	1	1	1	1	1	1	1	1	0	0	1
0	0	1	1	1	1	1	1	1	1	1	1	0	1

$\overline{I_0} \sim \overline{I_7}$ 为信号输入端,低电平有效,$\overline{I_7}$ 优先级别最高,$\overline{I_0}$ 优先级别最低。$\overline{Y_0} \sim \overline{Y_2}$ 为输出端,低电平有效,反码输出。$\overline{S}$ 为使能输入端,低电平有效。$\overline{Y_S}$ 为使能输出端,低电平有效,当允许编码且没有编码输出时,$\overline{Y_S}$ 输出低电平;当禁止编码或允许编码但无编码请求时,无编码输出,$\overline{Y_S}$ 为高电平。$\overline{Y_{EX}}$ 为扩展输出端,低电平输出信号表示"电路工作,而且有编码输入"。

例如,在编码器工作时,若 $\overline{I_7}\,\overline{I_6}\,\overline{I_5}\,\overline{I_4}\,\overline{I_3}\,\overline{I_2}\,\overline{I_1}\,\overline{I_0}$ = **01001010**,即 $\overline{I_7}$,$\overline{I_5}$,$\overline{I_4}$,$\overline{I_2}$,$\overline{I_0}$ 有编码请求,编码器只对优先级别最高的 $\overline{I_7}$ 进行编码。对应的输出 $\overline{Y_2}\,\overline{Y_1}\,\overline{Y_0}$ 为 **111** 的反码 **000**。

> 自测
> 编码器

6.3 译 码 器

译码是编码的逆过程。能实现译码功能的电路称为译码器。译码器用于将输入的二进制代码译成具有特定含义的输出信号。

一、二进制译码器

二进制译码器的输入是一组二进制代码,输出是一组与输入代码相对应的高、低电平信号。译码器的输出端子数 N 和输入端子数 n 之间应满足关系:$N = 2^n$。图 6-9(a) 所示为二进制译码器 74LS138 的内部电路,图 6-9(b) 和图 6-9(c) 所示为其逻辑符号和引脚排列。74LS138 功能表见表 6-5。分析内部电路或功能表,可以理清 74LS138 的逻辑功能,以便正确使用。

> 仿真
> 74LS138 电路

1. 74LS138 的逻辑功能

从图 6-9 可以看出,74LS138 有 3 个译码输入端 A_2,A_1,A_0,8 个译码输出端 $\overline{Y_0} \sim \overline{Y_7}$,以及 3 个控制端 S_1,$\overline{S_2}$,$\overline{S_3}$。

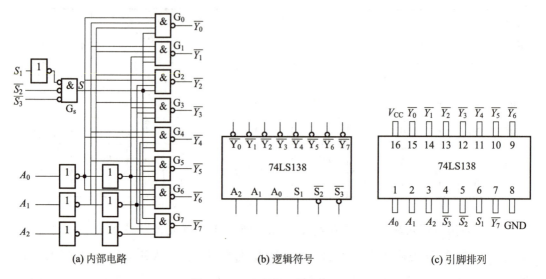

| (a) 内部电路 | (b) 逻辑符号 | (c) 引脚排列 |

图 6-9 二进制译码器 74LS138

表 6-5 74LS138 功能表

\multicolumn{5}{c}{输入}	\multicolumn{8}{c}{输出}
S_1	$\overline{S_2}+\overline{S_3}$	A_2	A_1	A_0	$\overline{Y_0}$	$\overline{Y_1}$	$\overline{Y_2}$	$\overline{Y_3}$	$\overline{Y_4}$	$\overline{Y_5}$	$\overline{Y_6}$	$\overline{Y_7}$
×	1	×	×	×	1	1	1	1	1	1	1	1
0	×	×	×	×	1	1	1	1	1	1	1	1
1	0	0	0	0	0	1	1	1	1	1	1	1
1	0	0	0	1	1	0	1	1	1	1	1	1
1	0	0	1	0	1	1	0	1	1	1	1	1
1	0	0	1	1	1	1	1	0	1	1	1	1
1	0	1	0	0	1	1	1	1	0	1	1	1
1	0	1	0	1	1	1	1	1	1	0	1	1
1	0	1	1	0	1	1	1	1	1	1	0	1
1	0	1	1	1	1	1	1	1	1	1	1	0

　　译码输入端 A_2,A_1,A_0 有 8 种二进制组合状态。当译码器处于工作状态时,每输入一组二进制代码将使对应的一个输出端为低电平,而其他输出端均为高电平。S_1,$\overline{S_2}$,$\overline{S_3}$ 是译码器控制端,当 $S_1=1$,$\overline{S_2}+\overline{S_3}=0$ 时,G_s 输出为高电平,译码器处于工作状态;否则,译码器被禁止,所有的输出端被封锁在高电平。这三个控制端又叫作"片选"输入端,利用"片

选"的作用可以将多片集成电路连接起来,以扩展译码器的功能。

2. 应用举例

（1）功能扩展

图6-10所示为用两片74LS138译码器构成4线-16线译码器。

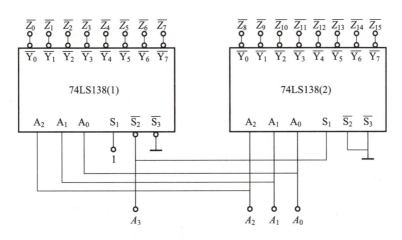

图6-10 用两片74LS138译码器构成4线-16线译码器

不难看出,片1的8个输出端作为低位的输出,片2的8个输出端作为高位的输出。两片的 A_2,A_1,A_0 分别并联作为4线-16线译码器地址输入的 A_2,A_1,A_0,而将片1的 $\overline{S_2}$ 和片2的 S_1 并联作为4线-16线译码器地址输入的高位 A_3。当 $A_3=0$ 时,片1工作,片2禁止,$\overline{Z_0} \sim \overline{Z_7}$ 可以被"译中";当 $A_3=1$ 时,片1禁止,片2工作,$\overline{Z_8} \sim \overline{Z_{15}}$ 可以被"译中",从而实现4线-16线译码器的逻辑功能。

（2）实现组合逻辑函数

用3线-8线译码器74LS138可以实现各种组合逻辑函数。如果把译码输入端作为逻辑函数的输入变量,那么译码器的每个输出端都与某一个最小项相对应,只要加上适当的门电路,就可以利用译码器实现组合逻辑函数。

 例6.4

试用74LS138译码器和**与非门**电路实现逻辑函数

$$F(A,B,C) = \sum m(1,3,5,6,7)$$

解: 因为

$$F(A,B,C) = \sum m(1,3,5,6,7)$$
$$= m_1 + m_3 + m_5 + m_6 + m_7$$
$$= \overline{\overline{m_1}\,\overline{m_3}\,\overline{m_5}\,\overline{m_6}\,\overline{m_7}}$$
$$= \overline{\overline{Y_1}\,\overline{Y_3}\,\overline{Y_5}\,\overline{Y_6}\,\overline{Y_7}}$$

所以,将 $\overline{Y_1}, \overline{Y_3}, \overline{Y_5}, \overline{Y_6}, \overline{Y_7}$ 经一个**与非**门输出,
A_2, A_1, A_0 分别作为输入变量 A, B, C,并正确连接译码
器控制端使译码器处于译码工作状态,则可实现题
目要求的组合逻辑函数。例 6.4 逻辑图如图 6-11
所示。

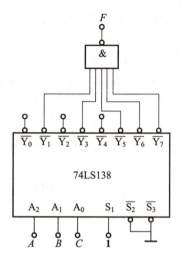

图 6-11　例 6.4 逻辑图

二、七段显示译码器

LED 数码管通常采用图 6-12 所示的七段字形显
示方式来表示 0~9 十个数字。七段显示译码器应当把
输入的 BCD 码,翻译成驱动七段 LED 数码管各对应段
所需的电平。

LED 数码管显示原理如图 6-13 所示。图 6-13(a)所
示为共阳极七段 LED 数码管;图 6-13(b)所示为共阴
极七段 LED 数码管。

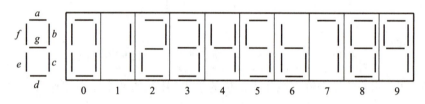

图 6-12　七段字形显示方式

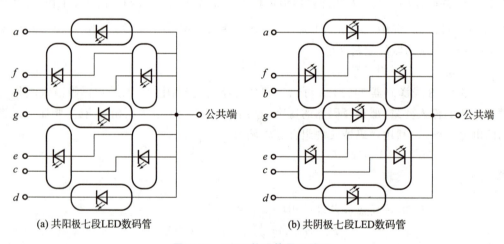

(a) 共阳极七段LED数码管　　　　(b) 共阴极七段LED数码管

图 6-13　LED 数码管显示原理

CD4511 是一个用于驱动共阴极 LED 数码管显示器的
BCD 码七段显示译码器,是具有 BCD 转换、消隐和锁存控
制、七段译码及驱动功能的 CMOS 电路,能提供较大的拉电
流。图 6-14 所示为 CD4511 的逻辑符号和引脚排列,其功
能表见表 6-6。

仿真
CD4511 电路

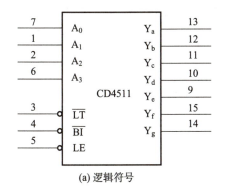

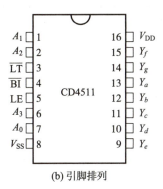

(a) 逻辑符号   (b) 引脚排列

图 6-14　CD4511 的逻辑符号和引脚排列

表 6-6　CD4511 功能表

十进制数或功能	输入							输出							显示数字
	LE	$\overline{BI}$	$\overline{LT}$	A_3	A_2	A_1	A_0	Y_a	Y_b	Y_c	Y_d	Y_e	Y_f	Y_g	
0	0	1	1	0	0	0	0	1	1	1	1	1	1	0	0
1	0	1	1	0	0	0	1	0	1	1	0	0	0	0	1
2	0	1	1	0	0	1	0	1	1	0	1	1	0	1	2
3	0	1	1	0	0	1	1	1	1	1	1	0	0	1	3
4	0	1	1	0	1	0	0	0	1	1	0	0	1	1	4
5	0	1	1	0	1	0	1	1	0	1	1	0	1	1	5
6	0	1	1	0	1	1	0	0	0	1	1	1	1	1	6
7	0	1	1	0	1	1	1	1	1	1	0	0	0	0	7

续表

十进制数或功能	输入							输出							显示数字
	LE	$\overline{BI}$	$\overline{LT}$	A_3	A_2	A_1	A_0	Y_a	Y_b	Y_c	Y_d	Y_e	Y_f	Y_g	
8	**0**	**1**	**1**	**1**	**0**	**0**	**0**	**1**	**1**	**1**	**1**	**1**	**1**	**1**	8
9	**0**	**1**	**1**	**1**	**0**	**0**	**1**	**1**	**1**	**1**	**0**	**0**	**1**	**1**	9
10	**0**	**1**	**1**	**1**	**0**	**1**	**0**	**0**	**0**	**0**	**0**	**0**	**0**	**0**	熄灭
11	**0**	**1**	**1**	**1**	**0**	**1**	**1**	**0**	**0**	**0**	**0**	**0**	**0**	**0**	熄灭
12	**0**	**1**	**1**	**1**	**1**	**0**	**0**	**0**	**0**	**0**	**0**	**0**	**0**	**0**	熄灭
13	**0**	**1**	**1**	**1**	**1**	**0**	**1**	**0**	**0**	**0**	**0**	**0**	**0**	**0**	熄灭
14	**0**	**1**	**1**	**1**	**1**	**1**	**0**	**0**	**0**	**0**	**0**	**0**	**0**	**0**	熄灭
15	**0**	**1**	**1**	**1**	**1**	**1**	**1**	**0**	**0**	**0**	**0**	**0**	**0**	**0**	熄灭
灯测试	×	×	**0**	×	×	×	×	**1**	**1**	**1**	**1**	**1**	**1**	**1**	8
消隐	×	**0**	**1**	×	×	×	×	**0**	**0**	**0**	**0**	**0**	**0**	**0**	熄灭
锁存	**1**	**1**	**1**	×	×	×	×								锁存

（1）译码显示。当 LE = **0** 且$\overline{BI}$ = **1**，$\overline{LT}$ = **1** 时，译码器工作。$Y_a \sim Y_g$ 输出的高电平由输入的 BCD 码控制，并显示相应的数字。如输入为 **1010～1111** 六个状态时，$Y_a \sim Y_g$ 都输出低电平，数码管显示器不显示数字。

（2）灯测试功能。由输入$\overline{LT}$控制。当$\overline{LT}$ = **0** 时，无论其他输入端处于何种状态，译码器输出都为高电平 **1**，数码显示器显示数字“8”。因此，$\overline{LT}$主要用于检查译码器的工作情况和数码管显示器各字段的好坏。

（3）消隐功能。由输入$\overline{BI}$控制。当$\overline{BI}$ = **0** 且$\overline{LT}$ = **1** 时，无论其他输入端输入何种电平，译码器输出都为低电平，数码管显示器的字形熄灭。消隐又称灭灯。

（4）锁存功能。由输入端 LE 控制。设$\overline{BI}$ = **1**，$\overline{LT}$ = **1**，当 LE = **0** 时，译码器输出的状态由输入的 BCD 码决定。当 LE 由 **0** 跃变为 **1** 时，这时输入的代码被立刻锁存，此后，译码器输出的状态只取决于锁存器中锁存的代码，不再随输入的 BCD 码变化。

图 6-15 所示为 CD4511 驱动共阴极 LED 数码管电路。

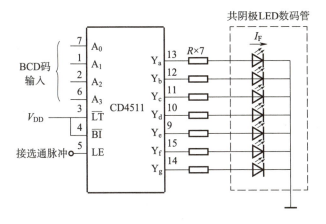

图 6-15　CD4511 驱动共阴极 LED 数码管电路

自测
译码器

6.4　数据选择器

数据选择器(multiplexer,简称 MUX)又称"多路开关"或"多路调制器",它的功能是在选择输入信号的作用下,从多个数据输入通道中选择某一通道的数据传输至输出端。

一、4 选 1 数据选择器

4 选 1 数据选择器功能示意图如图 6-16 所示,表 6-7 为其功能表。

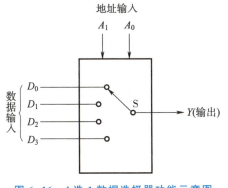

图 6-16　4 选 1 数据选择器功能示意图

表 6-7　4 选 1 数据选择器功能表

地址输入		输入数据	使能控制	输出
A_1	A_0		$\overline{ST}$	Y
×	×	×	1	0
0	0	D_0	0	D_0
0	1	D_1	0	D_1
1	0	D_2	0	D_2
1	1	D_3	0	D_3

因为 4 选 1 数据选择器是从四路输入数据中选择一路作为输出,地址输入代码必须是两个(A_1 和 A_0),有四个不同的状态与之相对应(最小项编号为 $m_0 \sim m_3$)。此外,为了对

数据选择器工作与否进行控制和扩展功能的需要,还设置了使能控制端 $\overline{\text{ST}}$。输出端逻辑函数为

$$Y = \left[D_0(\overline{A_1}\,\overline{A_0}) + D_1(\overline{A_1}A_0) + D_2(A_1\overline{A_0}) + D_3(A_1A_0) \right] \overline{\overline{\text{ST}}}$$

$$= \overline{\overline{\text{ST}}}(m_0 D_0 + m_1 D_1 + m_2 D_2 + m_3 D_3)$$

在 $\overline{\text{ST}} = 0$ 条件下,

$$Y = \sum_{i=0}^{2^n-1} m_i D_i$$

4 选 1 数据选择器逻辑图如图 6-17 所示。

数据选择器的种类很多,常用的有 2 选 1,如 HC157,LS157,LS158;4 选 1,如 HC253,LS253,LS153,CC14539;8 选 1,如 LS151,HC251;16 选 1,如 HC150 等。74LS153 和 74LS151 的逻辑符号如图 6-18 所示。

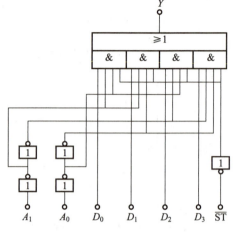

图 6-17 4 选 1 数据选择器逻辑图

仿真
74LS153 电路

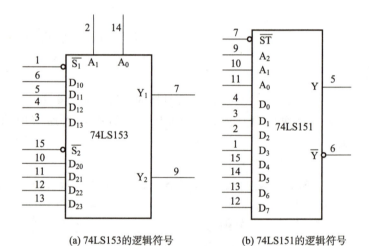

(a) 74LS153的逻辑符号   (b) 74LS151的逻辑符号

图 6-18 74LS153 和 74LS151 的逻辑符号

二、典型应用举例

数据选择器是一种灵活方便、开发性很强的组合逻辑电路,在数字系统中应用比较广泛。

1. 数据传输

利用数据选择器可以将多位数据并行输入转换为串行输出。

如图 6-19 所示,16 选 1 数据选择器 74LS150 有 16 位并行输入数据 $D_0 \sim D_{15}$,输出为反码 $\overline{Y}$,当地址输入 $A_3A_2A_1A_0$ 的二进制数码依次由 0000 递增至 1111,即其最小项编号由 m_0 逐次变到 m_{15} 时,16 个通道的并行数据便依次传送到输出端,通过反相器变成原码转换为串行数据。

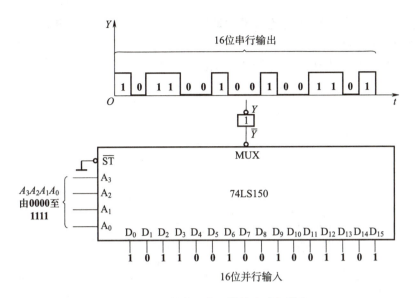

图 6-19　数据并行输入转换为串行输出

如果并行数据 $D_0 \sim D_{15}$ 的值各自预先置 **0** 或置 **1**,则此时多路开关在地址输入的控制下,可输出所要求的序列信号,这就是"可编序列信号发生器"。

2. 函数发生器

用数据选择器可以实现组合逻辑函数。由数据选择器输出表达式 $Y = \sum_{i=0}^{2^n-1} m_i D_i$ 可知,它基本上与逻辑函数的最小项表达式一致,只是多了一个因子 D_i。若令 $D_i = 1$,则与之对应的最小项将包含在 Y 的函数中;若令 $D_i = 0$,则与之对应的最小项将包含在 Y 的反函数中,因此,对于一个组合逻辑函数,可以根据它的最小项表达式,借助于数据选择器来实现,方法如下:

(1) 将给定函数化为最小项**与或**表达式。

(2) 以最小项编号作数据选择器的地址输入端,并由此确定数据选择器的规模。地址输入端个数应与函数自变量数相等。

(3) 将**与或**表达式中存在的最小项相对应的数据输入端赋值为 **1**,将**与或**表达式不存在的最小项相对应的数据输入端赋值为 **0**。

例 6.5

用数据选择器实现函数 $Y = C + \overline{A}\,\overline{B} + AB + A\overline{B}C$。

解:(1) 首先将函数写为最小项**与或**表达式

$$Y = C\left(A + \overline{A}\right)\left(B + \overline{B}\right) + \overline{A}\,\overline{B}\left(C + \overline{C}\right) + AB\left(C + \overline{C}\right) + A\overline{B}C$$

$$= ABC + \overline{A}BC + A\overline{B}C + \overline{A}\,\overline{B}C + \overline{A}\,\overline{B}\,\overline{C} + AB\overline{C}$$

$$= \sum m(0,1,3,5,6,7)$$

（2）Y 为三变量函数，数据选择器地址输入端应为三个，所以选定的应是 8 选 1 数据选择器，如 74LS151。

（3）根据最小项表达式将数据输入端作下列赋值：

$$D_0 = D_1 = D_3 = D_5 = D_6 = D_7 = 1$$

$$D_2 = D_4 = 0$$

画出逻辑图，如图 6-20 所示。

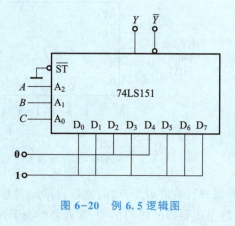

图 6-20 例 6.5 逻辑图

项目实施

任务一 原理分析

4 位十进制数循环显示电路原理图如图 6-1 所示，电路分为三部分：数据选择电路，译码、驱动电路，循环显示电路。

一、数据选择电路

16 位二进制数通过两组 8 路拨码开关由两片 74LS153 数据选择芯片进行数据选择，根据地址码 X_1，X_0 的状态，将相应的数据 $D_{10} \sim D_{13}$，$D_{20} \sim D_{23}$ 输出。四组 4 选 1 数据选择器将输出的 A，B，C，D 分别接至译码、驱动电路的对应输入口。

二、译码、驱动电路

LED 数码管显示 0~9 十进制数，每段发光二极管的正向压降为 2~2.5 V，每个发光二极管的点亮电流为 5~10 mA，LED 数码管要显示 BCD 码所表示的十进制数需要译码器，该译码器不但要完成译码功能，还要有相当的驱动能力。采用 CD4511 七段译码器驱动共阴极 LED 数码管，将数据选择器输出的 A，B，C，D 分别接至 CD4511 七段译码器 A_0，

A_1,A_2,A_3 端（BCD 码输入端）。译码输出接 LED 数码管的 a,b,c,d,e,f,g 端,驱动共阴极 LED 数码管。

三、循环显示电路

为了直观地显示十进制数码,目前广泛采用七段字符显示器,或称七段数码管。这种字符显示器是由七段可发光的线段拼合而成的,利用其不同的组合方式显示 0~9 十进制数。图 6-21 所示为 4 位七段数码管外形图。

仿真

4 位十进制循环显示电路

图 6-21   4 位七段数码管外形图

所用 LED 数码管为共阴极,公共端接低电平,LED 数码管点亮;公共端接高电平,LED 数码管熄灭。3 线-8 线译码器 74LS138 作为负脉冲输出的脉冲分配器,根据输入地址的不同组合译出唯一地址,由 74LS138 的功能表可得,LED 数码管依次点亮,循环显示。

任务二   电路装配与调试

一、装配前准备

1. 元器件、器材的准备

按照表 6-8 元器件清单和表 6-9 器材清单进行准备。

表 6-8   元器件清单

序号	名称	规格型号	数量
1	覆铜板		1
2	8 路拨码开关		2
3	2P 接线端子	2P	2
4	集成电路 IC 底座	DIP16	4
5	数据选择器	74LS153	2

序号	名称	规格型号	数量
6	3 线-8 线译码器	74LS138	1
7	七段译码器	CD4511	1
8	4 位七段 LED 数码管	SR420561K	1
9	排阻	A102J	2
10	电阻器	400 Ω	4

表 6-9 器材清单

序号	类别	名称
1	工具	电烙铁(20~35 W)、烙铁架、拆焊枪、静电手环、剥线钳、尖嘴钳、一字螺丝刀、十字螺丝刀、镊子
2	设备	电钻、切板机、转印机
3	耗材	焊锡丝、松香、导线
4	仪器仪表	万用表,直流稳压电源、示波器、数字电路实验箱

2. 元器件的识别与检测

目测各元器件应无裂纹,无缺角;引脚完好无损;规格型号标识应清楚完整;尺寸与要求一致,将检测结果填入表 6-10。按元器件检验方法对表中元器件进行功能检测,将结果填入表 6-10。

表 6-10 元器件检测表

序号	名称	规格型号	外观检测结果	功能检测 数值/逻辑测试	结果	备注
1	覆铜板					
2	8 路拨码开关					
3	2P 接线端子	2P				
4	集成电路 IC 底座	DIP16				
5	数据选择器	74LS153				
6	3 线-8 线译码器	74LS138				
7	七段译码器	CD4511				
8	4 位七段 LED 数码管	SR420561K				
9	排阻	A102J				
10	电阻器	400 Ω				

3. 印制电路板设计与制作

（1）设计 PCB 图

电路板采用单面布线比较复杂，出现走线不通情况时，需要用到跳线（连接跳线需要加焊盘），跳线数应尽量少。

（2）制作 PCB

① 转印

设计好的 PCB 图经检查无误后，用打印机打印到热转印纸上；根据 PCB 图实际大小，裁剪合适的覆铜板；用细砂纸均匀地将覆铜板打磨干净；将打印好的图纸面向下贴在覆铜板上，并用透明胶带固定；打开转印机电源，预热转印机，温度适当后，将覆铜板（图纸面向上）送入转印机过板，时间大约 6 min，让其自然冷却，将转印纸揭下；转印有断线处的地方用黑碳素笔加黑。

② 制版

按一份三氯化铁和两份水的重量比例配制腐蚀液，转印好的覆铜板检查无误后，铜面朝上，放入腐蚀液中，待裸露的铜箔完全腐蚀干净，取出覆铜板，用水清洗，再用细砂纸将覆铜板上墨粉去掉，露出连线后再用清水冲洗干净，完成覆铜板的腐蚀。

依据电子元器件引脚的粗细选择 1 mm 的钻头进行打孔，使用钻机钻孔时，稳定覆铜板，钻机速度适当，检查覆铜板是否有断线的地方，并进行相应的修补，最后涂上助焊剂（松香酒精溶液），PCB 即制作完成。

PCB 底层如图 6-22 所示，PCB 顶层如图 6-23 所示。

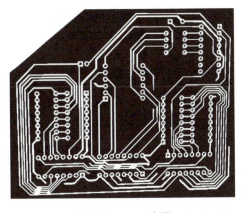

图 6-22　PCB 底层

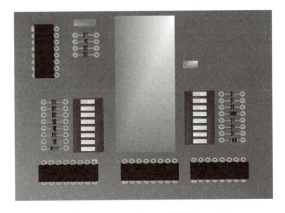

图 6-23　PCB 顶层

二、电路装配

（1）安装电阻器，要求贴板安装，误差色环统一朝一个方向。

（2）安装拨码开关和 LED 数码管，LED 数码管安装需平整、牢固，注意安装方向。

（3）安装集成电路 IC 底座，安装需平整、牢固，注意各焊点之间不能短路。

（4）安装接线端子。

（5）安装集成电路。

三、电路调试

1. 直观检查

（1）检查电源线、地线、信号线是否连好，有无短路；

（2）检查各元器件、组件安装位置、引脚连接是否正确；

（3）检查引线是否有错线、漏线；

（4）检查焊点有无虚焊；

（5）检查集成器件底座焊接是否短路。

2. 通电测试

（1）检查电源连接是否正确；

（2）测试 LED 数码管显示是否正常；

（3）测试能否实现循环显示。

接通电源，将逻辑开关置入输入信号 X_0，X_1，观察数据选择电路，译码、驱动电路，循环显示电路，并将测试结果填入表 6-11、表 6-12、表 6-13。

表 6-11　数据选择电路功能测试记录表

输入信号	拨码开关											74LS153 数据选择器输出			
	S_1 输出					S_2 输出						U1		U2	
X_1	X_0											Y_1	Y_2	Y_1	Y_2

表 6-12　译码、驱动电路功能测试记录表

输入信号		74LS138							4 位七段 LED 数码管			
		输入			输出							
X_1	X_0	A_2	A_1	A_0	$\overline{Y_0}$	$\overline{Y_1}$	$\overline{Y_2}$	$\overline{Y_3}$	DPY1	DPY2	DPY3	DPY4
0	0	0										
0	1	0										
1	0	0										
1	1	0										

表 6-13　循环显示电路功能测试记录表

CD4511											4 位七段 LED 数码管			
输入				输出							显示数字			
A_3	A_2	A_1	A_0	Y_a	Y_b	Y_c	Y_d	Y_e	Y_f	Y_g	DPY1	DPY2	DPY3	DPY4

3. 故障检测与分析

根据实际情况正确描述故障现象,正确选择仪器仪表,准确分析故障原因,排除故障。将故障检测情况填入表 6-14。

表 6-14　故障检测与分析记录表

内容	检测记录		
故障描述			
仪器使用			
原因分析			
重现电路功能			

项目评价 ‹‹‹

根据项目实施情况将评分结果填入表 6-15。

表 6-15　任务实施过程考核评价表

序号	主要内容	考核要求	考核标准	配分	扣分	得分
1	工作准备	认真完成项目实施前的准备工作	(1) 劳防用品穿戴不合规范,仪容仪表不整洁,扣 5 分; (2) 仪器仪表未调节,放置不当,扣 2 分; (3) 电子实验实训装置未检查就通电,扣 5 分; (4) 材料、工具、元器件未检查或未充分准备,每项扣 2 分	10		
2	元器件的识别与检测	能正确识别和检测电阻器、数据选择器、3 线-8 线译码器、	(1) 不能正确根据色环法识读各类电阻器阻值,每错一个扣 2 分; (2) 不能查阅集成电路手册,掌握 74LS138、74LS153、CD4511 和	30		

序号	主要内容	考核要求	考核标准	配分	扣分	得分
2	元器件的识别与检测	CD4511、4位七段LED数码管等元器件	LED数码管的功能,确定集成电路的引脚排列,掌握其引脚功能,每错一个扣2分; (3)不能正确识别排阻和接线端子,每错一个扣2分; (4)不能在数字电路实验箱上正确验证74LS138、CD4511、74LS153和LED数码管的功能,每错一项扣5分	30		
3	电路装配与焊接	(1)焊接安装无错漏,焊点光滑、圆润、干净、无毛刺,焊点基本一致; (2)印制电路板无缺陷; (3)元器件极性正确; (4)印制电路板安装对位; (5)焊接板清洁无污物	(1)不能按照安装要求正确安装各元器件,每错一个扣1分; (2)印制电路板出现缺陷,每处扣3分; (3)不能按照焊接要求正确完成焊接,每漏焊或虚焊一处扣1分; (4)元器件布局不合理,电路整体不美观、不整洁,扣3分	20		
4	电路调试与检测	(1)能正确调试电路功能; (2)能正确描述故障现象,分析故障原因; (3)能正确使用仪器设备对电路进行检查,排除故障	(1)调试过程中,测试操作不规范,每处扣5分; (2)调试过程中,没有按要求正确记录观察现象和测试数据,每处扣5分; (3)调试过程中,电路部分功能不能实现,每缺少一项扣5分; (4)调试过程中,不能根据实际情况正确分析故障原因并正确排故,每处扣5分	30		
5	职业素养	遵守安全操作规范,能规范、安全地使用仪器仪表,具有安全意识,严格遵守实训场所管理制度,认真实行6S管理	(1)违反安全操作规程,每次视情节酌情扣5~10分; (2)违反工作场所管理制度,每次视情节酌情扣5~10分; (3)工作结束,未执行6S管理,不能做到人走场清,每次视情节酌情扣5~10分	10		
备注			成绩			

二-十进制加法器的制作

要求利用两片 4 位二进制并行加法器 74LS283 和必要的门电路制作一个二-十进制加法器。设计出逻辑图，并完成电路制作和调试。

提示：根据 BCD 码中 8421 码的加法运算规则，当两数之和小于或等于 9（**0000~1001**）时，相加的结果和按二进制数相加所得到的结果一样。当两数之和大于 9（**1010~1111**）时，则应在按二进制数相加的结果上加 6（**0110**），这样就可以给出进位信号，同时得到一个小于 9 的和。

组合逻辑电路中的竞争冒险现象

一、竞争冒险现象及产生的原因

前面讨论的组合逻辑电路的分析与设计都是在理想情况下进行的，没有考虑信号通过导线和逻辑门电路的传输延迟。而在实际电路中，信号通过导线和门电路以及信号发生变化时，都需要一定的传输延迟时间。

首先，分析图 6-24 所示电路的工作情况，以建立竞争冒险的概念。在图 6-24（a）中，与门 G_2 的输入是 A 和 $\overline{A}$ 两个互补信号。由于 G_1 的延迟，$\overline{A}$ 的下降沿要滞后于 A 的上升沿，因此在很短的时间间隔内，G_2 的两个输入端会出现高电平，致使它的输出出现一个高电平窄脉冲，如图 6-24（b）所示。与门 G_2 的两个输入信号分别由 G_1 和 A 端两个路径在不同的时刻到达的现象，通常称为竞争，由此而产生输出干扰脉冲的现象称为冒险。

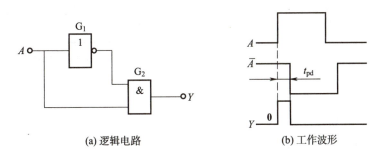

(a) 逻辑电路　　　　　　　(b) 工作波形

图 6-24　产生正跳变脉冲的竞争冒险

二、判别冒险现象的方法

在组合逻辑电路中是否存在冒险现象可通过逻辑函数表达式来判别。

首先观察逻辑函数表达式中是否存在某变量的原变量和反变量，即先判断是否存在竞争,因为只有存在竞争才可能产生冒险。

若存在竞争,消去逻辑函数表达式中不存在竞争的变量,仅留下有竞争能力的变量。若得到的表达式为

$$Y=A\overline{A} \quad 或 \quad Y=A+\overline{A}$$

则该组合逻辑电路存在冒险现象。

例6.6

试判别逻辑函数表达式 $Y=AB+\overline{A}\,\overline{C}+\overline{B}\,\overline{C}$ 是否存在冒险现象。

解: 当取 $B=1$,$C=0$ 时,$Y=A+\overline{A}$,出现冒险现象。

当取 $A=1$,$C=0$ 时,$Y=B+\overline{B}$,出现冒险现象。

所以该逻辑函数表达式存在冒险现象。

三、消除冒险的方法

1. 接入滤波电容

由于尖峰干扰脉冲的宽度一般都很窄,在可能产生尖峰干扰脉冲的门电路输出端与地之间接入一个容量为几十皮法的电容即可吸收掉尖峰干扰脉冲。

2. 加选通脉冲

对输出可能产生尖峰干扰脉冲的门电路,可增加一个接选通脉冲的输入端,如图6-25所示。选通脉冲仅在输出处于稳定状态期间到来,以保证输出正确的结果。无选通脉冲期间,输出无效。因此,输出不会出现尖峰干扰脉冲。

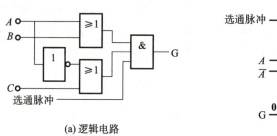

(a) 逻辑电路

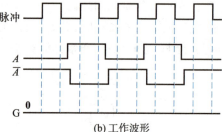

(b) 工作波形

图6-25 用选通脉冲消除冒险

3. 修改逻辑设计

例如,逻辑函数表达式 $Y=AC+\overline{A}B$ 中,在 $B=1$,$C=1$ 时,出现 $Y=A+\overline{A}$ 的情况,存在冒险现象,可增加冗余项 BC,即

$$Y=AC+\overline{A}B=AC+\overline{A}B+BC$$

增加冗余项 BC 后,在 $B=1$,$C=1$ 时,Y 不会出现 $Y=A+\overline{A}$ 的情况,即消除了冒险现象。

数值加法器

一、全加器

与半加器相比,全加器可以把本位两个加数和来自低位的进位三者相加,并根据求和结果给出本位的进位信号。

根据全加器的逻辑功能,假设本位的加数和被加数为 A_n 和 B_n,低位的进位为 C_{n-1},本位的和为 S_n,本位的进位为 C_n,则可以列出全加器的真值表,见表 6-16。

表 6-16 全加器的真值表

A_n	B_n	C_{n-1}	S_n	C_n
0	0	0	0	0
0	0	1	1	0
0	1	0	1	0
0	1	1	0	1
1	0	0	1	0
1	0	1	0	1
1	1	0	0	1
1	1	1	1	1

根据表 6-16 所示的真值表并利用卡诺图可以写出 S_n 和 C_n 的逻辑函数表达式:

$$S_n = A_n \oplus B_n \oplus C_{n-1}$$
$$C_n = (A_n \oplus B_n) C_{n-1} + A_n B_n$$

由 S_n 和 C_n 的逻辑函数表达式画出如图 6-26(a) 所示的全加器逻辑电路。图 6-26(b) 所示为全加器的逻辑符号。

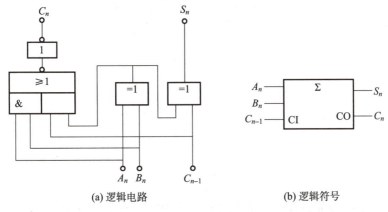

(a) 逻辑电路   (b) 逻辑符号

图 6-26 全加器

二、多位加法器

要实现多位二进制的相加,可选用多位加法器。74LS283 是一个 4 位加法器,可实现两个 4 位二进制数的相加,其逻辑符号如图 6-27 所示,图中 CI 是低位的进位,CO 是向高位的进位。该电路可以实现 $A_3A_2A_1A_0$ 和 $B_3B_2B_1B_0$ 两个二进制数的相加,而且可以考虑低位的进位以及向高位的进位,S_3,S_2,S_1,S_0 是对应各位的和。

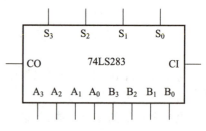

图 6-27   74LS283 的逻辑符号

多位加法器除了可以实现加法运算功能之外,还可以实现组合逻辑电路。其方法是将逻辑函数化成输入变量与输入变量或者输入变量与常数在数值上相加的形式,这时用加法器实现这类组合逻辑函数要比用门电路实现简单得多。

例 6.7

设计一个代码变换电路,将 8421 码转换为余 3 码。

解:根据余 3 码的编码规律,对应于同一十进制数,余 3 码 ($Y_3Y_2Y_1Y_0$) 总是比 8421 码($DCBA$) 多 **0011**,故有

$$Y_3Y_2Y_1Y_0 = DCBA + \mathbf{0011}$$

用一片 74LS283 即可实现,只要令加数 $A_3A_2A_1A_0 = DCBA$,$B_3B_2B_1B_0 = \mathbf{0011}$,$CI = \mathbf{0}$,则在 S_3,S_2,S_1,S_0 可得余 3 码。电路如图所 6-28 所示。

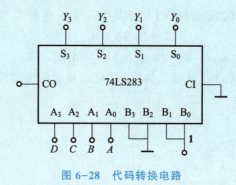

图 6-28   代码转换电路

知识拓展 3

数值比较器

在数字系统中,特别是在计算机中,经常需要比较两个数字的大小。能够实现比较数字大小的电路,称为数值比较器。

如果要比较两个多位二进制数 A 和 B 的大小，则必须从高到低逐位进行比较。

74LS85 是一个 4 位数值比较器，其逻辑符号如图 6-29 所示。从图中可以看出，除两个 4 位二进制的输入端以及三个比较结果的输出端之外，还有级联输入的 $I_{A>B}$，$I_{A<B}$ 和 $I_{A=B}$ 三个输入端。

对两个 4 位二进制数 A 和 B 进行比较，有三种可能的结果：$A>B$，$A<B$，$A=B$，分别用 $F_{A>B}$，$F_{A<B}$，$F_{A=B}$ 表示。比较时，先从高位开始。数值比较器 74LS85 功能表见表 6-17。

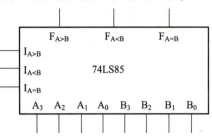

图 6-29　74LS85 的逻辑符号

表 6-17　数值比较器 74LS85 功能表

输入								级联输入			输出		
A_3	B_3	A_2	B_2	A_1	B_1	A_0	B_0	$I_{A>B}$	$I_{A<B}$	$I_{A=B}$	$F_{A>B}$	$F_{A<B}$	$F_{A=B}$
1	**0**	×	×	×	×	×	×	×	×	×	**1**	**0**	**0**
0	**1**	×	×	×	×	×	×	×	×	×	**0**	**1**	**0**
$A_3=B_3$		**1**	**0**	×	×	×	×	×	×	×	**1**	**0**	**0**
$A_3=B_3$		**0**	**1**	×	×	×	×	×	×	×	**0**	**1**	**0**
$A_3=B_3$		$A_2=B_2$		**1**	**0**	×	×	×	×	×	**1**	**0**	**0**
$A_3=B_3$		$A_2=B_2$		**0**	**1**	×	×	×	×	×	**0**	**1**	**0**
$A_3=B_3$		$A_2=B_2$		$A_1=B_1$		**1**	**0**	×	×	×	**1**	**0**	**0**
$A_3=B_3$		$A_2=B_2$		$A_1=B_1$		**0**	**1**	×	×	×	**0**	**1**	**0**
$A_3=B_3$		$A_2=B_2$		$A_1=B_1$		$A_0=B_0$		**1**	**0**	**0**	**1**	**0**	**0**
$A_3=B_3$		$A_2=B_2$		$A_1=B_1$		$A_0=B_0$		**0**	**1**	**0**	**0**	**1**	**0**
$A_3=B_3$		$A_2=B_2$		$A_1=B_1$		$A_0=B_0$		**0**	**0**	**1**	**0**	**0**	**1**
$A_3=B_3$		$A_2=B_2$		$A_1=B_1$		$A_0=B_0$		×	×	**1**	**0**	**0**	**1**

$I_{A>B}$，$I_{A<B}$，$I_{A=B}$ 是低位比较的结果，也称级联输入。利用级联输入，可以很容易的扩展比较器的位数。

例6.8

试用两片 74LS85 构成一个串行 8 位数值比较器。

解：设 8 位数值比较器的两组数值输入端分别为 $A_7 \sim A_0$，$B_7 \sim B_0$，输出端为 $Y_{A<B}$，$Y_{A>B}$，$Y_{A=B}$。

（1）数据输入端的确定

将高四位 $A_7 \sim A_4$，$B_7 \sim B_4$ 分别接到第二片 74LS85（2）的数码输入端 $A_{3(2)} \sim A_{0(2)}$，$B_{3(2)} \sim B_{0(2)}$ 上，低四位 $A_3 \sim A_0$，$B_3 \sim B_0$ 接到第一片 74LS85（1）的数码输入端 $A_{3(1)} \sim A_{0(1)}$，$B_{3(1)} \sim B_{0(1)}$ 上。

（2）级联输入端的接法

将 74LS85（1）的输出端 $F_{A>B(1)}$，$F_{A<B(1)}$，$F_{A=B(1)}$ 分别与 74LS85（2）的级联输入端 $I_{A>B(2)}$，$I_{A<B(2)}$，$I_{A=B(2)}$ 连接，并使 74LS85（1）的级联输入端 $I_{A>B(1)} = I_{A<B(1)} = 0$，$I_{A=B(1)} = 1$。

（3）输出端的确定

74LS85（2）的输出端是 8 位数值比较器的输出端。

用两片 74LS85 构成的 8 位数值比较器如图 6-30 所示。

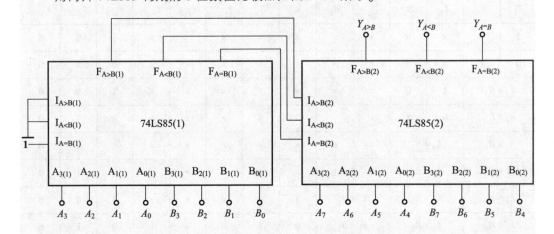

图 6-30　用两片 74LS85 构成的 8 位数值比较器

练习与提高

6.1　三个工厂由甲、乙两个变电站供电。如果一个工厂用电，则由甲站供电；如果两个工厂用电，则由乙站供电；如果三个工厂同时用电，则由甲、乙两个站供电。试用**异或门**和**与非门**设计一个供电控制电路。

6.2　电话室对三种电话编码进行控制，按紧急次序排列。优先权高低的顺序为：火警电话、急救电话、普通电话，分别编码为 **11, 10, 01**。试用门电路设计该逻辑电路。

6.3　请分析图 6-31 所示电路，要求列出真值表、写出逻辑函数表达式。

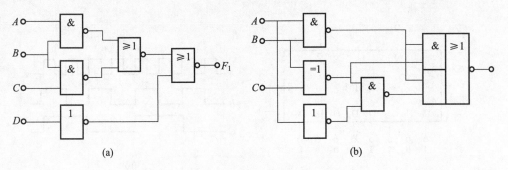

图 6-31　题 6.3 图

6.4　下列函数是否存在冒险现象？属于哪种冒险现象？若存在冒险现象，试用修改逻辑设计的方法消除冒险。

（1）$Y_1 = A\overline{C} + BC$。

（2）$Y_2 = \left(A + \overline{C}\right)\left(B + C\right)$。

6.5　用一个 8 线-3 线优先编码器 74HC148 和一个 3 线-8 线译码器 74HC138 实现 3 位格雷码到 3 位二进制数的转换。

6.6　用 3 线-8 线译码器 74LS138 和门电路实现下列逻辑函数：

（1）$F_1 = \overline{A}\,\overline{B}C + A\overline{B}\,\overline{C} + BC$。

（2）$F_2 = AB\overline{C} + \overline{A}\,\overline{B}$。

（3）$F_3(A, B, C) = \sum m(2, 3, 4, 7)$。

6.7　用 3 线-8 线译码器 74LS138 和门电路设计一个 1 位二进制数减法器。要求不仅要考虑两个本位数相减，还要考虑来自低位的借位数及本位向高位的进位数。

6.8　将双 4 选 1 数据选择器 74LS153 扩展为 8 选 1 数据选择器。

6.9　用 8 选 1 数据选择器 74LS151 实现下列逻辑函数：

（1）$F_1 = AB + AC + BC$。

（2）$F_2(A, B, C) = \sum m(1, 2, 3, 5, 7)$。

（3）$F_3(A, B, C, D) = \sum m(0, 5, 8, 9, 10, 11, 14, 15)$。

6.10　图 6-32 所示电路为利用 8 选 1 数据选择器 74LS151 构成的序列信号发生器。试对应图 6-32(b) 所示的输入信号 A, B, C，画出输出 F 的波形。

6.11　用 8 选 1 数据选择器 74LS151 设计一个用三个开关控制一盏灯的逻辑电路。要求改变任何一个开关的状态，都能控制电灯由亮变灭或者由灭变亮。

6.12　用加法器 74LS283 和门电路设计一个加/减运算电路。

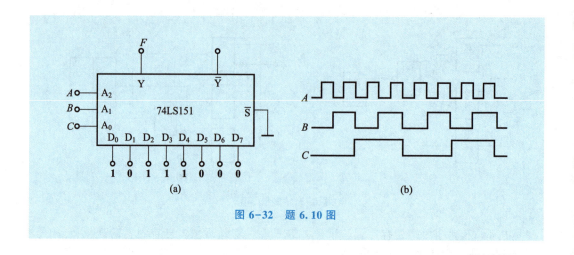

图 6-32　题 6.10 图

项目七
多路抢答器的制作

项目目标

1. 知识目标

（1）了解触发器分类及其特点。

（2）掌握各类触发器功能、触发特点和功能描述方法。

（3）掌握时序逻辑电路分析和设计的一般方法，能分析触发器应用电路的结构和工作原理。

2. 能力目标

（1）能通过文献查询获取触发器相关资料，了解其主要技术指标、引脚排列和功能表。

（2）能够根据原理图绘制、制作印制电路板。

（3）能够正确识别和测试元器件功能，正确组装和调试电路。

项目描述

在知识竞赛现场中，往往设置有抢答环节，现场用抢答器要能准确判断出抢答者的号码，并显示出来。抢答器工作时往往伴有声光电效果，能更好地活跃现场气氛，激发选手的竞争意识。

抢答器的实现有多种途径，本项目采用数字逻辑器件实现多路抢答器的抢答、锁存、数显、复位等功能。多路抢答器具体功能要求如下：

（1）设计一个智力竞赛抢答器，可同时供 4 名参赛选手使用，他们的编号分别是 1，2，3，4，各用一个抢答按钮。

（2）给主持人设置一个控制按钮，用来控制系统的清零和抢答开始。

（3）抢答开始后，若有选手抢答，对应选手编号立即被锁存，并在 LED 数码管上显示出选手的编号，优先抢答的选手的编号一直保持到系统清零。

多路抢答器原理框图如图 7-1 所示，电路原理图如图 7-2 所示。

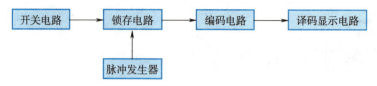

图 7-1　多路抢答器原理框图

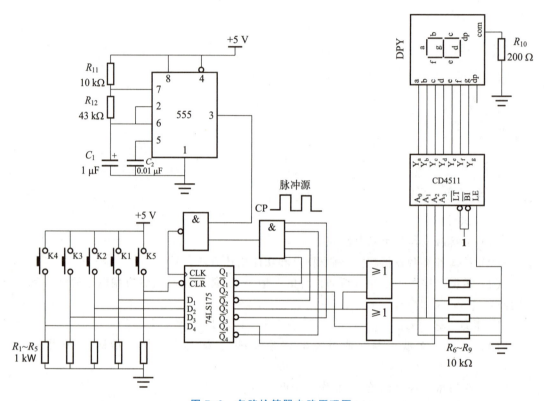

图 7-2　多路抢答器电路原理图

7.1　时序逻辑电路与触发器

　　抢答器电路中锁存单元完成抢答信号的存储,这就要求电路具有记忆功能,图 7-2 所示电路中 74LS175 集成 D 触发器,就是具有记忆功能的器件。

　　触发器是能够存储 1 位二值信号的基本逻辑器件,是时序逻辑电路的基本组成部分。由于触发器在电路结构上存在反馈,所以其任意时刻的输出状态不仅取决于当时的输入信号的状态,而且还取决于电路原输出状态,即触发器具有记忆功能。

时序逻辑电路由组合逻辑电路和存储单元两部分构成,如图 7-3 所示电路中,存储单元是双稳态触发器,具有"**0**"和"**1**"两个稳态,能够储存 1 位二值信号。当状态稳定后,输入信号消失,能够保持原状态,当外加输入信号为有效电平时,触发器将发生状态转换,即从一种稳态改变至另一种稳态。

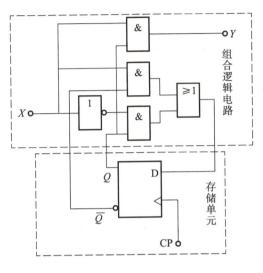

图 7-3 时序电路图

集成触发器种类很多,可按多种方式分类:

（1）按晶体管性质分类有:BJT 集成电路触发器和 MOS 型集成电路触发器;

（2）按工作方式分类有:无时钟控制的基本 *RS* 触发器和有时钟控制的时钟触发器;

（3）按结构方式分类有:基本触发器、同步触发器、主从触发器、边沿触发器等;

（4）按逻辑功能分类有:*RS* 触发器、*D* 触发器、*JK* 触发器、*T* 触发器、*T*′触发器。

7.2 基本 *RS* 触发器

一、电路结构

图 7-4(a)所示逻辑电路是由两个**与非门**作正反馈闭环连接而构成的基本 *RS* 触发器,基本 *RS* 触发器的输入端有 $\overline{R}$ 和 $\overline{S}$,$\overline{R}$ 称为直接置 0 端 ,或直接复位(reset)端,$\overline{S}$ 称为直接置 1 端 ,或直接置位(set)端,基本 *RS* 触发器的输出端有 Q 和 $\overline{Q}$,两个输出端状态相反。图 7-4(b)所示逻辑符号是由**与非门**构成的基本 *RS* 触发器的逻辑符号,输入端带"小圆圈"表示输入信号低电平有效。

二、工作原理

在图 7-4(a) 所示逻辑电路中, 输入信号与输出信号的关系有以下四种情况:

(1) $\bar{R}=0, \bar{S}=1$ 时, 由于 $\bar{R}=0$, 不论原来 Q 为 **0** 还是 **1**, 都有 $\bar{Q}=1$, 再由 $\bar{S}=1, \bar{Q}=1$, 可得 $Q=0$, 即触发器不论原来处于什么状态, 都将变成 **0** 状态, 这种情况称为将触发器置 **0** 或复位。

(2) $\bar{R}=1, \bar{S}=0$ 时, 由于 $\bar{S}=0$, 不论原来 Q 为 **0** 还是 **1**, 都有 $Q=1$, 再由 $\bar{R}=1, Q=1$, 可得

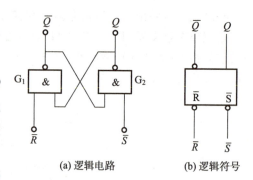

(a) 逻辑电路　　　(b) 逻辑符号

图 7-4　基本 RS 触发器

$\bar{Q}=0$, 即触发器不论原来处于什么状态, 都将变成 **1** 状态, 这种情况称为将触发器置 **1** 或置位。

(3) $\bar{R}=1, \bar{S}=1$ 时, 根据与非门的逻辑功能不难推知, 触发器保持原有状态不变, 即原来的状态被触发器存储起来, 这体现了触发器具有记忆能力。

(4) $\bar{R}=0, \bar{S}=0$ 时, $Q=\bar{Q}=1$, 破坏了 Q 和 $\bar{Q}$ 的逻辑互补性, 不符合触发器的逻辑关系, 并且由于**与非门**延迟时间不可能完全相等, 在两输入端的 **0** 同时撤除后, 将不能确定触发器是处于 **1** 状态还是 **0** 状态, 称为不定状态, 所以基本 RS 触发器两输入端不能同时为 **0**, 这也是基本 RS 触发器的约束条件。

三、功能描述

触发器的功能描述方法有特性表、特性方程、时序图等, 另外在时序逻辑电路设计的过程中还会用到状态转换图, 各种描述形式之间可以相互转换。触发器的特性表是最基本、最直观的功能描述形式。

1. 基本 RS 触发器特性表 (表 7-1)

表 7-1　基本 RS 触发器特性表

输入信号		输出状态		功能说明
$\bar{S}$	$\bar{R}$	Q	$\bar{Q}$	
1	**1**	不变		保持
1	**0**	**0**	**1**	置 0
0	**1**	**1**	**0**	置 1
0	**0**	不定		失效

2. 基本 RS 触发器特性方程

触发器的特性方程就是触发器次态 Q^{n+1} 与输入及现态 Q^n 之间的逻辑关系式, 可以简洁地描述其输入与输出之间的逻辑关系。将 Q^{n+1} 作为输出变量, $\bar{R}$、$\bar{S}$ 和 Q^n 作为输入变量, 求得基本 RS 触发器特性方程为

$$\begin{cases} Q^{n+1}=\overline{\overline{S}}+\bar{R}Q^n=S+\bar{R}Q^n \\ \bar{R}+\bar{S}=1 \,(\text{约束条件}) \end{cases}$$

3. 基本 RS 触发器时序图(图 7-5)

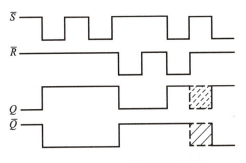

图 7-5　基本 RS 触发器时序图

四、典型芯片及其应用

典型的集成基本 RS 触发器目前有 74LS279,CC4043 和 CC4044 等,图 7-6 所示为 74LS279 的引脚排列,图中,$\overline{1S} = \overline{1S_A} \cdot \overline{1S_B}$,$\overline{3S} = \overline{3S_A} \cdot \overline{3S_B}$。

下面举例说明基本 RS 触发器的应用。

在拨动或按动机械开关过程中,一般都存在接触抖动,这在数字系统中会造成电路的误动作,如图 7-7(a)(b)所示。为了克服接触抖动,可在电源和输出端之间接入一个基本 RS 触发器,在开关动作时,使输出产生一次性的阶跃,如图 7-7(c)(d)所示,这种无抖动开头称为逻辑开关。若将开关 S 来回拨动一次,即可在输出端 Q 得到无抖动的负单拍脉冲。

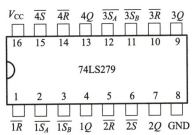

图 7-6　74LS279 的引脚排列

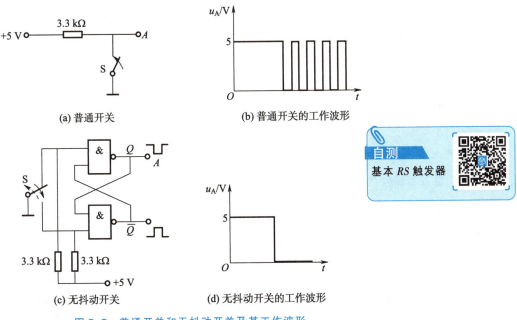

图 7-7　普通开关和无抖动开关及其工作波形

7.3 D 触发器

D 触发器的结构类型有多种,不论是哪种结构的 D 触发器,都具有相同的功能和特性方程,只是触发方式不同而已。本节只介绍同步 D 触发器和利用 CMOS 门的边沿 D 触发器。

一、同步 D 触发器(D 锁存器)

同步 D 触发器的逻辑电路和逻辑符号如图 7-8 所示。在 7-8(a)所示电路中,G_1 和 G_2 构成基本 RS 逻辑触发器,与 G_3 和 G_4 两控制门构成同步 D 触发器。$\overline{S} = \overline{D \cdot CP}$,$\overline{R} = \overline{\overline{D} \cdot CP}$,同步 D 触发器采用电平触发方式,当 CP = 0 时,$\overline{S} = \overline{R} = 1$,输出状态保持不变,CP = 1 时,$\overline{S} = \overline{D}$,$\overline{R} = D$,代入基本 RS 触发器的特性方程,得

$$Q^{n+1} = \overline{\overline{S}} + \overline{R} Q^n = D + D Q^n = D$$

所以 D 触发器的特性方程为

$$Q^{n+1} = D$$

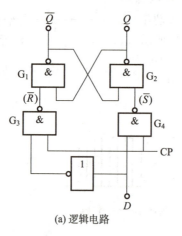

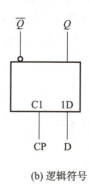

(a) 逻辑电路　　　　　　　　(b) 逻辑符号

图 7-8　同步 D 触发器

同步 D 触发器特性表见表 7-2。

表 7-2　同步 D 触发器特性表

时钟信号 CP	输入信号 D	输出状态 Q^{n+1}	功能说明
1	0	0	置 0
1	1	1	置 1
0	×	Q^n	保持

图 7-9 所示为集成 TTL 同步 D 触发器 373 的引脚排列,373 为三态逻辑的八 D 透明锁存器,共有 54LS373 和 74LS373 两种型号,$D_0 \sim D_7$ 为数据输入端;OE 为三态允许控制端(低电平有效);LE 为锁存允许端;$O_0 \sim O_7$ 为输出端,可直接与总线相连。

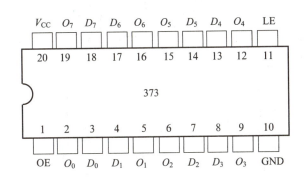

图 7-9　集成 TTL 同步 D 触发器 373 的引脚排列

当三态允许控制端 OE 为低电平时,$O_0 \sim O_7$ 为正常逻辑状态,可用来驱动负载或总线。当 OE 为高电平时,$O_0 \sim O_7$ 呈高阻态,既不驱动总线,也不为总线的负载,但锁存器内部的逻辑操作不受影响。

当锁存允许端 LE 为高电平时,输出 O 随数据 D 而变。当 LE 为低电平时,O 被锁存为已建立的数据电平。74LS373 特性表见表 7-3。

表 7-3　74LS373 特性表

D_n	LE	OE	O_n
1	1	0	1
0	1	0	0
×	0	0	保持
×	×	1	高阻态

二、边沿 D 触发器

边沿触发器输出状态是根据 CP 触发沿到达前瞬间输入信号的状态来决定的,其具有抗干扰能力强、速度快、对输入信号的时间配合要求不高等优点,但是要求在触发沿到来时输入信号保持稳定。

CC4013 是主从型 CMOS 边沿 D 触发器,其逻辑电路和逻辑符号如图 7-10 所示。它包含主触发器和从触发器两部分及其控制门。D 为数据输入端,Q 和 $\bar{Q}$ 为输出端。S_D 和 R_D 为异步置位端和异步复位端,它们的作用是无论 CP 和 D 的状态如何,都可以将触发器直接置 0 和置 1,优先级别最高。

CC4013 采用上升沿触发方式,其特点是:只有当 CP 上升边沿这一时刻时,$Q^{n+1}=D$,即上升沿触发。在 CP 的其他时间,触发器只能保持原态。

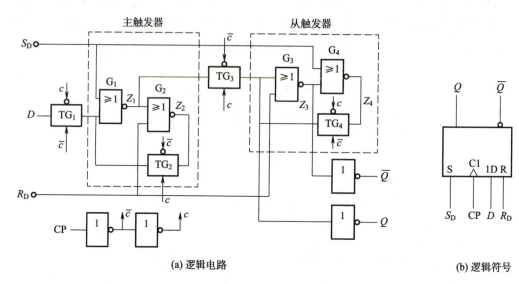

(a) 逻辑电路　　　　　　　　　　　　　(b) 逻辑符号

图 7-10　主从 D 触发器

CC4013 的引脚排列如图 7-11 所示,特性表见表 7-4。

自测

D 触发器

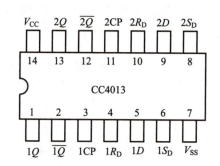

图 7-11　CC4013 的引脚排列

表 7-4　CC4013 的特性表

R_D	S_D	D	CP	Q^{n+1}
1	0	×	×	0
0	1	×	×	1
0	0	0	↑	0
0	0	1	↑	1

7.4 *JK* 触 发 器

JK 触发器主要有主从型和边沿型两大类,目前,*JK* 触发器大都采用边沿型触发方式,下面以负边沿 *JK* 触发器为例进行说明。

一、电路结构

负边沿 *JK* 触发器的逻辑电路和逻辑符号如图 7-12 所示。电路包含一个**与或非门** G_1 和 G_2 组成的基本 *RS* 触发器和两个输入控制门 G_3 和 G_4。G_3 和 G_4 的传输延迟时间大于基本 *RS* 触发器的翻转时间,这种电路正是利用门电路的传输延迟时间实现负边沿触发的。

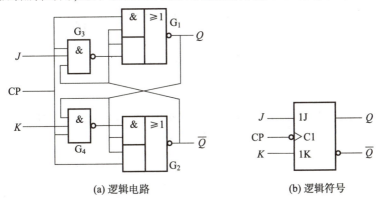

(a) 逻辑电路   (b) 逻辑符号

图 7-12   负边沿 *JK* 触发器

二、功能描述

1. *JK* 触发器特性表

负边沿 *JK* 触发器输出状态是根据 CP 下降沿到达前瞬间输入信号的状态来决定的。而在 CP 变化前后,输入信号状态变化对触发器的状态都不产生影响。

触发器稳定状态下,$J,K,Q^n,\overline{Q^n}$ 之间的逻辑关系见表 7-5。

表 7-5   *JK* 触发器特性表

J	K	Q^{n+1}	功能说明
0	0	Q^n	保持
0	1	0	置 0
1	0	1	置 1
1	1	$\overline{Q^n}$	翻转

2. *JK* 触发器特性方程

根据表 7-5 *JK* 触发器特性表,可得到 *JK* 触发器特性方程为

$$Q^{n+1} = J\overline{Q^n} + \overline{K}Q^n$$

3. JK 触发器时序图

设输出端 Q 的初态为 **0**,负边沿 JK 触发器输入信号 CP,J,K 与输出 Q 的波形图如图 7-13 所示。

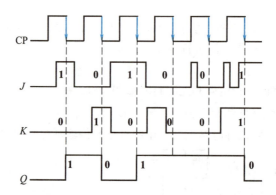

图 7-13 负边沿 JK 触发器的波形图

4. 常用芯片

常用的边沿 JK 触发器产品有 74LS112,54/74HC112,74LS113,54/74HC113,CD4027 等。

边沿 JK 触发器分上升沿和下降沿两种,其逻辑符号如图 7-14 所示。CP 端有空心圆符号的表示下降沿触发,无空心圆符号的表示上升沿触发。

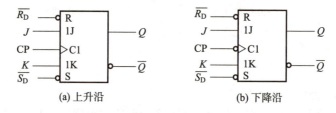

(a) 上升沿   (b) 下降沿

图 7-14 边沿 JK 触发器的逻辑符号

表 7-6 是集成边沿 JK 触发器 74LS112 功能表,$\overline{S_D}$ 和 $\overline{R_D}$ 分别为异步置位端和异步复位端,低电平有效。

表 7-6 集成边沿 JK 触发器 74LS112 功能表

$\overline{R_D}$	$\overline{S_D}$	CP	J	K	Q^n	Q^{n+1}	功能说明
0	1	×	×	×	×	0	异步置 0
1	0	×	×	×	×	1	异步置 1
1	1	↓	0	0	0	0	保持
1	1	↓	0	0	1	1	
1	1	↓	0	1	0	0	置 0
1	1	↓	0	1	1	0	

$\overline{R_D}$	$\overline{S_D}$	CP	J	K	Q^n	Q^{n+1}	功能说明
1	1	↓	1	0	0	1	置 1
1	1		1	0	1	1	
1	1	↓	1	1	0	1	翻转
1	1		1	1	1	0	

TTL 集成边沿 JK 触发器 74LS112 和 CD4027 引脚排列如图 7-15 所示。

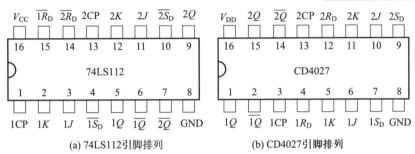

(a) 74LS112引脚排列　　(b) CD4027引脚排列

图 7-15　TTL 集成边沿 JK 触发器

7.5　T 触发器和 T' 触发器

一、T 触发器

T 触发器无独立型号产品,而是由 RS,D,JK 等触发器作适当连线来实现的,图 7-16 所示 T 触发器是由 JK 触发器来实现 T 触发器功能的。将 $J=K=T$ 代入 JK 触发器特性方程,得 T 触发器特性方程为

$$Q^{n+1} = T \oplus Q^n$$

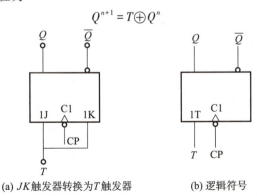

(a) JK触发器转换为T触发器　　(b) 逻辑符号

图 7-16　T 触发器

当 $T=0$ 时,时钟脉冲作用后,触发器状态保持不变,当 $T=1$ 时,触发器具有翻转功能,其特性表见表 7-7。

表 7-7　T 触发器特性表

T	Q^{n+1}	功能说明
0	Q^n	保持
1	$\overline{Q^n}$	翻转

二、T' 触发器

T' 触发器的逻辑功能是当 CP 触发沿到来时发生翻转,所以将 T 触发器的输入 $T=1$,即得 T' 触发器。由 D 触发器实现时,令 $D=\overline{Q^n}$,如图 7-17(a) 所示,由 JK 触发器实现时,令 $J=K=1$,如图 7-17(b) 所示,以上两种方法均可以实现翻转功能,T' 触发器的特性方程为

$$Q^{n+1}=\overline{Q^n}$$

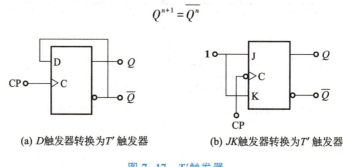

(a) D 触发器转换为 T' 触发器　　(b) JK 触发器转换为 T' 触发器

图 7-17　T' 触发器

项目实施 　　　　　　　　　　　　　　　　　　　　　　　　　＜＜＜

任务一　原 理 分 析

微课
四路抢答器
仿真

抢答器完成两个功能:一是分辨出选手按下抢答按钮的先后,并锁定抢答电路;二是显示优先抢答选手编号。

图 7-2 所示为抢答器原理图,电路中 K1~K4 是四个选手的抢答按钮,K5 是主持人控制按钮,电路采用上升沿触发的 D 锁存器 74LS175 实现锁存功能,采用两个两输入端**或**门实现编码功能。七段显示器集成了译码、驱动和显示电路。当主持人将控制按钮处于"清零"位置时,该电路清零(即当 $\overline{\text{CLR}}$ 接低电平时,触发器清零,数码管显示为"0"),当主持人将控制按钮处于"开始"位置时(即 $\overline{\text{CLR}}$ 为高电平时),锁存器处于工作状态,抢答器电路处于等待工作状态。这时当有选手按下抢答按钮时,如按下 K1,此时 $D_1=1$,由 D 触发器的功能可知,此时 $Q_1=1$(数码管显示选

手编号"1"），这时 $\overline{Q_1}=0$，经过四输入端与门由 **0** 变为 **1**，封锁了 CP 的输入，因此，选手通过抢答按钮来抢答，只接收到 CP 一次的电平变化，从而实现了封锁其他选手的抢答。只有在主持人操作"清零"时，抢答器电路复位，才能进行下一轮抢答。

$Q_4Q_3Q_2Q_1$ 是 74LS175 锁存数据输出端，作为选手编号编码器的输入端，$A_3A_2A_1A_0$ 是编码器的输出端，对应选手编号，作为七段显示译码器输入端信号，其真值表见表 7-8。

表 7-8 编码器真值表

Q_4	Q_3	Q_2	Q_1	A_3	A_2	A_1	A_0	选手编号
0	0	0	1	0	0	0	1	1
0	0	1	0	0	0	1	0	2
0	1	0	0	0	0	1	1	3
1	0	0	0	0	1	0	0	4

译码显示电路输入端"A_0""A_1""A_2""A_3"的逻辑函数表达式为

$$A_0 = Q_1 + Q_3$$
$$A_1 = Q_2 + Q_3$$
$$A_2 = Q_4$$
$$A_3 = 0$$

电路中的脉冲源 CP 是由 555 定时器构成多谐振荡器产生的（后续将详细介绍），当电源接通时，产生周期约为 7 ms 的矩形脉冲信号。

任务二　电路装配与调试

一、装配前准备

1. 元器件、器材的准备

按照表 7-9 元器件清单和表 7-10 器材清单进行准备。

表 7-9 元器件清单

序号	名称	规格型号	数量
1	覆铜板	100 mm×80 mm	1
2	按钮开关		5
3	两输入端接线端子		1
4	集成电路 IC 底座	14 脚	2
		16 脚	2

序号	名称	规格型号	数量
5	*D* 锁存器	74LS175	1
6	四输入端与门	74LS21	1
7	二输入端**或**门	74LS32	1
8	二输入端与非门	74LS00	1
9	七段译码器	CD4511	1
10	七段 LED 数码管	SM420501K	1
11	555 定时器	NE555	1
12	瓷介电容器	$0.01\mu F$	1
13	电解电容器	$1\ \mu F$	1
14	电阻器	$1\ k\Omega$	5
		$10\ k\Omega$	5
		$43\ k\Omega$	1
		$200\ \Omega$	1

表 7-10　器材清单

序号	类别	名称
1	工具	电烙铁($20\sim35$ W)、烙铁架、拆焊枪、静电手环、剥线钳、尖嘴钳、一字螺丝刀、十字螺丝刀、镊子
2	设备	电钻、切板机、转印机
3	耗材	焊锡丝、松香、导线
4	仪器仪表	万用表,直流稳压电源、示波器、数字实验平台

2. 元器件的识别与检测

目测各元器件应无裂纹,无缺角;引脚完好无损;规格型号标识应清楚完整;尺寸与要求一致,将检测结果填入表 7-11。按元器件检验方法对表中元器件进行功能检测,将结果填入表 7-11。

表 7-11　元器件检测表

序号	名称	规格型号	外观检测结果	功能检测		备注
				数值/逻辑测试	结果	
1	覆铜板	100 mm×80 mm				
2	按钮开关					
3	两输入端接线端子					

序号	名称	规格型号	外观检测结果	功能检测		备注
				数值/逻辑测试	结果	
4	集成电路 IC 底座	14 脚				
		16 脚				
5	*D* 锁存器	74LS175				
6	四输入端**与**门	74LS21				
7	二输入端**或**门	74LS32				
8	二输入端**与非**门	74LS00				
9	七段译码器	CD4511				
10	七段 LED 数码管	SM420501K				
11	555 定时器	NE555				
12	瓷介电容器	0.01 μF				
13	电解电容器	1 μF				
14	电阻器	1 kΩ				
		10 kΩ				
		43 kΩ				
		200 Ω				

3. 印制电路板设计与制作

四路抢答器印制电路板设计图如图 7-18 所示。印制电路板的制作过程参考项目六。

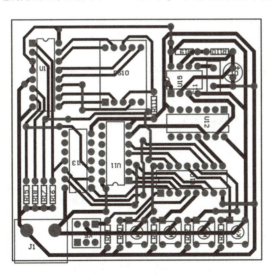

图 7-18 四路抢答器印制电路板设计图

二、电路装配

组装前首先对元器件引脚进行整形处理,按照电路原理图进行安装。

安装时注意:电阻器水平安装,紧贴电路板,集成芯片先装集成电路 IC 底座,后安装集成芯片(注意引脚排列),集成电路 IC 底座贴板面安装(注意引脚排列),各元器件引脚成形在焊面上高出 2 mm 为宜。

元器件要依据先内后外,由低到高的原则,依次按照电阻器、按钮开关、集成电路 IC 底座、数码管、接线端子顺序安装、焊接。要求焊点要圆滑、光亮,防止虚焊、假焊、漏焊,电路所有元器件焊接完毕,先连接电源线,再连接其他导线,最后清洁电路板。要求整个电路美观、均匀、整齐,整洁。

三、电路调试

1. 直观检查

(1)检查电源线、地线、信号线是否连好,有无短路;

(2)检查各元器件、组件安装位置、引脚连接是否正确;

(3)检查引线是否有错线、漏线;

(4)检查焊点有无虚焊;

(5)检查集成器件底座焊接是否短路。

2. 通电测试

控制按钮清零操作,显示器显示"0",四路抢答按钮依次测试能否锁存,正常显示抢答选手对应的编号。将测试结果填入表 7-12。

表 7-12　电路功能测试记录表

功能描述	测试记录
主持人按下控制按钮清零后,显示器显示"0"	
4 位选手依次抢答,显示器显示对应选手编号,并能锁存至清零	

3. 故障检测与分析

根据实际情况正确描述故障现象,正确选择仪器仪表,准确分析故障原因,排除故障。将故障检测情况填入表 7-13。

表 7-13　故障检测与分析记录表

内容	检测记录		
故障描述			
仪器使用			
原因分析			
重现电路功能			

故障分析要点：

（1）电路不能清零，检查控制按钮的状态与74LS175清零端的状态是否一致，判断电路是否处于开路状态；

（2）电路不能锁存，用万用表或数字电路实验箱逻辑电平测试检查74LS21输入、输出电平是否正确，检查对应连线连接是否可靠；

（3）电路不能正常显示抢答选手编号，检查74LS32输入、输出电平是否正确，检查对应连线连接是否可靠。

项目评价

根据项目实施情况将评分结果填入表7-14。

表7-14 项目实施过程考核评价表

序号	主要内容	考核要求	考核标准	配分	扣分	得分
1	工作准备	认真完成项目实施前的准备工作	（1）劳防用品穿戴不合规范，仪容仪表不整洁，扣5分； （2）仪器仪表未调节，放置不当，扣2分； （3）电子实验实训装置未检查就通电，扣5分； （4）材料、工具、元器件未检查或未充分准备，每项扣2分	10		
2	元器件的识别与检测	能正确识别和检测电阻器、门电路、74LS175、CD4511、数码管等元器件	（1）不能正确根据色环法识读各类电阻器阻值，每错一个扣2分； （2）不能运用万能表正确、规范测量各电阻器阻值，每错一个扣2分； （3）不能在数字电路实验箱上正确验证门电路、74LS175、七段译码器和七段LED数码管功能，每错一项扣5分	30		
3	电路装配与焊接	（1）焊接安装无错漏，焊点光滑、圆润、干净、无毛刺，焊点基本一致； （2）印制电路板无缺陷； （3）元器件极性正确； （4）印制电路板安装对位； （5）焊接板清洁无污物	（1）不能按照安装要求正确安装各元器件，每错一个扣1分； （2）印制电路板出现缺陷，每处扣3分； （3）不能按照焊接要求正确完成焊接，每漏焊或虚焊，每处扣1分； （4）元器件布局不合理，电路整体不美观、不整洁，扣3分。	20		

序号	主要内容	考核要求	考核标准	配分	扣分	得分
4	电路调试与检测	（1）能正确调试电路功能； （2）能正确描述故障现象，分析故障原因； （3）能正确使用仪器设备对电路进行检查，排除故障	（1）调试过程中，测试操作不规范，每处扣5分 （2）调试过程中，没有按要求正确记录观察现象和测试数据，每处扣5分 （3）调试过程中，电路部分功能不能实现，每缺少一项扣5分 （4）调试过程中，不能根据实际情况正确分析故障原因并正确排故，每处扣5分	30		
5	职业素养	遵守安全操作规范，能规范、安全地使用仪器仪表，具有安全意识，严格遵守实训场所管理制度，认真实行6S管理	（1）违反安全操作规程，每次视情节酌情扣5~10分； （2）违反工作场所管理制度，每次视情节酌情扣5~10分； （3）工作结束，未执行6S管理，不能做到人走场清，每次视情节酌情扣5~10分	10		
备注			成绩			

项目拓展 <<<

八路竞赛抢答器的制作

根据图7-19所示的电路和参数制作八路竞赛抢答器，电路由控制按钮和抢答按钮、优先编码、锁存器、译码电路、显示器以及控制电路构成。电路选用优先编码器74LS148、边沿 D 触发器74LS279和七段译码器74LS48来完成。该电路主要完成两个功能：一是分辨出选手按下按钮的先后，并锁存优先抢答者的编号，同时译码显示电路显示编号（显示电路采用共阴极七段 LED 数码管）；二是禁止其他选手按下按钮，其按下按钮操作无效。

工作原理分析：主持人按下控制按钮 S"清零"时，D 触发器的直接复位端接收低电平有效，74LS48的 $\overline{BI}/\overline{RBO}=0$，显示器灭灯，74LS148的选通输入端 $\overline{ST}=0$，74LS148处于工作状态。当主持人松开控制按钮，优先编码电路和锁存电路同时处于工作状态，即抢答器处于等待工作状态，等待输入端 $\overline{I_0} \sim \overline{I_7}$ 输入信号，当有选手将抢答按钮按下时，如按下 S_5，74LS148的输出 $\overline{Y_2}\,\overline{Y_1}\,\overline{Y_0}=010$，$\overline{Y_{EX}}=0$，经过74LS279后，CTR$=1$，$\overline{BI}/\overline{RBO}=1$，74LS279处于工作状态，$4Q3Q2Q=101$，经74LS48译码后，显示器上显示出"5"。此外，CTR$=1$，使

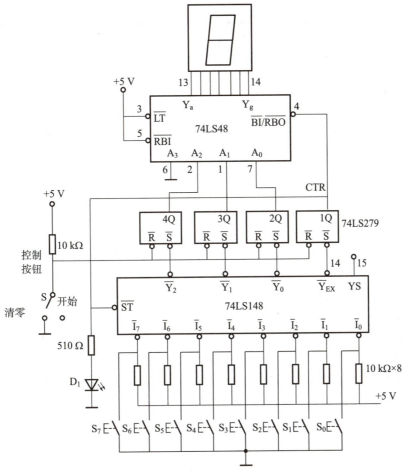

图 7-19   八路竞赛抢答器电路原理图

74LS148 的 $\overline{ST}$ 为高电平，74LS148 处于禁止工作状态，封锁其他抢答按钮的输入。当选手按下的抢答按钮松开后，74LS148 上的 $\overline{Y_{EX}}$ 为高电平，但由于 CTR 维持高电平不变，所以 74LS148 仍处于禁止工作状态，其他抢答按钮的输入信号不会被接收。这就保证了抢答者的优先性以及抢答电路的准确性。当优先抢答者回答完问题后，主持人只需再次按下控制按钮，便可以进行下轮抢答。

八路竞赛抢答器元器件清单见表 7-15。

表 7-15   八路竞赛抢答器元器件清单

序号	名称	规格型号	数量
1	按钮开关		9
2	8 线-3 线编码器	74LS148	1
3	集成 RS 触发器	74LS279	1
4	显示译码器	74LS48	1

序号	名称	规格型号	数量
5	七段 LED 数码管	SM420501K	1
6	发光二极管		1
7	电阻器	10 kΩ	9
		510 Ω	1

知识拓展 ≪≪

表面贴装技术

表面贴装技术(surface mount technology,SMT)是无须对印制电路板钻插装孔,直接将片式元器件贴、焊到印制电路板表面的组装技术。贴装分手工贴装和自动化贴装,手工贴装主要应用于样机试制阶段或小批量生产,自动化贴装因可靠性高、缺陷率低,广泛应用于数码电子产品的生产中。

表面贴装技术具有以下特点:

(1)组装密度高,电子产品体积小,重量轻,贴片元器件的体积和重量只有传统插装元器件的10%左右,一般采用SMT之后,电子产品体积缩小40%~60%,重量减轻60%~80%。

(2)可靠性高、抗振能力强,焊点缺陷率低。

(3)高频特性好。

(4)易于实现自动化,提高生产效率。

一、手工贴装

1. 片式元器件的手工焊接步骤

(1)预加焊锡。用电烙铁在元器件其中一个焊盘加锡。

(2)用镊子夹持片式元器件,对准、固定在焊盘上。

(3)加热加过锡的焊盘,使焊锡再次熔化(注意不要用烙铁头碰元器件引脚)

(4)在焊盘上加适量的焊锡。

(5)撤离焊锡和电烙铁,让焊盘冷却(注意在冷却过程中不要让元器件移动)。

(6)重复(4)和(5)焊接固定元器件另一端。

2. 翼形封装和 J 形封装多引脚元器件的焊接步骤

对于翼形封装和 J 形封装的元器件,首先,元器件引脚应对准焊点,然后将元器件对角线上的两个引脚按照片式元器件的焊法焊牢,再加锡进行逐个引脚焊接,注意不能产生焊盘粘锡。

二、自动化贴装

自动化贴装工艺基本流程如下:

来料检测→锡膏印刷(点贴片胶)→零件贴装→烘干(固化)→

回流焊接→清洗→检测→返修

（1）锡膏印刷：其方法有丝网印刷法和模板漏印法，前者适用于精度要求不高的 SMT 电路板的生产，而后者印刷机精度高，适用于大批量生产高精度电子产品。工作过程是将锡膏漏印到模板或丝网上，用刮刀从一端刮向另一端，焊锡膏漏印到 PCB 的焊盘上，为元器件的焊接作准备。所用设备印刷机（锡膏印刷机），位于 SMT 生产线的最前端。

（2）零件贴装：其作用是将表面组装元器件准确安装到 PCB 的固定位置上。所用设备为贴片机，位于 SMT 生产线中印刷机的后面，有高速贴片机，用于贴装电阻器、电容器、二极管和三极管等分主元件；中速贴片机用于贴装 IC 芯片；多功能贴片机，既能贴装大型 SMD，也能贴装异形 SMD 元器件。

（3）回流焊接：其作用是将焊膏融化，使表面组装元器件与 PCB 板牢固焊接在一起。所用设备为回流焊炉，位于 SMT 生产线中贴片机的后面，对于温度要求相当严格，需设置合理的温度曲线。其特点是焊接工艺简单，焊接质量好，可靠性高。

（4）检测：自动光学检测（automatic optic inspection，AOI）是基于光学原理来对焊接生产中遇到的常见缺陷进行检测的设备。AOI 运用高速高精度视觉处理技术自动检测 PCB 的各种不同贴装错误及焊接缺陷，当自动检测时，机器通过摄像头自动扫描 PCB，采集图像，将测试的焊点与数据库中的合格的参数进行比较，经过图像处理，检查出 PCB 的缺陷，并通过显示器或自动标志把缺陷显示/标示出来，供维修人员修整。AOI 放置在锡膏印刷之后、回流焊接前，或回流焊接后。

练习与提高

7.1 触发器通常具有 _____ 个不同稳定状态，一个触发器可以存放 _____ 位二进制数。对于基本 RS 触发器，当 $Q=0$，$\bar{Q}=1$ 时，称触发器处于 _____ 状态；当 $Q=1$，$\bar{Q}=0$ 时，称触发器处于 _____ 状态。

7.2 RS 触发器的特性方程为 _____，约束条件为 _____ 。

7.3 JK 触发器的特性方程为 _____；D 触发器的特性方程为 _____ 。

7.4 触发器是由逻辑门组成，所以它的功能特点是（   ）。

A. 和逻辑门功能相同　　B. 有记忆功能　　C. 没有记忆功能

7.5 由**与非**门构成的基本 RS 触发器，当 $R=0$，$S=1$ 时，则（   ）。

A. $Q=0$，$\bar{Q}=1$ 　　　B. $Q=1$，$\bar{Q}=0$ 　　　C. $Q=1$，$\bar{Q}=1$ 　　　D. $Q=0$，$\bar{Q}=0$

7.6 由**或非**门构成的基本 RS 触发器，当 $R=0$，$S=1$ 时，则（   ）。

A. $Q=0$，$\bar{Q}=1$ 　　　B. $Q=1$，$\bar{Q}=0$ 　　　C. $Q=1$，$\bar{Q}=1$ 　　　D. $Q=0$，$\bar{Q}=0$

7.7 边沿 D 触发器，在时钟脉冲 CP 触发沿到来前 D 为 1，而 CP 触发沿后 D 变为 0，则 CP 触发沿经过后，触发器的状态为（   ）。

A. $Q=0$，$\bar{Q}=1$ 　　　B. $Q=1$，$\bar{Q}=0$ 　　　C. $Q=1$，$\bar{Q}=1$ 　　　D. $Q=0$，$\bar{Q}=0$

7.8 CMOS 触发器高电平有效的控制端不用时可以悬空。　　　　　（   ）

7.9 TTL 触发器低电平有效的控制端不用时可以悬空。　　　　　（   ）

7.10 具有异步 S_D, R_D 端的 D 触发器也能构成无抖动开关。（　　）

7.11 CP 上升沿触发的 JK 触发器若其原始状态为 **1**，现欲使其次态为 **0**，则应在 CP 上升沿到来之前置 $J = \times$, $K = 1$。（　　）

7.12 根据 $\bar{R}$ 和 $\bar{S}$ 波形，画出图 7-20 所示基本 RS 触发器的输出 Q 的波形。设初始状态 $Q = 0$。

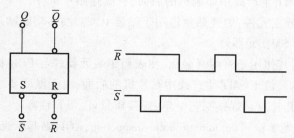

图 7-20　题 7.12 图

7.13 设图 7-21 所示各电路中触发器的初始状态皆为 **0**，试画出在 CP 信号作用下各触发器输出端 $Q_1 \sim Q_{12}$ 的电压波形。

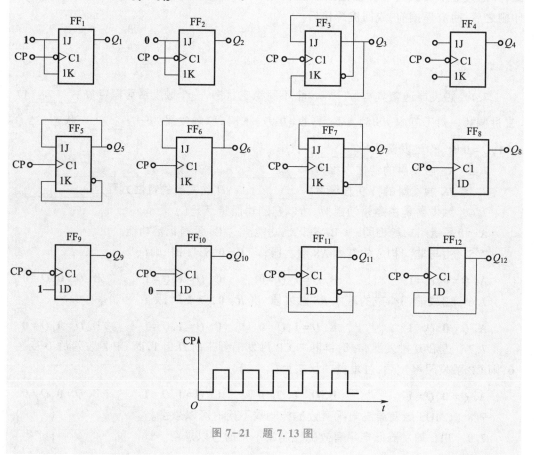

图 7-21　题 7.13 图

7.14 画出图 7-22 所示电路 Q 端波形。设初始状态 $Q=0$。

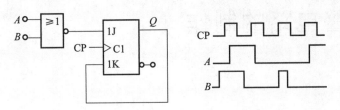

图 7-22 题 7.14 图

7.15 设一边沿 JK 触发器的初始状态为 0，CP，J，K 信号如图 7-23 所示，试画出触发器 Q 端的波形。

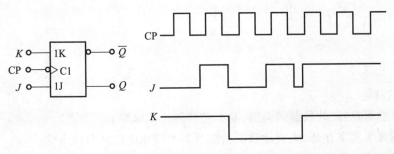

图 7-23 题 7.15 图

7.16 已知维持阻塞 D 触发器的 D 和 CP 端电压波形如图 7-24 所示，试画出 Q 和 $\overline{Q}$ 端的电压波形。假定触发器的初始状态为 $Q=0$。

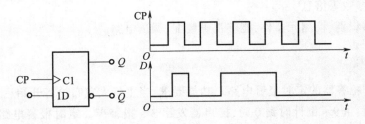

图 7-24 题 7.16 图

7.17 如初始状态 $Q_0=Q_1=0$，试画出图 7-25 所示电路的 Q_0 和 Q_1 波形。

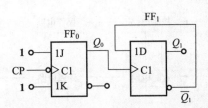

图 7-25 题 7.17 图

项目八
定时报警电路的制作

项目目标　　　　　　　　　　　　　　　　　　　　　　　　«««

1. 知识目标

（1）了解寄存器、计数器的类型、基本结构和工作原理。

（2）掌握集成寄存器、集成计数器功能及典型应用电路的分析方法。

（3）了解 555 定时器电路结构、功能表和引脚排列。

（4）掌握 555 定时器的典型应用电路的分析和设计。

2. 能力目标

（1）会查阅、能看懂文献资料，了解集成寄存器、计数器、555 集成定时器的元器件逻辑功能、典型参数等信息。

（2）能够识别、检测元器件，能够正确装配、调试电路。

项目描述　　　　　　　　　　　　　　　　　　　　　　　　«««

设计制作抢答器的定时报警电路。功能要求：当主持人宣布抢答开始后，开始计时并能够显示时间，当 9 s 倒计时到 0 时，扬声器发出 3 s 报警声。定时报警电路原理框图如图 8-1 所示，电路原理图如图 8-2 所示。要求设计并画出电路原理图，正确选择元器件，设计并制作 PCB，完成电路的装配和调试。

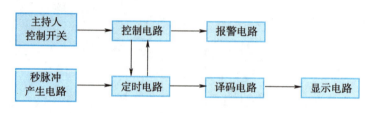

图 8-1　定时报警电路原理框图

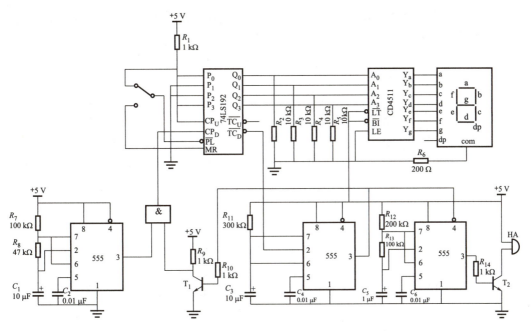

图 8-2　定时报警电路原理图

8.1　寄　存　器

寄存器的功能是存储二进制代码,它是由触发器组合构成的。一个触发器可以存储 1 位二进制代码,故存放 n 位二进制代码的寄存器,需用 n 个触发器来构成。

按照功能的不同,可将寄存器分为基本寄存器和移位寄存器两大类。

一、基本寄存器

基本寄存器只能并行送入数据,并行输出数据。图 8-3 所示为由边沿 D 触发器构成的 4 位基本寄存器。数据输入端为 $D_0 \sim D_3$,输出端为 $Q_0 \sim Q_3$。

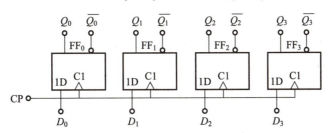

图 8-3　由边沿 D 触发器构成的 4 位基本寄存器

无论寄存器中原来的数据是什么,只要送数控制时钟脉冲 CP 上升沿到来,加在并行数据输入端的数据,就立即被送入寄存器中,即有

$$Q_3^{n+1}Q_2^{n+1}Q_1^{n+1}Q_0^{n+1} = D_3D_2D_1D_0$$

二、移位寄存器

移位寄存器除了有数据存储功能,还有移位功能,移位寄存器中的数据可以在移位脉冲作用下依次逐位右移或左移,移位寄存器又分单向移位寄存器和双向移位寄存器。

图 8-4 所示为 4 位边沿 D 触发器构成的右移移位寄存器,其中,D_0 作为右移数据输入端,$Q_0 \sim Q_3$ 作为并行数据输出端,Q_3 作为串行数据输出端。

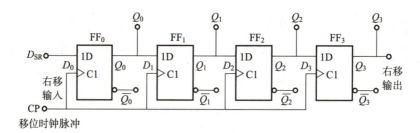

图 8-4 4 位边沿触发器构成的右移移位寄存器

1. 功能分析

以图 8-4 所示寄存器为例,说明时序逻辑电路分析的一般方法。

(1) 根据逻辑图,写出时钟方程(各触发器的时钟信号的逻辑表达式)、驱动方程(触发器输入信号的逻辑函数表达式)及输出方程。

由于电路中的各触发器的时钟信号都来自 CP,也称同步时序逻辑电路,时钟方程可以省略。本电路的并行输出端为 $Q_0 \sim Q_3$,串行输出端为 Q_3,这里输出方程省略。

驱动方程为

$$D_0 = D_{SR}$$
$$D_1 = Q_0^n$$
$$D_2 = Q_1^n$$
$$D_3 = Q_2^n$$

(2) 求得电路的状态方程。将各触发器的驱动方程代入相应特性方程中,求得各触发器的次态方程,从而得到一组状态方程,即

$$Q_0^{n+1} = D_{SR}$$
$$Q_1^{n+1} = Q_0^n$$
$$Q_2^{n+1} = Q_1^n$$
$$Q_3^{n+1} = Q_2^n$$

（3）列出完整的状态转换表或者状态转换图和时序图。状态转换表是依次假定初态，代入状态方程和输出方程，求出次态和输出，列出相应的表格。状态转换图和时序图可依据状态转换表画出。

移位寄存器状态转换表见表 8-1。

表 8-1　移位寄存器状态转换表

输入		现态				次态				说明
D_{SR}	CP	Q_0^n	Q_1^n	Q_2^n	Q_3^n	Q_0^{n+1}	Q_1^{n+1}	Q_2^{n+1}	Q_3^{n+1}	
1	↑	0	0	0	0	1	0	0	0	
1	↑	1	0	0	0	1	1	0	0	Q_3 串行
1	↑	1	1	0	0	1	1	1	0	输出数据
1	↑	1	1	1	0	1	1	1	1	

右移移位寄存器时序图如图 8-5 所示。

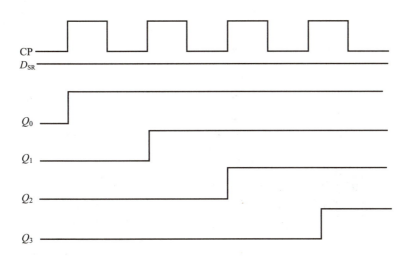

图 8-5　右移移位寄存器时序图

（4）分析电路的逻辑功能。从状态转换表和时序图可以看出，在 CP 脉冲上升沿作用下，$Q_0 \sim Q_3$ 输出数据依次往右移，4 个脉冲后，右移数据输入端的信号逐次移入寄存器中。

从以上分析可以总结单向移位寄存器具有以下特点：

（1）单向移位寄存器中的数码，在 CP 脉冲操作下可以依次右移或左移。

（2）n 位单向移位寄存器可以寄存 n 位二进制代码。n 个 CP 脉冲即可完成串行输入工作，同时从 $Q_0 \sim Q_{n-1}$ 端获得并行的 n 位二进制数码，再经 n 个 CP 脉冲又可实现串行输出操作。

（3）若串行输入端状态为 **0**，则 n 个 CP 脉冲后，寄存器清零。

双向移位寄存器，在控制信号的作用下可以双向移位。

仿真
74LS194 功能
验证

例如,74LS194即为双向移位寄存器,其输入输出方式有:并行输入并行输出;并行输入串行输出;串行输入并行输出;串行输入串行输出。74LS194的引脚排列和逻辑功能示意图如图8-6所示,功能表见表8-2。

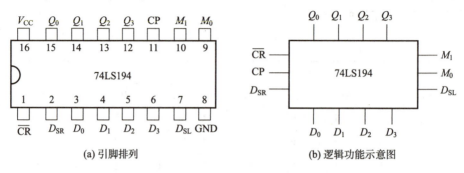

(a) 引脚排列　　　　　　　　　(b) 逻辑功能示意图

图8-6　74LS194的引脚排列和逻辑功能示意图

表8-2　74LS194功能表

$\overline{CR}$	M_1	M_0	CP	工作状态
0	×	×	×	异步清零
1	0	0	×	保持
1	0	1	↑	右移
1	1	0	↑	左移
1	1	1	×	并行输入

自测
寄存器

2. 移位寄存器的应用

移位寄存器不但可以用来寄存代码,还可以用来实现数据的串行和并行转换、数的运算以及数据的处理。图8-7所示为用移位寄存器构成的脉冲序列发生器。

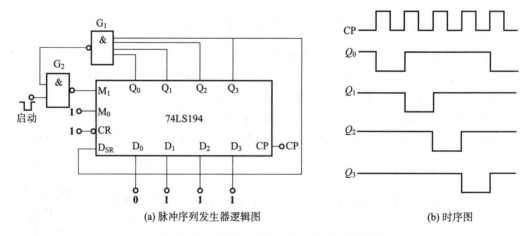

(a) 脉冲序列发生器逻辑图　　　　　　　　　(b) 时序图

图8-7　用移位寄存器构成的脉冲序列发生器

8.2 计 数 器

计数器是数字系统中最常用的时序电路,计数器的功能有记录时钟脉冲个数、定时、分频等。在图 8-1 所示的定时报警电路原理框图中,秒脉冲产生电路就可以采用计数器的分频作用对脉冲发生器产生的脉冲信号进行分频而得秒脉冲。定时电路则采用计数器对秒脉冲计数实现。

计数器的种类很多,有不同的分类方法:

（1）按计数步长分有:二进制、十进制和 N 进制;

（2）按触发器触发时间分有:同步计数器、异步计数器;

（3）按计数功能分有:加法计数器、减法计数器、可逆计数器(加减计数器)。

一、异步二进制计数器

图 8-8 所示为异步二进制加法计数器,图中触发器接成 T' 触发器的形式,时钟方程为 $CP_0 = CP, \cdots, CP_n = Q_{n-1}$,计数脉冲作为最低位触发器时钟脉冲,而低位输出 Q 作为高位触发器的时钟脉冲,即 FF_0 在 CP 的下降沿触发,FF_1 在 Q_0 的下降沿触发,FF_2 在 Q_1 的下降沿触发,依此类推。图 8-9 所示为异步二进制加法计数器时序图。

仿真
异步二进制
加法计数器

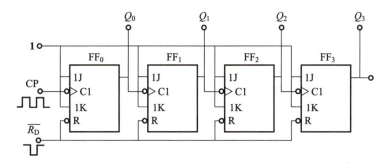

图 8-8 异步二进制加法计数器

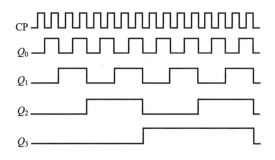

图 8-9 异步二进制加法计数器时序图

若触发器改为上升沿触发,时钟方程应改为

$$CP_0 = CP, \cdots, CP_n = \overline{Q_{n-1}}$$

同样, T' 触发器构成异步二进制减法计数器,也是将低位输出送至相邻高位触发器的 CP 端,电路的连接方法与加法器相反。下降沿触发的异步二进制减法计数器如图 8-10 所示,时钟方程为 $CP_0 = CP, \cdots, CP_n = \overline{Q_{n-1}}$。上升沿触发的异步二进制减法计数器如图 8-11 所示,时钟方程为 $CP_0 = CP, \cdots, CP_n = Q_{n-1}$。

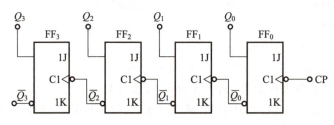

图 8-10 下降沿触发的异步二进制减法计数器

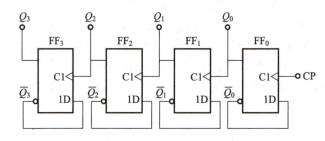

图 8-11 上升沿触发的异步二进制减法计数器

异步二进制计数器优点是电路简单。n 位二进制计数器最多能累计的脉冲数 $N = 2^n$ 个,N 称为计数器的步长或计数器的容量。异步二进制计数器缺点是工作速度慢,可靠性较差,容易产生错误的译码输出。

二、同步二进制计数器

1. 同步二进制加法计数器

同步二进制加法计数器的构成方法是:将触发器接成 T 触发器,各触发器都用计数脉冲 CP 触发,最低位触发器的 T 输入为 **1**,其他触发器的 T 输入为其低位各触发器输出信号相**与**,如图 8-12 所示。

同步二进制加法计数器驱动方程为

$$J_0 = K_0 = 1$$
$$J_1 = K_1 = Q_0^n$$
$$J_2 = K_2 = Q_0^n Q_1^n$$
$$J_3 = K_3 = Q_0^n Q_1^n Q_2^n$$

同步二进制加法计数器状态表见表 8-3。

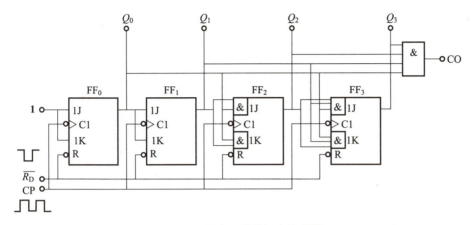

图 8-12 同步二进制加法计数器

表 8-3 同步二进制加法计数器状态表

计数顺序	计数状态				计数顺序	计数状态			
	Q_3	Q_2	Q_1	Q_0		Q_3	Q_2	Q_1	Q_0
0	**0**	**0**	**0**	**0**	8	**1**	**0**	**0**	**0**
1	**0**	**0**	**0**	**1**	9	**1**	**0**	**0**	**1**
2	**0**	**0**	**1**	**0**	10	**1**	**0**	**1**	**0**
3	**0**	**0**	**1**	**1**	11	**1**	**0**	**1**	**1**
4	**0**	**1**	**0**	**0**	12	**1**	**1**	**0**	**0**
5	**0**	**1**	**0**	**1**	13	**1**	**1**	**0**	**1**
6	**0**	**1**	**1**	**0**	14	**1**	**1**	**1**	**0**
7	**0**	**1**	**1**	**1**	15	**1**	**1**	**1**	**1**

同步二进制加法计数器计数步长为 $N = 2^n$（n 为触发器的个数）。

2. 同步二进制减法计数器

根据同步二进制减法计数器状态转换的规律,同步二进制减法计数器驱动方程为

$$J_0 = K_0 = 1$$

$$J_1 = K_1 = \overline{Q_0^n}$$

$$J_2 = K_2 = \overline{Q_0^n}\,\overline{Q_1^n}$$

$$J_3 = K_3 = \overline{Q_0^n}\,\overline{Q_1^n}\,\overline{Q_2^n}$$

同步二进制减法计数器状态表见表 8-4,当计数器减至 **0001** 状态时,再来 1 个计数脉冲,状态返回 **0000**,开始下一次循环。

表 8-4　同步二进制减法计数器状态表

计数顺序	计数状态				计数顺序	计数状态			
	Q_3	Q_2	Q_1	Q_0		Q_3	Q_2	Q_1	Q_0
0	0	0	0	0	8	1	0	0	0
1	1	1	1	1	9	0	1	1	1
2	1	1	1	0	10	0	1	1	0
3	1	1	0	1	11	0	1	0	1
4	1	1	0	0	12	0	1	0	0
5	1	0	1	1	13	0	0	1	1
6	1	0	1	0	14	0	0	1	0
7	1	0	0	1	15	0	0	0	1

3. 同步二进制可逆计数器

将加法和减法计数器综合起来,由控制门进行加、减法转化,则得到可逆计数器。同步二进制可逆计数器驱动方程为

$$J_0 = K_0 = 1$$

$$J_1 = K_1 = SQ_0^n + \overline{S}\ \overline{Q_0^n}$$

$$J_2 = K_2 = SQ_0^nQ_1^n + \overline{S}\ \overline{Q_0^n}\ \overline{Q_1^n}$$

$$J_3 = K_3 = SQ_0^nQ_1^nQ_2^n + \overline{S}\ \overline{Q_0^n}\ \overline{Q_1^n}\ \overline{Q_2^n}$$

$S = 1$ 时,加计数;$S = 0$ 时,减计数。同步二进制可逆计数器如图 8-13 所示。

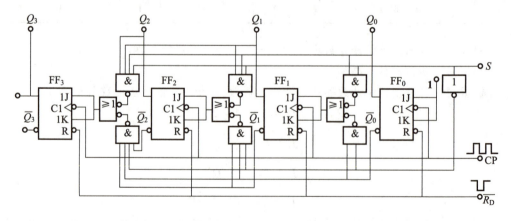

图 8-13　同步二进制可逆计数器

4. 集成同步二进制计数器

（1）4位同步二进制加法计数器

74161是可预制4位同步二进制加法计数器，74161的逻辑符号和引脚排列如图8-14所示。其中，$\overline{R_D}$为清零端，$\overline{LD}$为预置数端，D_3，D_2，D_1，D_0为预置数据输入端，ET，EP为使能端（低电平有效），RCO为进位输出端。

仿真
4位二进制加法计数器

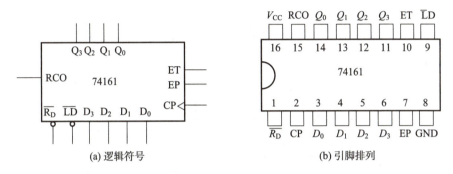

(a) 逻辑符号   (b) 引脚排列

图8-14 74161的逻辑符号和引脚排列

74161功能表见表8-5。

表8-5 74161功能表

清零	预置数	使能		时钟	预置数据输入				输出				工作模式
$\overline{R_D}$	$\overline{LD}$	EP	ET	CP	D_3	D_2	D_1	D_0	Q_3	Q_2	Q_1	Q_0	
0	×	×	×	×	×	×	×	×	**0**	**0**	**0**	**0**	异步清零
1	**0**	×	×	↑	d_3	d_2	d_1	d_0	d_3	d_2	d_1	d_0	同步置数
1	**1**	**0**	×	×	×	×	×	×	保持				数据保持
1	**1**	×	**0**	×	×	×	×	×	保持				数据保持
1	**1**	**1**	**1**	↑	×	×	×	×	计数				加法计数

由上表可知，74161具有以下功能：

① 异步清零功能：$\overline{R_D}$低电平时有效。

② 同步置数功能：$\overline{LD}$低电平时有效。

③ 计数功能：EP = ET = 1时有效，计数状态为 **0000 ~ 1111**。

④ 保持功能：$\overline{R_D}$ = **1**，$\overline{LD}$ = **1**，EP和ET中至少有1个为低电平时有效。

图8-15所示为74161时序图。

74163同是4位同步二进制加法计数器，与74161的区别在于：74161为异步置 **0**，而74163为同步置 **0**。其他功能及引脚排列完全相同。

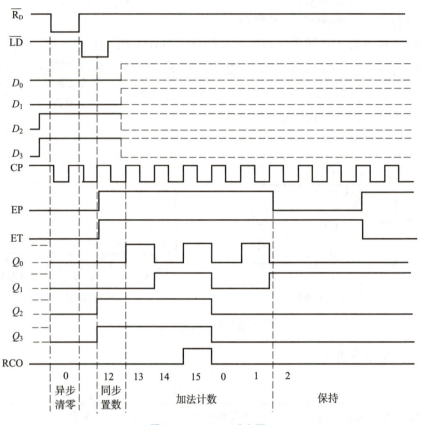

图 8-15　74161 时序图

（2）4 位同步二进制可逆计数器

图 8-16 所示为集成 4 位同步二进制可逆计数器 74191 的逻辑符号和引脚排列。其中，$\overline{\text{LD}}$ 为预置数端；D_3,D_2,D_1,D_0 为预置数据输入端；$\overline{\text{EN}}$ 为使能端，低电平有效；$D/\overline{U}$ 为加/减控制端，为 **0** 时作加法计数，为 **1** 时作减法计数；MAX/MIN 为最大/最小输出端；$\overline{\text{RCO}}$ 为行波时钟输出端。

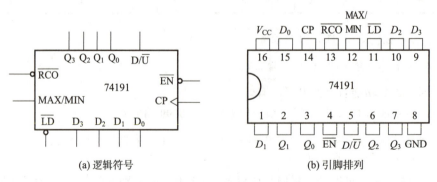

图 8-16　74191 的逻辑符号和引脚排列

74191 功能表见表 8-6。

表 8-6　74191 功能表

预置数	使能	加/减控制	时钟	预置数据输入				输出				工作模式
$\overline{LD}$	$\overline{EN}$	$D/\overline{U}$	CP	D_3	D_2	D_1	D_0	Q_3	Q_2	Q_1	Q_0	
0	×	×	×	d_3	d_2	d_1	d_0	d_3	d_2	d_1	d_0	异步置数
1	1	×	×	×	×	×	×	保持				数据保持
1	0	0	↑	×	×	×	×	加法计数				加法计数
1	0	1	↑	×	×	×	×	减法计数				减法计数

由上表可知,74191 具有以下功能:

① 异步置数功能:当 $\overline{LD}=0$ 时,无须时钟脉冲 CP 配合,并行置数,即 $Q_3Q_2Q_1Q_0 = d_3d_2d_1d_0$,由于该操作不受 CP 控制,所以称为异步置数。注意:该计数器无清零端,需清零时,可用预置数的方法置 0。

② 保持功能:当 $\overline{LD}=1$ 且 $\overline{EN}=1$ 时,则计数器保持原来的状态不变。

③ 计数功能:当 $\overline{LD}=1$ 且 $\overline{EN}=0$ 时,$D/\overline{U}=0$ 则作加法计数;$D/\overline{U}=1$ 则作减法计数。

另外,该电路还有最大/最小输出端 MAX/MIN 和行波时钟输出端 $\overline{RCO}$,它们的逻辑函数表达式为

$$MAX/MIN = D/\overline{U} \cdot Q_3Q_2Q_1Q_0 + \overline{D/\overline{U}} \cdot \overline{Q_3Q_2Q_1Q_0}$$

$$\overline{RCO} = \overline{\overline{EN} \cdot \overline{CP} \cdot MAX/MIN}$$

即当加法计数计到最大值 1111 时,MAX/MIN 端输出 1,如果此时 CP = 0,则 $\overline{RCO}=0$,发一个进位信号;当减法计数计到最小值 0000 时,MAX/MIN 端也输出 1,如果此时 CP = 0,则 $\overline{RCO}=0$,发一个借位信号。

自测
同步二进制
计数器

三、异步二-十进制计数器

十进制计数器是取 0000 ~ 1111 十六个状态中的十个状态表示 0 ~ 9 十个数码,也称二-十进制计数器。如果取 0000 ~ 1001 表示 0 ~ 9 十个数码,也就是计数器每计十个计数脉冲,计数器的状态循环一次,称为 8421 码二-十进制计数器。

异步二-五-十进制加法计数器 74290 如图 8-17 所示。它包含一个独立的 1 位二进制计数器和一个独立的五进制计数器。二进制计数器的时钟输入端为 CP_1,输出端为 Q_0;五进制计数器的时钟输入端为 CP_2,输出端为 Q_1,Q_2,Q_3。如果将 Q_0 与 CP_2 相连,CP_1 作时钟脉冲输入端,$Q_0 \sim Q_3$ 作输出端,则为 8421 码二-十进制加法计数器。

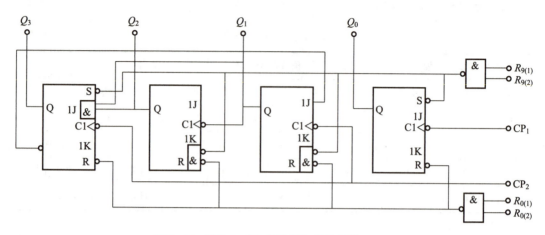

图 8-17 异步二-五-十进制加法计数器 74290

74290 功能表见表 8-7。

表 8-7 74290 功能表

复位输入		置位输入		时钟	输出				工作模式
$R_{0(1)}$	$R_{0(2)}$	$R_{9(1)}$	$R_{9(2)}$	CP	Q_3	Q_2	Q_1	Q_0	
1	**1**	**0**	×	×	**0**	**0**	**0**	**0**	异步清零
1	**1**	×	**0**	×	**0**	**0**	**0**	**0**	
×	×	**1**	**1**	×	**1**	**0**	**0**	**1**	异步置数
0	×	**0**	×	↓	计数				加法计数
0	×	×	**0**	↓	计数				
×	**0**	**0**	×	↓	计数				
×	**0**	×	**0**	↓	计数				

由功能表可知,74290 具有以下功能:

(1)异步清零:当复位输入 $R_{0(1)} = R_{0(2)} = 1$,且置位输入 $R_{9(1)} R_{9(2)} = 0$ 时,不论有无时钟脉冲 CP,计数器输出将被直接置 0。

(2)异步置数:当置位输入 $R_{9(1)} = R_{9(2)} = 1$ 时,无论其他输入端状态如何,计数器输出将被直接置 9(即 $Q_3 Q_2 Q_1 Q_0 = 1001$)。

(3)计数。当 $R_{0(1)} R_{0(2)} = 0$,且 $R_{9(1)} R_{9(2)} = 0$ 时,在计数脉冲(下降沿)作用下,进行二-五-十进制加法计数。

四、同步十进制计数器

1. 集成同步十进制加法计数器

74160 是 8421 码同步十进制加法计数器,其逻辑符号和引脚排列与 74161 相同,其中进位输出端 RCO 的逻辑函数表达式为

仿真
同步十进制
计数器

$$\text{RCO} = \text{ET} \cdot Q_3 Q_0$$

74160 功能表与 74LS161 完全相同,不同之处在于计数步长不同,74161 是 4 位二进制加法计数器,其状态是 **0000 ~ 1111**,而 74160 是十进制加法计数器,其状态是 **0000 ~ 1001**。

2. 集成同步十进制可逆计数器

74190 是一个同步十进制可逆计数器,其逻辑符号和引脚排列以及功能表与 74191 相同。74190 与 74191 区别在于:74LS191 是 4 位二进制计数器,其状态是 **0000 ~ 1111**,而 74190 是十进制计数器,其状态是 **0000 ~ 1001**。

74190 的最大/最小输出端 MAX/MIN 的逻辑函数表达式为

自测
同步十进制
计数器

$$\text{MAX/MIN} = (D/\overline{U}) \cdot Q_3 Q_0 + \overline{D/\overline{U}} \cdot \overline{Q_3}\ \overline{Q_2}\ \overline{Q_1}\ \overline{Q_0}$$

当计数器的输出为 **1001** 或 **0000** 时,输出由低变高,并保持一个时钟周期,同时启动 $\overline{\text{RCO}}$,在 **CP = 0** 时输出低电平。

五、集成计数器的应用

1. 计数器的级联

微课
集成计数器
的应用

计数器的步长也称为计数器的模,两个模 N 计数器级联,可实现 $N \times N$ 的计数器。

① 同步级联

图 8-18 所示为用两片 74161 同步级联组成 8 位二进制加法计数器,其模为 $16 \times 16 = 256$。

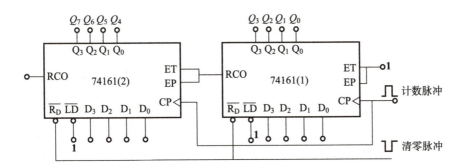

图 8-18　用两片 74161 同步级联组成 8 位二进制加法计数器

② 异步级联

图 8-19 所示为用两片 74191 异步级联组成 8 位二进制可逆计数器。

有的集成计数器没有进位/借位输出端,这时可根据具体情况,用计数器的输出信号 Q_3, Q_2, Q_1, Q_0 产生一个进位/借位。

如用两片异步二-五-十进制加法计数器 74290,采用异步级联方式组成 2 位 8421 码十进制加法计数器,如图 8-20 所示,其模为 $10 \times 10 = 100$。

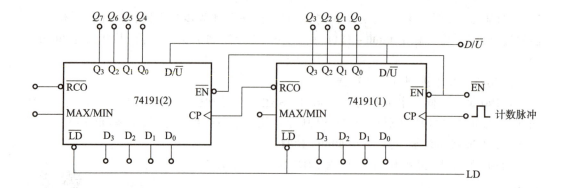

图 8-19 用两片 74191 异步级联组成 8 位二进制可逆计数器

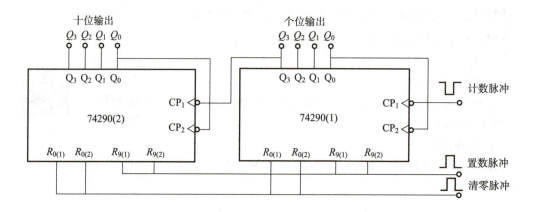

图 8-20 用两片 74290 异步级联组成 2 位 8421 码十进制加法计数器

2. 组成任意进制计数器

集成计数器一般为二进制和 8421 码十进制计数器,利用其清零端或预置数端,外加适当的门电路可组成任意进制计数器。由集成计数器组成 N 进制计数器有两种方法,即反馈清零法和反馈置数法。

反馈清零法原理:当输入第 N 个计数脉冲时,利用置 **0** 功能对计数器进行置 **0** 操作,强迫计数器进入计数循环,从而实现 N 进制计数。这种计数器的起始状态值必须是零。

反馈置数法原理:当输入第 N 个计数脉冲时,利用置数功能对计数器进行置数操作,强迫计数器进入计数循环,从而实现 N 进制计数。这种计数器的起始状态值就是置入的数,可以是零,也可以是非零,因此应用更灵活。

① 异步清零法

异步清零与时钟脉冲无关,只要异步清零端出现有效电平,清零输入端的数据立刻被清零。因此,利用异步清零功能组成 N 进制计数器时,应在输入第 N 个 CP 脉冲时,通过控制电路产生清零信号,使计数器立即清零。

例 8.1

利用集成计数器 74161 组成六进制计数器。

解: 从 74161 功能表(表 8-5)可以看到,其具有异步清零功能,分析步骤如下:

(1) $N=6$ 作为识别码,写出 6 的二进制代码,即

$$(6)_D = (0110)_B$$

(2) 写出反馈清零端函数,即

$$\overline{R_D} = \overline{Q_2 Q_1}$$

(3) 画出逻辑图和状态转换图,如图 8-21 所示。

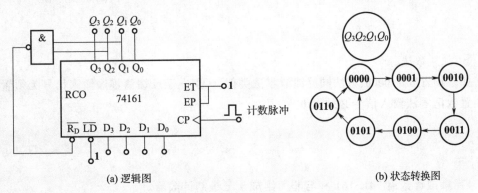

(a) 逻辑图　　　　　　　　　　　　　　　(b) 状态转换图

图 8-21　例 8.1 逻辑图和状态转换图

注意: 状态转换图中 **0110** 是过渡状态,持续时间极短,不是有效循环状态。

② 同步清零法

同步清零需要时钟脉冲配合。因此,利用同步清零功能组成 N 进制计数器时,应在输入第 $N-1$ 个 CP 脉冲时,通过控制电路产生清零信号,再来一个清零脉冲,计数器才清零。

例 8.2

用集成同步 4 位二进制计数器 74163(同步清零)和**与非**门组成六进制计数器。

解:(1) 写出 $N-1$ 的二进制代码,即

$$(5)_D = (0101)_B$$

(2) 写出反馈清零端函数,即

$$\overline{R_D} = \overline{Q_2 Q_0}$$

(3) 画出逻辑图和状态转换图,如图 8-22 所示。

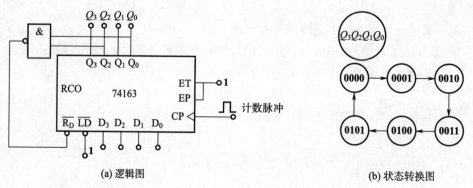

(a) 逻辑图   (b) 状态转换图

图 8-22   例 8.2 逻辑图和状态转换图

③ 预置数法

如果预置数是 **0000**,方法同反馈清零法类似,区别在于反馈清零法输入信号无须置 **0**,而预置数清零法输入信号必须置 **0**。

例 8.3

用集成计数器 74LS161 和与非门组成十三进制计数器。

解:74LS161 是同步置数,设计过程与同步清零法类似,将 $N-1$ 转换成对应的二进制代码,即

$$(12)_D = (1100)_B$$

Q_3Q_2 同时为 **1** 时,产生反馈预置数信号,即

$$\overline{LD} = Q_3Q_2$$

十三进制计数器逻辑图如图 8-23 所示。

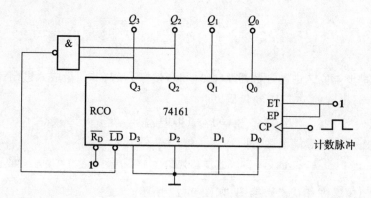

图 8-23   十三进制计数器逻辑图

计数器的状态为 0000~1100 十三个状态的有效循环。

例8.4

试利用集成同步十进制计数器 74160 组成七进制计数器。

解: 由于 74160 是同步置数,首先确定该七进制计数器所用的计数状态,并确定预置数。

(1) 选择计数状态为 **0011~1001**,因此取预置数输入信号为 $D_3D_2D_1D_0 = $**0011**。

(2) 写出反馈预置数端函数,即

$$\overline{LD} = \overline{Q_3Q_0}$$

或采用进位输出端,即

$$\overline{LD} = \overline{RCO}$$

(3) 画出逻辑图和状态转换图,如图 8-24 所示。

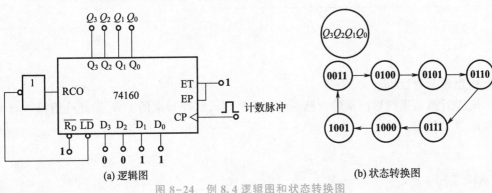

(a) 逻辑图　　　　　　　　　　(b) 状态转换图

图 8-24　例 8.4 逻辑图和状态转换图

综上所述,改变集成计数器的模可用清零法,也可用置数法。清零法比较简单,置数法比较灵活。但不管用哪种方法,都应首先了解所用集成组件的清零端或预置数端是异步还是同步工作方式,根据不同的工作方式选择合适的清零信号或预置数信号。

例8.5

用 74160 组成二十四进制计数器。

解: 因为 $N = 24$,而 74160 为模 10 计数器,所以要用两片 74160 组成此计数器。

(1) 先将两芯片采用同步级联方式连接成 100 进制计数器。

(2) 由于 74160 具有异步清零功能,写出 N 的二进制代码,即

$$(24)_D = (0010\ 0100)_B$$

在输入第 24 个计数脉冲后,计数器输出状态为 **0010 0100**,此状态在极短的瞬间出现,为过渡状态。

(3) 写出反馈清零端函数(设高位芯片的输出端用 $Q'_3Q'_2Q'_1Q'_0$ 表示),即

$$\overline{R_{\text{D}}} = \overline{Q_1' Q_2}$$

（4）画出逻辑图,如图 8-25 所示。

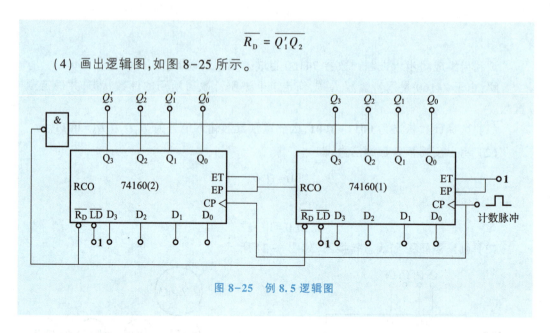

图 8-25　例 8.5 逻辑图

3. 组成分频器

模 N 计数器进位输出端输出脉冲的频率是输入脉冲频率的 $1/N$,因此可用模 N 计数器组成 N 分频器。

例 8.6

某石英晶体振荡器输出脉冲信号的频率为 32 768 Hz,用 74161 组成分频器,将其分频为频率为 1 Hz 的脉冲信号。

解: 因为 32 768 $= 2^{15}$,经 15 级二分频,就可获得频率为 1 Hz 的脉冲信号。因此,将四片 74161 级联,从高位片 74161(4) 的 Q_2 输出即可,其逻辑图如图 8-26 所示。

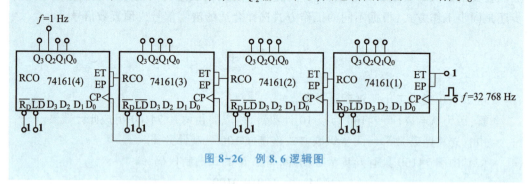

图 8-26　例 8.6 逻辑图

自测
集成计数器
的应用

自测
计数器

8.3 555定时器

555定时电路也称时基电路,是一种使用极为广泛的模拟-数字混合式集成电路。555定时器可以组成各种波形的振荡器、定时/延时电路、双稳态触发电路、检测电路、电源变换电路、频率变换电路等,被广泛应用于自动控制、测量、通信等领域。

555定时器根据内部器件类型可分为双极型(TTL型)和单极型(CMOS型),双极型型号为555(单)和556(双),电压使用范围为5~18 V,输出最大负载电流可达200 mA。单极型型号为7555(单)和7556(双),电压使用范围为3~18 V,输出最大负载电流为4 mA。

采用CMOS工艺的时基电路除了驱动能力和最高工作频率外,其余性能均优于双极型时基电路,因此在大多数场合都能直接取代双极型时基电路。

一、555定时器的电路结构和功能分析

1. 电路结构

图8-27(a)所示为双极型555定时器内部逻辑电路,电路内部由3个5 kΩ的电阻构成分压器,C_1、C_2为比较器,G_1、G_2构成基本RS触发器,经反向缓冲器G_3输出为Q,集电极开路的三极管T(又称放电管)由$\overline{Q}$控制其导通或截止。555定时器外部有8个引脚,其逻辑符号如图8-27(b)所示。

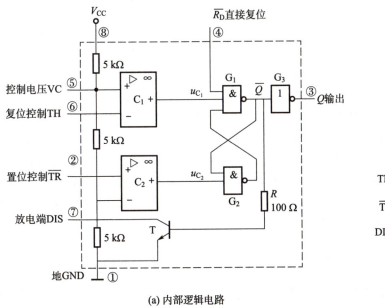

(a) 内部逻辑电路   (b) 逻辑符号

图 8-27 555定时器

2. 功能分析

复位控制端 TH 基准电压为 $\frac{2}{3}V_{CC}$，高电平有效，置位控制端 $\overline{TR}$ 基准电压为 $\frac{1}{3}V_{CC}$，低电平有效。555 定时器功能表见表 8-8。

表 8-8　555 定时器功能表

输入			比较器输出		输出	
直接复位 $\overline{R_D}$	复位控制 TH	置位控制 $\overline{TR}$	u_{C_1}	u_{C_2}	Q	放电管 T
0	×	×	×	×	**0**	导通
1	$>\frac{2}{3}V_{CC}$	$>\frac{1}{3}V_{CC}$	**0**	**1**	**0**	导通
1	$<\frac{2}{3}V_{CC}$	$<\frac{1}{3}V_{CC}$	**1**	**0**	**1**	截止
1	$<\frac{2}{3}V_{CC}$	$>\frac{1}{3}V_{CC}$	**1**	**1**	不变	不变

为便于记忆，将 555 定时器功能表简化，简化功能表见表 8-9。

表 8-9　555 定时器简化功能表

输入			输出	
$\overline{R_D}$	TH	$\overline{TR}$	Q	T 状态
0	×	×	**0**	导通
1	**1**	**1**	**0**	导通
1	**0**	**0**	**1**	截止
1	**0**	**1**	不变	不变

二、555 定时器组成单稳态触发器

之前用到的各类型触发器均存在两个稳态，故称双稳态电路。而单稳态触发器有一个稳态和一个暂稳态，无外加触发信号时，电路处于稳态，在外加触发脉冲作用下，它由稳态进入暂稳态，暂稳态持续一段时间后，电路自动返回稳态。暂稳态持续的时间与电路的阈值电压及电路中阻容元件的参数有关。

1. 电路组成和工作原理

用 555 定时器组成的单稳态触发器电路，如图 8-28(a)所示。u_i 为单稳态电路的触发信号，当 u_i 为高电平时，TH$<\frac{2}{3}V_{CC}$，$\overline{TR}>\frac{1}{3}V_{CC}$，放电管导通，$u_o=0$，电路处于稳态；$u_i$由高电平变为低电平时，TH$<\frac{2}{3}V_{CC}$，$\overline{TR}<\frac{1}{3}V_{CC}$，$u_o=1$，电路进入暂稳态，放电管截止，电

容 C 被充电,当 $TH \geqslant \frac{2}{3} V_{CC}$，$\overline{TR} > \frac{1}{3} V_{CC}$ 时，$u_o = 0$，放电管导通，电容 C 很快放电，电路回到稳态。工作波形图如图 8-28(b)所示。

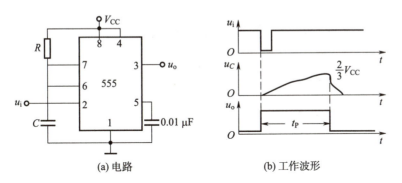

(a) 电路　　　　　　　(b) 工作波形

图 8-28　555 单稳态触发器

2. 脉宽的计算

由于单稳态触发器能产生一定宽度的脉冲,因此可以作为定时电路,时间范围在几微秒至几分钟,但要注意的是,随着输出脉宽的增加,它的精度和稳定度也将下降。脉宽计算公式为

仿真
555 单稳态
触发电路

$$t_P = 1.1 \times RC$$

三、555 定时器组成施密特触发器

1. 电路组成和工作原理

将 555 定时器的引脚 2 和引脚 6 连接在一起作为信号输入端,如图 8-29(a)所示,即得到施密特触发器。

由于 555 定时器置 **0** 和置 **1** 所对应的输入信号的电平不同,所以输出信号由低电平到高电平和由高电平到低电平变化时,对应的输入电平也不同,这就是施密特触发器的电压传输特性,如图 8-29(b)所示。

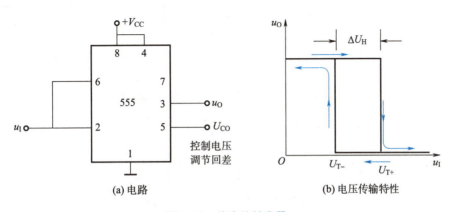

控制电压
调节回差

(a) 电路　　　　　　　(b) 电压传输特性

图 8-29　施密特触发器

当输入信号由 0 增大时：$u_I < \frac{1}{3}V_{CC}$ 时，触发器置 **1**；$\frac{1}{3}V_{CC} < u_I < \frac{2}{3}V_{CC}$ 时，触发器保持原状态；$u_I > \frac{2}{3}V_{CC}$ 时，触发器置 **0**，对应的 $U_{T+} = \frac{2}{3}V_{CC}$。

当输入信号由大减小时：$u_I > \frac{2}{3}V_{CC}$ 时，触发器置 **0**；$\frac{1}{3}V_{CC} < u_I < \frac{2}{3}V_{CC}$ 时，触发器保持原状态；$u_I < \frac{1}{3}V_{CC}$ 时，触发器置 **1**，对应的 $U_{T-} = \frac{1}{3}V_{CC}$。

由此得到电路的回差电压

$$\Delta U_H = U_{T+} - U_{T-} = \frac{1}{3}V_{CC}$$

如果引脚 5 外接控制电压 U_{CO}，则

$$U_{T+} = U_{CO}, \quad U_{T-} = \frac{1}{2}U_{CO},$$

$$\Delta U_H = U_{T+} - U_{T-} = \frac{1}{2}U_{CO}$$

通过改变控制电压可以调节回差电压。

2. 应用举例

施密特触发器可以用于波形变换与整形，即将变化的正弦波、三角波变换或整形成矩形波，如图 8-30 和图 8-31 所示。利用施密特触发器可作为幅度鉴别电路，其输入输出波形如图 8-32 所示。

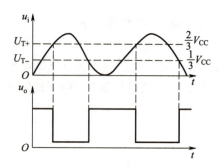

图 8-30　波形转换输入输出波形

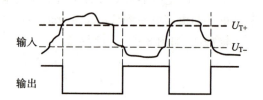

图 8-31　整形电路输入输出波形

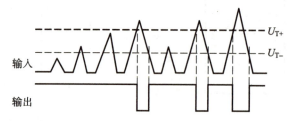

图 8-32　幅度鉴别输入输出波形

四、555 定时器组成多谐振荡器

1. 电路组成与工作原理

多谐振荡器是产生矩形波的自激振荡器。电路不存在稳态，只有两个暂稳态。由 555 定时器组成的多谐振荡器电路和工作波形如图 8-33 所示。

仿真
多谐振荡器

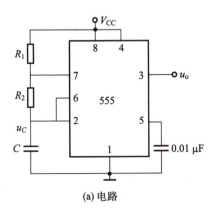

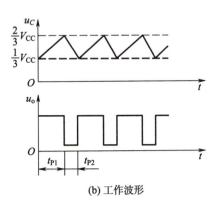

(a) 电路   (b) 工作波形

图 8-33　多谐振荡器

（1）当 $u_o = 1$ 时，放电管截止，C 充电，当电容 C 充电至 $u_c = \dfrac{2}{3}V_{CC}$ 时，$u_o = 0$，时间常数和脉宽为

$$\tau_{充} = (R_1 + R_2)C$$

$$t_{P1} = 0.7(R_1 + R_2)C$$

（2）当 $u_o = 0$ 时，放电管导通，C 放电，当电容 C 放电至 $u_c = \dfrac{1}{3}V_{CC}$ 时，$u_o = 1$，时间常数和脉宽为

$$\tau_{放} = R_2 C$$

$$t_{P2} = 0.7 R_2 C$$

通过对电容的不断充放电，电路在两个暂态间不断变化，输出一系列矩形脉冲，矩形脉冲的周期为

$$T = 0.7(R_1 + 2R_2)C$$

2. 应用举例

救护车双音报警电路及其工作波形如图 8-34 所示，IC1 组成振荡电路频率较低的多谐振荡器，其输出 u_{o1} 去控制 IC2 的引脚 5。两多谐振荡器输出矩形脉冲的周期为

$$T_1 = 0.7(R_1 + 2R_2)C_1 = 1.8 \text{ s}$$

$$T_2 = 0.7(R_3 + 2R_4)C_3 = 2.8 \text{ ms}$$

当 u_{o1} 为高电平时，u_o 输出频率较低，当 u_{o1} 为低电平时，u_o 输出频率较高，使扬声器发出"嘀–嘟–嘀–嘟"声响。

自测
555 定时器

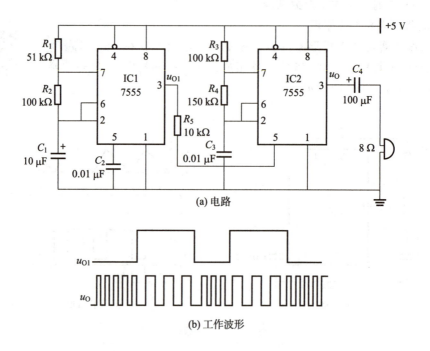

(a) 电路

(b) 工作波形

图 8-34　救护车双音报警电路及其工作波形

任 务 一　原 理 分 析

定时报警电路原理图如图 8-2 所示,秒脉冲产生电路利用 555 定时器构成多谐振荡器,振荡频率约为 1 Hz。用 74LS192 设计 9 s 倒计时器,74LS192 是同步二进制可逆计数器,它具有双时钟输入,并具有清零和置数等功能。通过控制开关确定计时开始,通过置数端进行置数,$Q_3Q_2Q_1Q_0 = 1001$ 通过带有七段译码功能的数码管显示时间,CP_D 为减计数端,接入一个频率为 1 Hz 的输入脉冲。CP_U 为加计数端,置为高电平。

计时器一旦输出"0",借位端将输出负脉冲,触发单稳态触发器,触发器输出由 0 变 1,保持 3 s,同时经反相器封锁与门电路,反馈到 CP_D 端,此时计数器处于保持状态,停止计时。

报警电路由两个 555 定时器组成单稳态电路和多谐振荡器构成,单稳态电路被触发后,多谐振荡器开始振荡,蜂鸣器发出报警声,3 s 后单稳态电路输出低电平,多谐振荡器输出为"0",报警声停止。

任务二　电路装配与调试

一、装配前准备

1. 元器件、器材的准备

按照表8-10元器件清单和表8-11器材清单进行准备。

表 8-10　元器件清单

序号	名称	规格型号	数量
1	覆铜板	100 mm×80 mm	1
2	按钮开关		1
3	蜂鸣器		1
4	555 定时器	NE555	3
5	七段 LED 数码器	SM420501K	1
6	七段译码器	CD4511	1
7	同步双时钟 4 位二进制加减计数器	74LS192	1
8	两输入端与门	74LS08	1
9	三极管	8050	2
10	瓷介电容器	0.01 μF	3
11	电解电容器	10 μF	2
		1 μF	1
12	电阻器	1 kΩ	4
		10 kΩ	4
		47 kΩ	1
		100 kΩ	2
		300 kΩ	1
		200 kΩ	1
		200 Ω	1

表 8-11　器材清单

序号	类别	名　　称
1	工具	电烙铁(20~35 W)、烙铁架、拆焊枪、静电手环、剥线钳、尖嘴钳、一字螺丝刀、十字螺丝刀、镊子
2	设备	电钻、切板机、转印机
3	耗材	焊锡丝、松香、导线
4	仪器仪表	万用表、直流稳压电源、示波器、数字电路实验平台

2. 元器件的识别与检测

目测各元器件应无裂纹,无缺角;引脚完好无损;规格型号标识应清楚完整;尺寸与要求一致,将检测结果填入表 8-12。按元器件检验方法对表中元器件进行功能检测,将结果填入表 8-12。

表 8-12　元器件检测表

序号	名称	规格型号	外观检验结果	功能检测		备注
				数值/逻辑测试	结果	
1	覆铜板	100 mm×80 mm				
2	按钮开关					
3	蜂鸣器					
4	555 定时器	NE555				
5	七段 LED 数码管	SM420501K				
6	七段译码器	CD4511				
7	同步双时钟 4 位二进制加减计数器	74LS192				
8	两输入端与门	74LS08				
9	三极管	8050				
10	瓷介电容器	0.01 μF				
11	电解电容器	10 μF				
		1 μF				
12	电阻器	1 kΩ				
		10 kΩ				

序号	名称	规格型号	外观检验结果	功能检测		备注
				数值/逻辑测试	结果	
12	电阻器	47 kΩ				
		100 kΩ				
		300 kΩ				
		200 kΩ				
		200 Ω				

74LS192 的逻辑符号和引脚排列如图 8-35 所示。

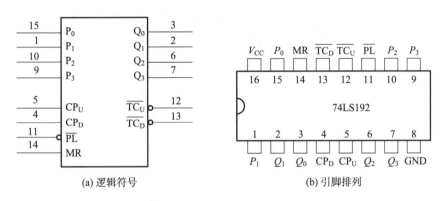

(a) 逻辑符号　　　　　(b) 引脚排列

图 8-35　74LS192 的逻辑符号和引脚排列

图中,MR 为清零端,高电平有效;$\overline{PL}$ 为置数端;CP_U 为加计数端,CP_D 为减计数端;$\overline{TC_U}$ 为进位输出端,$\overline{TC_D}$ 为借位输出端;$P_3P_2P_1P_0$ 为计数器置数数据输入端,$Q_3Q_2Q_1Q_0$ 为输出端。

74LS192 功能检测:对照 74LS192 功能表(表 8-13),利用数字电路实验箱进行逻辑测试。

表 8-13　74LS192 功能表

输入								输出			
MR	$\overline{PL}$	CP_U	CP_D	P_3	P_2	P_1	P_0	Q_3	Q_2	Q_1	Q_0
1	×	×	×	×	×	×	×	**0**	**0**	**0**	**0**
0	**0**	×	×	D	C	B	A	D	C	B	A
0	**1**	↑	**1**	×	×	×	×	加计数			
0	**1**	**1**	↑	×	×	×	×	减计数			

3. 印制电路板设计和制作

定时报警电路印制电路板设计图如图 8-36 所示。印制电路板的制作过程参考项目六。

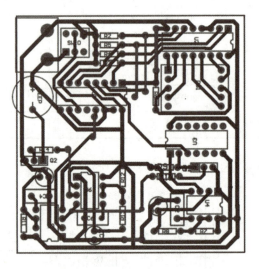

图 8-36　定时报警电路印制电路板设计图

二、电路装配

组装前首先对元器件引脚进行整形处理,按照电路原理图进行安装。

安装时注意:电阻器水平安装,紧贴电路板,集成芯片先装集成电路 IC 底座,后安装集成芯片(注意引脚排列),集成电路 IC 底座贴板面安装(注意引脚排列),各元器件引脚成形在焊面上高出 2 mm 为宜。

元器件要依据先内后外、由低到高的原则,依次是电阻器、电容器、输入开关、集成电路 IC 底座、数码管、输入端子顺序安装、焊接。要求焊点要圆滑、光亮,防止虚焊、假焊、漏焊,电路所有元器件焊接完毕,先连接电源线,再连接其他导线,最后清洁电路板。要求整个电路美观、均匀、整齐、整洁。

三、电路调试

1. 直观检查

(1)检查电源线、地线、信号线是否连好,有无短路;

(2)检查各元器件、组件安装位置、引脚连接是否正确;

(3)检查引线是否有错线、漏线;

(4)检查焊点有无虚焊;

(5)检查集成器件底座焊接是否短路。

2. 通电测试

定时报警电路测试的内容包含:观察主持人按下控制按钮,数码管首先置 9,然后开始递减,减至 0 时,停止计时,蜂鸣器持续 3 s 报警;示波器观察秒脉冲发生器、报警定时电路、报警电路的输出波形。记录测试结果,填入表 8-14 和表 8-15。

表 8-14　电路功能测试记录表

功能描述	测试记录
数码管置 9	
递减至零	
蜂鸣器 3 s 报警	

表 8-15　波形测试记录表

名称	波形	周期/频率	幅度
秒脉冲发生器 输出波形	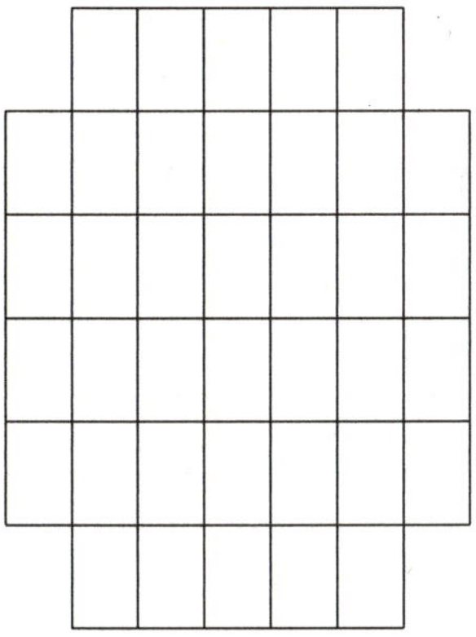	示波器测量 TIME/div = T = f =	示波器测量 VOLTS/div = U_{P-P} = U =
报警定时电路 输出波形	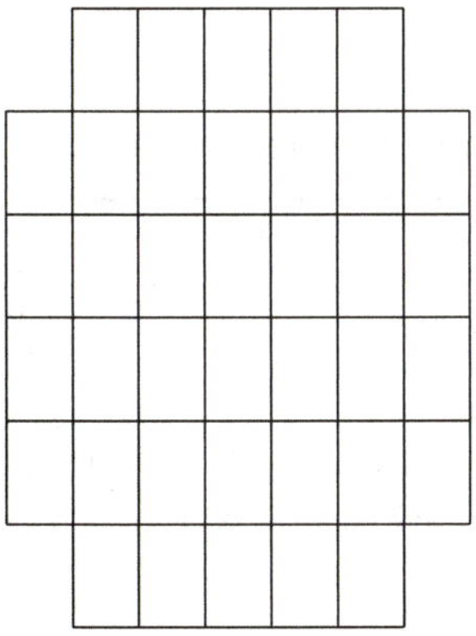	示波器测量 TIME/div = T = f =	示波器测量 VOLTS/div = U_{P-P} = U =

名称	波形	周期/频率	幅度
报警电路 输出波形	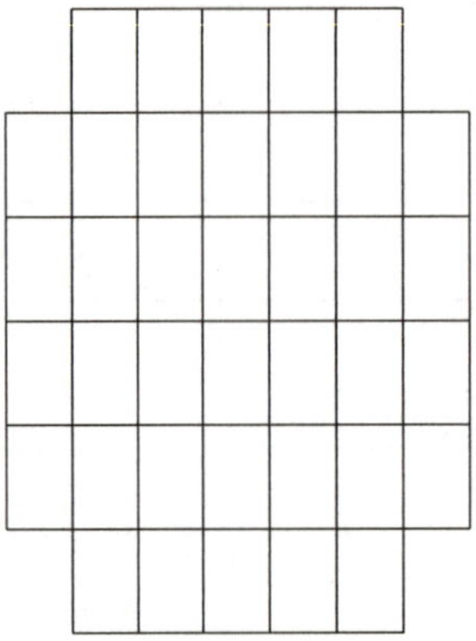	示波器测量 TIME/div = T = f =	示波器测量 VOLTS/div = U_{P-P} = U =

3. 故障检测与分析

根据实际情况正确描述故障现象,正确选择仪器仪表,准确分析故障原因,排除故障。将故障检测情况填入表 8-16。

表 8-16　故障检测与分析记录表

内容	检测记录	
故障描述		
仪器使用		
原因分析		
重现电路功能		

项目评价　　　　　　　　　　　　　　　　　　　　　　　　　◁◁◁

根据项目实施情况将评分结果填入表 8-17。

表 8-17　项目实施过程考核评价表

序号	主要内容	考核要求	考核标准	配分	扣分	得分
1	工作准备	认真完成项目实施前的准备工作	（1）劳防用品穿戴不合规范,仪容仪表不整洁,扣 5 分; （2）仪器仪表未调节,放置不当,扣 2 分; （3）电子实验实训装置未检查就通电,扣 5 分; （4）材料、工具、元器件未检查或未充分准备,每项扣 2 分	10		

序号	主要内容	考核要求	考核标准	配分	扣分	得分
2	元器件的识别与检测	能正确识别和检测电阻器、电容器、门电路、74LS192计数器、BCD七段译码显示器、集成555定时器等元器件	（1）不能正确根据色环法识读各类电阻器阻值，每错一个扣2分； （2）不能运用万能表正确、规范测量各电阻器阻值，每错一个扣2分； （3）不能正确识别各电容器的型号类型，每错一个扣2分； （4）不能在数字电路实验箱上正确验证门电路、74LS192计数器、七段译码器、七段LED数码管、集成555定时器的功能，每错一项扣5分	30		
3	电路装配与焊接	（1）焊接安装无错漏，焊点光滑、圆润、干净、无毛刺，焊点基本一致； （2）印制电路板无缺陷； （3）元器件极性正确； （4）印制电路板安装对位； （5）焊接板清洁无污物	（1）不能按照安装要求正确安装各元器件，每错一个扣1分； （2）印制电路板出现缺陷，每处扣3分； （3）不能按照焊接要求正确完成焊接，每漏焊或虚焊一处扣1分； （4）元件布局不合理，电路整体不美观、不整洁，扣3分	20		
4	电路调试与检测	（1）能正确调试电路功能； （2）能正确描述故障现象，分析故障原因； （3）能正确使用仪器设备对电路进行检查，排除故障	（1）调试过程中，测试操作不规范，每处扣5分； （2）调试过程中，没有按要求正确记录观察现象和测试数据，每处扣5分； （3）调试过程中，电路部分功能不能实现，每缺少一项扣5分； （4）调试过程中，不能根据实际情况正确分析故障原因并正确排故，每处扣5分	30		
5	职业素养	遵守安全操作规范，能规范、安全地使用仪器仪表，具有安全意识，严格遵守实训场所管理制度，认真实行6S管理	（1）违反安全操作规程，每次视情节酌情扣5~10分； （2）违反工作场所管理制度，每次视情节酌情扣5~10分； （3）工作结束，未执行6S管理，不能做到人走场清，每次视情节酌情扣5~10分	10		
备注			成绩			

数字钟的制作

根据图 8-37 所示的电路和参数制作数字钟。秒脉冲时间基准信号由石英晶体、CD4060 和 4013D 触发器电路组成。D 触发器输出端 Q 输出周期为 1 s 的矩形波信号，送入 CD4518 双二-十进制计数器进行分频计数。当 CL 接地时，EN 在下降沿脉冲作用下，计数器进行递增计数，CD4518(1)"秒"计数器和 CD4518(2)"分"计数器分别构成六十进制计数，CD4518(3)"小时"计数器为二十四进制计数。时钟显示的校正是用秒脉冲信号快速校正，"秒"校正采用归"0"校正。在 CD4518(1)"秒"计数器中，按一下按钮 S_1 后即可复"0"，由于六十进制也用清零方式，故采用 G_4 **或**门输入。而"分"校，"时"校用开关 S_2，S_3 接通秒脉冲信号进行校正。关于时钟的显示是将计数器输出连到 6 个译码/显示模块，由数码管显示秒、分和小时。

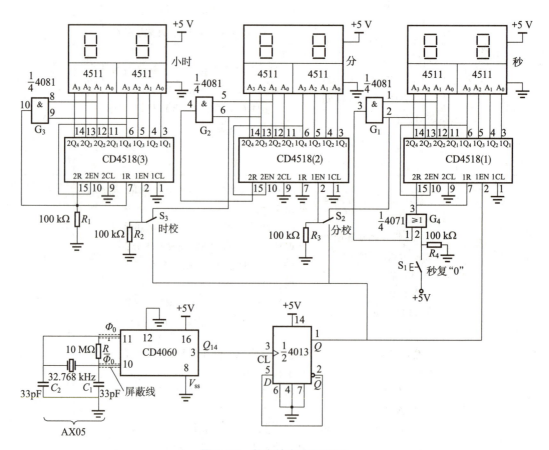

图 8-37　数字钟电路原理图

数字钟电路元器件清单见表8-18。

表8-18 数字中电路元件清单

序号	名称	规格型号	数量
1	按钮开关		3
2	CD4518	双二-十进制计数器	3
3	CD4060	14 位分频振荡器	1
4	AX05	石英晶体振荡模块	1
5	4081	二输入端与门	1
6	4071	二输入端或门	1
7	4013	双上升沿 D 触发器	1
8	4511	七段译码器	6
9	数码管	SM420501K	6
10	电阻器	100 kΩ	4

知识拓展 «<<

存 储 器

存储器(memory)是现代信息技术中用于保存信息的记忆设备,既能够大量存放数据、运算程序等二进制数码,又可存放文字、音乐和图像等二元信息代码。存储器是计算机和数字设备中的重要组成部分。例如,在计算机中的全部信息,包括输入的原始数据、计算机程序、中间运行结果和最终运行结果都保存在存储器中。

半导体存储器按照功能分类,有只读存储器(ROM)和随机存取存储器(RAM);按构成元件分类,有双极性晶体管存储器和 MOS 型场效应晶体管存储器。

一、ROM

只读存储器(read-only memory,ROM)的信息内容在制造过程中,以一特制光罩(mask)烧录于线路中,写入后就不能更改,所以只能读取信息,不能写入信息。此类存储器电路结构简单,制造成本较低。

图 8-38 所示为 ROM 的结构框图,它是由存储矩阵、地址译码器和输出缓冲器(读出电路)构成的。图中,地址译码器有 n 个输入,它的输出 $W_0, W_1, \cdots, W_{N-1}$ 共有 $N = 2^n$ 个,称为字线(或称选择线),字线是 ROM 矩阵的输入,ROM 具有 M 条输出线,称为位线(或称数据线),字线与位线的交点是 ROM 矩阵的存储单元,存储单元的总数为 $N \times M$,称为存储器的存储容量。任何情况下,只能有一条字线被选中,选择哪一条取决于地址输入取

值,当字线被选中时,就会在位线上输出对应的 M 位的二进制数码。读出电路具有输出缓冲器作用,一是能提高存储器的带负载能力,二是实现对输出状态的三态控制,以便与系统的总线联接。

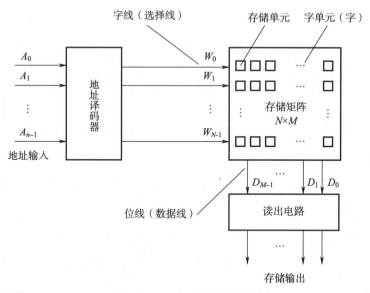

图 8-38　ROM 的结构框图

二、PROM

可编程只读存储器(programmable read-only memory,PROM)芯片在出厂时,所有存储单元被预置入二进制的 **1**。其结构是在存储矩阵的每个交叉点处的元件都串联一个快速熔丝,用户视需要借助编程工具用脉冲电流将其烧断,对应的存储单元被改写为 **0**,写入数据后不能更改。另外一类经典的 PROM 为使用"肖特基二极管"的 PROM,出厂时,其中的二极管处于反向截止状态,还是用大电流的方法将反向电压加在"肖特基二极管"上,造成其永久性击穿即可。

三、EPROM

可擦除可编程只读内存(erasable programmable read-only memory,EPROM)是一种可反复重写的存储器芯片。EPROM 在封装外壳上会预留一个石英玻璃窗,用紫外线照射它的透明视窗可擦除掉原有数据,被擦除后的每一个存储单元的数据都为 **1**。数据的写入要用专用的编程器,并且往芯片中写内容时必须要加一定的编程电压($V_{PP}=12\sim24$ V,随不同的芯片型号而定)。EPROM 在写入数据后,还要以不透光的贴纸或胶布把窗口封住,以免受到周围的紫外线照射而使数据受损。EPROM 型号是以 27 开头的,如 2716,2732,2764,27158,存储容量分别为 2 KiB,4 KiB,8 KiB,16 KiB。

四、EEPROM

电可擦除可编程只读存储器(electrically erasable programmable read-only memory,EEPROM)的工作原理类似 EPROM,但是擦除的方式是使用高电场来完成的,而且其擦除的速度极快,主要芯片有28××系列。

五、快闪存储器

快闪存储器(flash memory)的每一个记忆胞都具有一个"控制闸"与"浮动闸",利用高电场改变浮动闸的临限电压即可进行编程动作。

六、RAM

随机存取存储器(random access memory,RAM)又称"随机存储器"。RAM的优点是它可以随时读写、使用灵活、读写速度快,特别适用于经常快速更换数据的场合。它主要用来存放操作系统、各种应用程序、数据等。但RAM在断电时数据会丢失,不利于数据的长期保存。RAM的结构框图如图8-39所示,它由存储矩阵、地址译码器、读/写控制器、输入/输出端、片选控制等几部分组成。

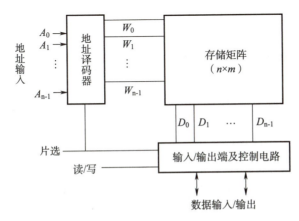

图8-39 RAM的结构框图

(1)存储矩阵。RAM的核心部分是一个寄存器矩阵,用来存储信息,称为存储矩阵。

(2)地址译码器。地址译码器的作用与ROM相似,是对寄存器地址进行译码,选中对应的字单元中,可以进行写入和读取。

(3)读/写控制器。访问RAM时,对被选中的寄存器进行读操作还是进行写操作,是通过读写信号来进行控制的。读操作时,RAM将存储矩阵中的内容送到输入/输出端;写操作时,RAM将输入/输出端上的输入数据写入存储矩阵中。

(4)输入/输出(I/O)端。读出时,它是输出端,写入时,它是输入端,一线两用,由读/写控制线控制。通常RAM的输出端都具有集电极开路或三态输出结构。

(5)片选控制。数字系统中的随机存取存储器往往由许多RAM组合而成。访问存储器时,一次只能访问RAM中的某一片(或几片),与其交换信息。片选就是用来实现这种控制的。因此,每片RAM均加有片选端,当某一片(或几片)的片选线接入有效电平时,该片被选中,与外部总线接通,进行数据交换,其他各片输入输出端呈高阻状态。

RAM又分为静态随机存取存储器和动态随机存取存储器。静态随机存取存储器(static random access memory,SRAM)的"静态"是指这种存储器只要保持通电,里面储存的数据就可以恒常保持。SRAM 特点是速度快,集成度低,高速缓冲。

动态随机存取存储器(dynamic random access memory,DRAM)只能将数据保持很短的时间。为了保持数据,DRAM 使用电容存储,所以必须隔一段时间刷新(refresh)一次,如果存储单元没有被刷新,存储的信息就会丢失。DRAM 特点是集成度高,功耗低,需要不断刷新,一般做内存。

由于 SRAM 和 DRAM 断电后数据消失,故称 SRAM 和 DRAM 为易失存储器;而非易失半导体存储器则成为当前半导体存储器技术发展的热点,非易失半导体存储器是指在断电情况下,数据可稳定长期保留。目前主要的非易失半导体存储器是快闪存储器,而相变存储器(PCM)、阻变存储器(RRAM)、磁阻存储器(MRAM)、铪基铁电存储器等新技术也在快速发展。

练习与提高

8.1 计数器按计数增减趋势分类,有_____、_____和_____计数器。

8.2 计数器按触发器的翻转顺序分类,有_____和_____计数器。

8.3 4 位二进制计数器共有_____个工作状态,可作为_____分频器。

8.4 构成一个五进制计数器最少需要_____个触发器。

8.5 描述计数器的逻辑功能有_____、_____、_____、_____等几种。

8.6 集成 555 定时器内部主要由_____、_____、_____、_____等部分组成。

8.7 555 定时器的最基本应用有_____、_____和_____三种电路。

8.8 用 555 构成的施密特触发器的两个阈值电压分别是____和____,回差电压 ΔU_T 为_____。

8.9 说明时序逻辑电路在功能上和结构上与组合逻辑电路有何不同?

8.10 分析图 8-40 所示时序逻辑电路的逻辑功能,写出电路的驱动方程、状态方程和输出方程,画出状态转换图和时序图。

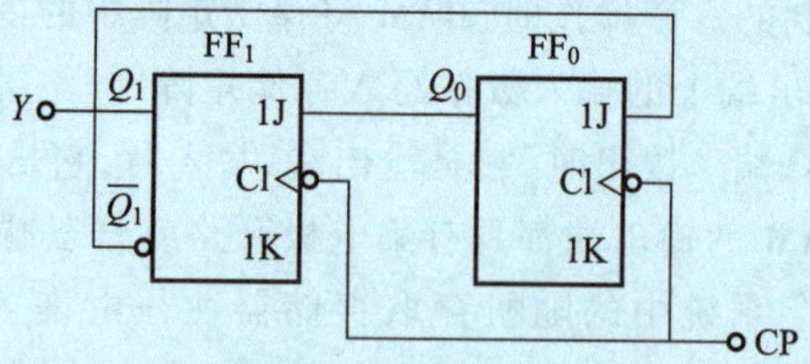

图 8-40 题 8.10 图

8.11 试用主从 JK 触发器组成一个串行输入的四位左移移位寄存器,画出其逻辑图。

8.12 用下降沿触发的 JK 触发器组成异步 4 位二进制递减计数器。

8.13 分析图 8-41 所示计数器电路,说明这是多少进制的计数器。

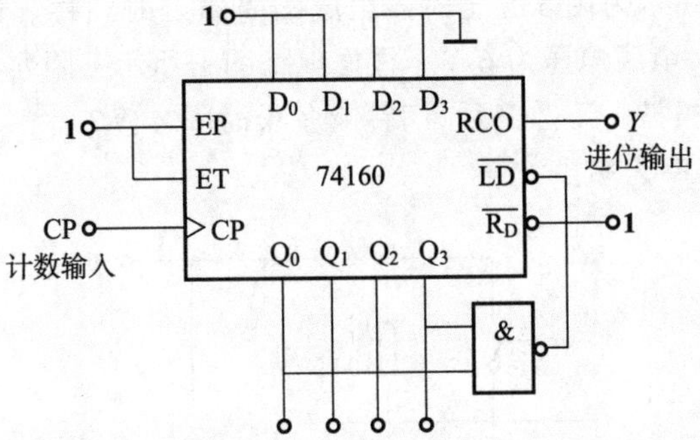

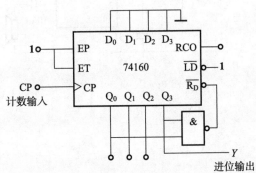

图 8-41　题 8.13 图

8.14　分析图 8-42 所示计数器电路,画出电路的状态转换图,说明这是多少进制的计数器。

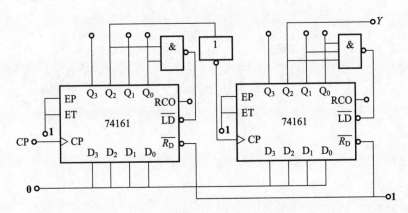

图 8-42　题 8.14 图

8.15　试分析图 8-43 所示计数器的分频比(即 Y 与 CP 的频率之比)。

图 8-43　题 8.15 图

8.16　用 74163 由两种方法组成六进制计数器,画出逻辑图,列出状态转换表。

8.17　用 74163 组成七十五进制计数器。

8.18 图8-44所示为由555定时器组成的简易延时门铃。设在引脚4复位端电压小于0.4 V时为**0**,电源电压为6 V。根据电路图上所示各阻容参数,试计算:

(1) 当按钮SB被按一下放开后,门铃响多长时间才停?

(2) 门铃声的频率为多少?

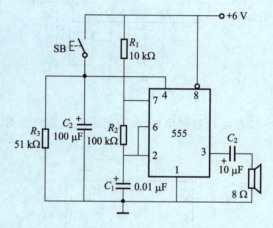

图8-44 题8.18图

参考文献

[1] 周良权.模拟电子技术基础[M].6版.北京:高等教育出版社,2020.

[2] 周良权,方向乔.数字电子技术基础[M].5版.北京:高等教育出版社,2020.

[3] 于宝明.电工电子技术[M].2版.北京:高等教育出版社,2019.

[4] 李华柏,谢永超.电子技术[M].3版.北京:高等教育出版社,2019.

[5] 阎石,王红.数字电子技术基础[M].6版.北京:高等教育出版社,2016.

[6] 陈梓城.电子技术实训[M].2版.北京:机械工业出版社,2008.

[7] 范忻,肖诗海.电子技术基本理论与技能[M].北京:国防工业出版社,2010.

[8] 蔡杏山.电子元器件知识与实践课堂[M].3版.北京:电子工业出版社,2017.

[9] 罗杰,谢自美.电子线路设计、实验、测试[M].5版.北京:电子工业出版社,2014.

[10] 杨欣,等.电子设计从零开始[M].2版.北京:清华大学出版社,2010.

[11] 杨志忠,卫桦林.数字电子技术基础[M].2版.北京:高等教育出版社,2009.

郑重声明

高等教育出版社依法对本书享有专有出版权。任何未经许可的复制、销售行为均违反《中华人民共和国著作权法》，其行为人将承担相应的民事责任和行政责任；构成犯罪的，将被依法追究刑事责任。为了维护市场秩序，保护读者的合法权益，避免读者误用盗版书造成不良后果，我社将配合行政执法部门和司法机关对违法犯罪的单位和个人进行严厉打击。社会各界人士如发现上述侵权行为，希望及时举报，我社将奖励举报有功人员。

反盗版举报电话　（010）58581999　58582371
反盗版举报邮箱　dd@hep.com.cn
通信地址　北京市西城区德外大街 4 号　高等教育出版社知识产权与法律事务部
邮政编码　100120